Le SMART ROAD - Stato dell'arte e scenari futuri

Federico Autelitano •
Salvatore Antonio Biancardo • Clara Celauro •
Gianluca Dell'Acqua • Marco Guerrieri •
Lorenzo Paolo Ingrassia • Claudio Lantieri •
Davide Lo Presti • Antonio Napolitano •
Giuseppina Pappalardo • Rosalba Simeone •
Giuseppe Sollazzo • Dario Ticali

Le SMART ROAD - Stato dell'arte e scenari futuri

Rapporto tecnico della S.I.I.V.

SIIV
Società Italiana Infrastrutture Viarie

Springer

Federico Autelitano
Università di Parma
Parma, Italy

Salvatore Antonio Biancardo
Università di Napoli Federico II
Napoli, Italy

Clara Celauro
Università di Palermo
Palermo, Italy

Gianluca Dell'Acqua
Università di Napoli Federico II
Napoli, Italy

Marco Guerrieri
DICAM
University of Trento
Trento, Italy

Lorenzo Paolo Ingrassia
Università Politecnica delle Marche
Ancona, Italy

Claudio Lantieri
Università di Bologna
Bologna, Italy

Davide Lo Presti
Università di Palermo
Palermo, Italy

Antonio Napolitano
Università Roma Tre
Roma, Italy

Giuseppina Pappalardo
Università di Catania
Catania, Italy

Rosalba Simeone
Università di Parma
Parma, Italy

Giuseppe Sollazzo
Università di Messina
Messina, Italy

Dario Ticali
Università di Enna Kore
Enna, Italy

ISBN 978-3-031-96143-4 ISBN 978-3-031-96144-1 (eBook)
https://doi.org/10.1007/978-3-031-96144-1

This Springer imprint is published by the registered company Springer Nature Switzerland AG
The registered company address is: Gewerbestrasse 11, 6330 Cham, Switzerland

Prefazione

Le Smart Road sono infrastrutture stradali di nuova generazione munite di specifiche tecnologie per monitorare e regolamentare i flussi di traffico in tempo reale, informare gli utenti ed offrire loro servizi mirati a migliorare il comfort e la sicurezza del viaggio. Mediante l'ecosistema tecnologico proprio delle Smart Road, generato da sensori, apparecchiature di telecomunicazione, big data, software, algoritmi di intelligenza artificiale e veicoli innovativi, si possono perseguire i seguenti principali obiettivi:

- analizzare continuativamente nel tempo lo stato di efficienza delle "opere d'arte" minori (muri di sostegno, paratie, ecc.), maggiori (ponti, viadotti, gallerie, ecc.) e delle sovrastrutture stradali, anche nell'ottica di poter attuare una ottimale manutenzione programmata;
- favorire l'interoperabilità tra l'infrastruttura fisica ed i veicoli di nuova generazione, in particolare quelli a guida autonoma.

Nel volume sono consegnati alcuni criteri metodologici per la progettazione, il monitoraggio e la manutenzione delle Smart Road. In particolare, vengono esaminati i riferimenti normativi sulle Smart Road e sui veicoli a guida autonoma ed affrontati i temi riguardanti la progettazione geometrica, i modelli di stima della capacità e dei livelli di servizio, il Dominio di Progettazione Operativa (ODD) dei sistemi avanzati di assistenza alla guida (ADAS) per il mantenimento in corsia dei veicoli, gli strumenti di gestione informativa digitale BIM delle Smart Road, l'uso di sensori nelle pavimentazioni, i sistemi di ricarica dei veicoli elettrici del tipo "Dynamic Wireless Power Transfer", i dati di traffico "FCD" e quelli satellitari per il monitoraggio delle Smart Road, le tecniche di gestione dell'infrastruttura e della sovrastruttura in condizioni ambientali avverse.

Nel testo sono sintetizzate alcune esperienze didattiche e scientifiche degli autori, membri del Gruppo di Lavoro S.I.I.V. "SMART ROAD" della "Società Italiana di Infrastrutture Viarie" che rappresenta gran parte del mondo accademico del settore scientifico disciplinare "Strade, ferrovie e aeroporti".

Lo scopo del volume è quello di fornire al lettore alcuni riferimenti tecnici sulle Smart Road che si ritengono particolarmente utili per gli studenti universitari e per i professionisti che a vario titolo operano nel campo dell'Ingegneria Stradale.

I contenuti del libro sono di seguito sinteticamente descritti:

- nel capitolo 1 sono introdotti alcuni riferimenti tecnici e normativi riguardanti l'utilizzo degli ITS e dei Cooperative Intelligent Transportation Systems (C-ITS). Vengono poi riportati i requisiti essenziali che in Italia devono possedere le Smart Road ai sensi del D.M. n. 70 del 28/2/2018. Infine, si descrivono brevemente le prime iniziative italiane in tema di Smart Road;
- nel capitolo 2 si propone una rassegna di possibili criteri teorici di progettazione dell'asse stradale di Smart Road basati su alcune caratteristiche prestazionali sinora note dei veicoli a guida autonoma;
- nel capitolo 3 sono descritti alcuni semplici modelli di Ingegneria del Traffico applicabili allo studio della funzionalità di Smart Road interessate da flussi veicolari composti da diverse aliquote di CAVs (Connected and Automated Vehicles);
- nel capitolo 4 è consegnato un quadro comparativo delle principali esperienze internazionali sulla evoluzione e lo sviluppo della guida autonoma, analizzando i relativi punti di forza e criticità nel contesto regolatorio internazionale;
- nel capitolo 5 è presentato il quadro generale di definizione dell'Operational Design Domain (ODD) per i veicoli automatici e si analizzano anche i fattori relativi all'infrastruttura e alle condizioni ambientali nell'ambito del ODD per i sistemi ADAS di mantenimento in corsia dei veicoli;
- nel capitolo 6 sono descritti i Floating Car Data (FCD), ovvero dati GPS provenienti dalle unità di bordo (OBU) dei veicoli, divenuti di fondamentale importanza con il Decreto Ministeriale n. 70 del 2018 per il rilievo dei dati di traffico delle Smart Road;
- nel capitolo 7 è sintetizzata l'evoluzione dei sistemi di gestione delle pavimentazioni stradali (Pavement Management System, PMS) nel passaggio dalle strade convenzionali alle Smart Road. Dopo aver riportato alcuni concetti base sulle pavimentazioni, vengono prima descritti i PMS tradizionali e poi introdotti i principali elementi di novità dei PMS nell'era delle Smart Road;
- nel capitolo 8 sono analizzate le tecnologie impiegate per il monitoraggio termico delle pavimentazioni (rilevatori di temperatura con resistenza, termoresistori e termocoppie) e viene descritto il loro impatto sulla gestione della rete stradale;
- nel capitolo 9 si offre un'approfondita analisi delle tecnologie di monitoraggio intelligenti progettate per supportare la transizione verso le pavimentazioni stradali automatizzate, anche in ottica di una migliore programmazione nel tempo delle attività manutentive;
- nel capitolo 10 sono descritte le potenzialità della digitalizzazione dell'infrastruttura stradale, nella gestione dei servizi di manutenzione invernale. Viene evidenziata l'efficacia degli algoritmi data-driven che, sfruttando tecnologie quali IoT, intelligenza artificiale e big data analytics, sono in grado di fornire un supporto alle scelte attuative degli Enti gestori;

- nel capitolo 11 si affronta il ruolo strategico delle tecnologie satellitari nel contesto delle Smart Road, approfondendo i concetti e l'integrazione tra dati di Osservazione della Terra (EO), posizionamento GNSS e comunicazione satellitare. Particolare attenzione è dedicata al ruolo del Digital Twin, inteso come modello dinamico, aggiornabile in tempo reale tramite l'integrazione di dati da satellite, sensori in situ e rilievi geospaziali;
- nel capitolo 12 si propone la disamina degli Electric Road Systems e, in particolare, del "Dynamic Wireless Power Transfer System". Vengono inoltre descritte le attività di ricerca sperimentale svolte in Italia nell'ambito del circuito "Arena del Futuro";
- nel capitolo 13 sono descritti i principi che regolano la digitalizzazione BIM delle opere stradali, in particolare delle Smart Road. Vengono esaminati i flussi informativi fondamentali, le modalità di gestione dei dati, le specificità dei modelli InfraBIM, l'interoperabilità delle applicazioni, i formati dei file e una piattaforma web per il facility management delle Smart Road;
- nel capitolo 14 sono esaminate le potenzialità delle applicazioni BIM per la gestione della manutenzione delle infrastrutture stradali nell'ottica della loro continua e progressiva trasformazione in Smart Road. In questo contesto, il BIM può rappresentare un utile strumento per potenziare i sistemi di gestione della manutenzione, semplificando le procedure di manipolazione e visualizzazione dei dati di rilievo mediante vere e proprie ispezioni virtuali delle opere civili.

Il Responsabile del Gruppo di Lavoro S.I.I.V. "SMART ROAD"
Prof. Ing. Marco Guerrieri

La "Società Italiana di Infrastrutture Viarie" (S.I.I.V.)

La "Società Italiana di Infrastrutture Viarie" (S.I.I.V.), fondata nel 1990, rappresenta il mondo accademico del settore scientifico disciplinare "Strade, ferrovie e aeroporti" con lo scopo statutario di promuovere ed agevolare la diffusione della cultura e delle conoscenze scientifiche nel campo delle infrastrutture di trasporto, sia all'interno degli Atenei, sia rivolgendosi agli Enti operanti nel comparto della mobilità.

I contenuti del settore scientifico disciplinare "Strade, ferrovie e aeroporti" riguardano le teorie, i modelli, le tecniche e i processi per la concezione, la progettazione, la costruzione, l'adeguamento, la manutenzione e la gestione degli asset stradali, ferroviari, aeroportuali e intermodali. Le tematiche prevalenti sono la funzionalità, le prestazioni, la sicurezza, la sostenibilità, il rischio, la resilienza, l'impatto sull'ambiente e il territorio, l'efficacia sociale ed economica degli investimenti nel ciclo di vita, la digitalizzazione e le nuove tecnologie. Sono inoltre approfonditi gli aspetti di modellazione e tecnologici dei materiali tradizionali, innovativi ed ecosostenibili, delle opere e del corpo stradale, delle sovrastrutture e degli impianti, oltre ai sistemi costruttivi, alla qualità, all'organizzazione e alla sicurezza dei cantieri. Sono affrontate altresì le problematiche relative ai dispositivi di sicurezza, alla sicurezza della circolazione, ai fattori umani e all'interazione dell'infrastruttura con i diversi utenti e veicoli, anche a guida connessa e automatizzata.

Della S.I.I.V. fanno parte ricercatori, studiosi e tecnici coinvolti nella progettazione, costruzione, manutenzione e gestione di strade, ferrovie e aeroporti.

Il Presidente della S.I.I.V.
Prof. Ing. Gianluca Dell'Acqua

Indice

Capitolo 1
L'uso delle tecnologie smart nei sistemi di trasporto stradali

Abstract In questo capitolo si introducono alcuni riferimenti tecnici e normativi riguardanti l'utilizzo degli ITS e l'implementazione di Cooperative Intelligent Transportation Systems (C-ITS) su strade europee. Vengono poi riportati i requisiti essenziali che in Italia devono possedere le Smart Road ai sensi del D.M. 28/2/2018 (c.d. Decreto Smart Road). Infine, si descrivono brevemente le prime iniziative italiane in tema di smart road.

Le tecnologie intelligenti da alcuni anni sono una realtà consolidata ed ormai quasi imprescindibile per la vita umana poiché offrono soluzioni rapide a problemi anche di natura complessa, adattandosi in tempo reale al contesto di riferimento. Queste innovative tecnologie vengono oggi comunemente indicate con il termine "smart".

Le tecnologie proprie dei settori dell'informazione e delle telecomunicazioni hanno permesso di ideare, progettare e realizzare sistemi di trasporto intelligenti con il precipuo obiettivo di rendere la mobilità di persone e merci sempre più sicura, economicamente e finanziariamente sostenibile ed efficiente.

In questo ambito, rivestono un ruolo di eminente importanza le "*Smart Road*", che, allo stato attuale, possono essere definite come infrastrutture stradali non convenzionali nelle quali si fa ampio utilizzo di tecnologie innovative finalizzate soprattutto alla integrazione e connessione di componenti infrastrutturali, strutturali e sovrastrutturali con sensori, dati, software e veicoli (tradizionali ed a guida autonoma) per migliorare l'efficienza del trasporto, la sicurezza degli utenti, il consumo energetico e quindi la sostenibilità ambientale.

Sebbene i primi studi pionieristici sulle Smart Road e sulle autostrade automatizzate risalgano agli anni ottanta e novanta del secolo scorso [1], l'introduzione delle tecnologie digitali nelle infrastrutture stradali è avvenuta solo in tempi più recenti grazie, in primo luogo, all'evoluzione e all'affidabilità mostrata dai sistemi ITS (*Intelligent Transportation System*) e C-ITS (*Cooperative Intelligent Transportation System*) – le cui peculiarità sono brevemente descritte nei successivi paragrafi – e alla emanazione ed entrata in vigore di specifiche normative tecniche tra le quali si

F. Autelitano et al., *Le SMART ROAD - Stato dell'arte e scenari futuri*,
https://doi.org/10.1007/978-3-031-96144-1_1

annovera per l'Italia il Decreto Ministeriale 28 febbraio 2018 (c.d. Decreto Smart Road) [2]. Secondo quest'ultimo, "Si definiscono Smart Road le infrastrutture stradali per le quali è compiuto, ..., un processo di trasformazione digitale orientato a introdurre piattaforme di osservazione e monitoraggio del traffico, modelli di elaborazione dei dati e delle informazioni, servizi avanzati ai gestori delle infrastrutture, alla pubblica amministrazione e agli utenti della strada, nel quadro della creazione di un ecosistema tecnologico favorevole all'interoperabilità tra infrastrutture e veicoli di nuova generazione."

1.1 I sistemi ITS

Gli Intelligent Vehicle-Highway Systems (IVHS), più frequentemente denominati Intelligent Transportation Systems – ITS (sistemi di trasporto intelligenti) mirano a migliorare l'efficienza dei sistemi di trasporto mediante l'impiego di diverse tecnologie informatiche e di comunicazione, nella gestione delle infrastrutture, del traffico e della mobilità. Gli ITS sono basati su tre aspetti centrali: acquisizione, elaborazione e diffusione delle informazioni, tra loro opportunamente integrati.

Più in particolare, i sistemi ITS si fondano su processi di acquisizione dei dati, elaborazione e integrazione degli stessi, nonché sul ciclo di informazioni da fornire agli utenti del sistema di trasporto. Essi offrono:

- informazioni in tempo reale sulle condizioni del traffico (localizzazione dei veicoli, portate veicolari, ritardi, itinerari alternativi) di un'autostrada o di una rete stradale;
- informazioni on-line per programmare un viaggio;
- un sistema conoscitivo delle condizioni operative delle infrastrutture tramite il quale le autorità competenti, gli operatori stradali ed i singoli viaggiatori possono prendere decisioni.

Gli ITS trovano applicazione in molteplici ambiti dei sistemi di trasporto e sono classificabili in [3–5]:

1) *sistemi ATMS* (Advanced Traffic Management Systems) per la gestione avanzata del traffico. Si tratta di sistemi di gestione e controllo del traffico implementati soprattutto nei tronchi correnti e nelle rampe autostradali (segnaletica a messaggio variabile, ramp-metering, limiti di velocità dinamici, ecc.);
2) *sistemi ATIS* (Traveler Advanced Information Systems), strumenti di navigazione ed assistenza per gli utenti della strada;
3) *sistemi AVCS* (Advanced Vehicle Control Systems) per il controllo avanzato dei veicoli: sistemi intelligenti per evitare collisioni per il tramite di frenatura automatica e/o guida automatica, rilevamento della segnaletica, ecc. In tale ambito rientrano anche i veicoli completamente automatizzati che operano su corsie autostradali opportunamente dedicate;
4) *sistemi CVO* (*Commercial Vehicle Operations*) implementati a bordo di veicoli commerciali, autotreni, autobus, furgoni, taxi e mezzi di soccorso;

5) *Sistemi avanzati di trasporto pubblico APTS* (Advanced Public Transportation Systems). I veicoli adibiti al trasporto collettivo possono utilizzare una o più tecnologie ATM, ATIS, e AVCS.

Tra gli ITS più usati, si annoverano [3–5]:

- *i sistemi per la gestione e regolamentazione del traffico veicolare* (acquisizione dei dati di traffico, controllo semaforico, controllo degli accessi, gestione dei parcheggi, pannelli a messaggio variabile, centri di supervisione e controllo tra loro integrati, ecc.);
- *i sistemi per l'informazione agli utenti* (indicazioni di percorso e instradamento parcheggi, informazioni pre-viaggio via RDS-TMC, televisione, Internet, centri di servizi informativi per il trasporto, call center, ecc.);
- *i sistemi per la gestione del trasporto collettivo* (monitoraggio e localizzazione delle flotte veicolari, automatizzazione dei depositi, servizi a chiamata, ecc.);
- *i sistemi per l'integrazione modale* e per le piattaforme per la logistica (sistemi Park and Ride, sistemi di pagamento con smart-card, sistemi di distribuzione delle merci, sistemi misti merci/passeggeri, ecc.).

In Tab. 1.1 è sintetizzata la composizione tassonomica di predetti servizi, standardizzati dall'International Organization for Standardization (ISO).

Numerose sperimentazioni effettuate in diversi Paesi europei e negli Stati Uniti mostrano i seguenti benefici derivanti dall'uso degli ITS:

- riduzione dei tempi di spostamento nell'ordine del 20%;
- aumenti della capacità della rete del $5 \div 10\%$;
- diminuzione del numero di incidenti del $10 \div 15\%$;
- diminuzione delle congestioni del 15%;
- riduzione delle emissioni inquinanti del 10%;
- riduzione dei consumi energetici del 12%.

1.2 Le normative italiane sugli ITS

Le principali norme tecniche italiane riguardanti gli ITS sono:

- il Decreto-Legge del 18 ottobre 2012 n. 179 "Ulteriori misure urgenti per la crescita del Paese", definito anche Decreto Sviluppo Bis, convertito, con modificazioni, dalla legge 17 dicembre 2012, n° 211;
- il Decreto interministeriale 39 del 1° febbraioo 2013, pubblicato sulla GURI del 26 marzo 2013 n. 72 "Diffusione dei sistemi di trasporto intelligenti (ITS) in Italia";
- il Decreto ministeriale 12 febbraio 2014, n. 44, "Piano di azione nazionale sui sistemi intelligenti di trasporto (ITS) in attuazione della Direttiva 2010/40/UE del Parlamento europeo e del Consiglio del 7 luglio 2010".

Tabella 1.1 Composizione tassonomica degli ITS

Categoria ITS	**Tipologia servizio**
Gestione del traffico (ATMS)	1. Supporto alla pianificazione dei trasporti 2. Controllo del traffico – Controllo e gestione della sosta – Controllo e gestione degli impianti semaforici – Assegnazione della priorità ai mezzi pubblici 3. Gestione degli incidenti 4. Gestione della domanda 5. Monitoraggio e traffico e della viabilità (postazioni mobili, postazioni fisse) 6. Rafforzamento delle regolazioni del traffico 7. Rilevamento di superamento delle infrazioni – Rilevamento automatico e trasmissione dati relativi al superamento della velocità, alla violazione delle corsie riservate e al passaggio con semaforo rosso 8. Gestione della manutenzione delle infrastrutture
Informazioni ai viaggiatori (ATIS)	9. Informazioni pre-trip 10. Informazioni al guidatore durante il viaggio 11. Informazioni durante il viaggio per il trasporto pubblico 12. Servizi di informazione personali
Sistemi per i veicoli (AVCS)	13. Aumentare la supervisione dei veicoli 14. Automatizzare le operazioni dei veicoli – Sistemi di monitoraggio del guidatore – Sistemi di monitoraggio del veicolo – Sistemi per la guida automatica – Sistema di controllo intelligente crociera (AICC) 15. Evitare collisioni laterali 16. Evitare collisioni frontali 17. "Sviluppo" della sicurezza
Veicoli commerciali (CVO)	18. Processi amministrativi dei veicoli commerciali 19. Rapidità nello sgombero di veicoli commerciali 20. Ispezione automatica di sicurezza della banchina 21. Monitoraggio di sicurezza a bordo del veicolo 22. Gestione della flotta dei veicoli commerciali
Trasporto pubblico (APTS)	23. Gestione del trasporto pubblico – Sistema di localizzazione dei mezzi – Sistema di gestione dei depositi 24. Gestione della domanda del trasporto pubblico – Sistema di pagamento integrato 25. Gestione dello squilibrio nell'uso dei mezzi
Gestione delle emergenze (EMS)	26. Notifica delle emergenze e sicurezza personale 27. Gestione delle emergenze dei veicoli 28. Materiali pericolosi e notifiche di incidenti
Pagamento elettronico (EP)	27. Transazioni finanziarie elettroniche
Sicurezza	28. Sicurezza dei viaggiatori 29. "Rafforzamento" della sicurezza degli utenti vulnerabili

Secondo quest'ultimo Decreto, la progettazione e la realizzazione degli ITS devono essere ispirate ai seguenti requisiti e principi (testualmente):

- essere efficaci nel contribuire concretamente alla soluzione dei principali problemi del trasporto, in particolare stradale, quali la congestione del traffico, le emissioni inquinanti, l'efficienza energetica dei vettori e la sicurezza degli utenti della strada;
- assicurare l'intermodalità e l'interoperabilità, anche mediante il ricorso ad apposite procedure di certificazione, al fine di assicurare che i sistemi e i processi commerciali che li sottendono dispongano della capacità di condivisione di informazioni e dati;
- promuovere la parità di accesso, non impedendo o discriminando l'accesso alle applicazioni e ai servizi ITS da parte di utenti della strada vulnerabili;
- offrire proporzionali livelli di qualità e diffusione dei servizi tenendo conto delle specificità locali, regionali e nazionali;
- sostenere il miglior utilizzo delle infrastrutture nazionali e delle reti esistenti, tenendo conto delle differenti caratteristiche delle reti di trasporto, in particolare delle dimensioni dei volumi del traffico e delle condizioni meteorologiche sulle strade;
- garantire la retro-compatibilità delle soluzioni adottate, assicurando la capacità dei sistemi ITS di operare con sistemi esistenti e che abbiano finalità comuni, senza ostacolare lo sviluppo di nuove tecnologie;
- assicurare la qualità della sincronizzazione e del posizionamento, utilizzando servizi di navigazione satellitare integrati da tecnologie che offrano livelli equivalenti di precisione nelle zone d'ombra ai fini delle applicazioni e dei servizi;
- rispettare la coerenza, la compatibilità e l'interoperabilità dei servizi ITS nazionali rispetto a quelli garantiti a livello comunitario;
- accelerare lo sviluppo degli ITS e del loro mercato, in un clima di apertura del mercato stesso;
- essere efficienti in termini di costi, ottimizzando il rapporto tra costi e mezzi impiegati per raggiungere gli obiettivi.

Nello stesso Decreto sono individuate le linee di azione che le competenti Autorità nazionali si impegnano a promuovere, segnatamente:

- costituire una piattaforma telematica nazionale fruibile da parte dell'utenza, anche nell'ottica di implementare le attività di formazione volte alla creazione di figure professionali incaricate della progettazione, della gestione e della manutenzione degli ITS;
- elaborare ed utilizzare modelli di riferimento e standard tecnici per la progettazione degli ITS, allo scopo di conseguire l'interoperabilità e la coerenza degli ITS nazionali con gli analoghi sistemi in ambito comunitario;
- introdurre un modello di classificazione delle strade anche in base alle tecnologie e ai servizi ITS presenti (quali, ad esempio: sensori, telecamere, pannelli a messaggio variabile, informazioni in tempo reale sul traffico e sulle condizioni atmosferiche, sistemi di gestione delle emergenze e di sicurezza delle strade, pagamento automatico del pedaggio, tracciamento delle merci pericolose);

- utilizzare tecnologie di bordo dei veicoli in modo da agevolare la comunicazione V2V (veicolo-veicolo) e V2I (veicolo-infrastruttura);
- costituire un database riportante i benefici ottenuti dalle diverse utenze in ragione dell'utilizzo delle applicazioni ITS;
- integrare le piattaforme afferenti al trasporto delle merci, con particolare attenzione alle interfacce tra le diverse modalità di trasporto, in modo da evitare sovrapposizioni e conflitti tra sistemi e promuovere l'interoperabilità delle stesse;
- utilizzare il sistema satellitare EGNOS (European Geostationary Navigation Overlay Service – Servizio geostazionario europeo di navigazione di sovrapposizione) e GALILEO per i servizi di navigazione satellitare di supporto al trasporto delle persone e delle merci, in linea con il Piano d'azione relativo alle applicazioni del sistema globale di radionavigazione via satellite (GNSS) redatto dalla Commissione Europea nel mese di giugno 2010;
- sviluppare il sistema di trasmissione delle chiamate di emergenza da veicoli (e-call).

Infine, la norma chiarisce che le comunicazioni *Vehicle to Vehicle* (V2V), *Vehicle to Infrastructure* (V2I) e *Infrastructure to Infrastructure* (I2I) rappresentano le tecnologie abilitanti per lo sviluppo di applicazioni innovative, rivolte allo sviluppo di un modello di mobilità sostenibile.

1.3 I sistemi intelligenti di trasporto cooperativi C-ITS

I Cooperative Intelligent Transportation Systems (C-ITS) sono sistemi che consentono all'utente della strada e al gestore della rete stradale di condividere delle informazioni finalizzate al miglioramento della funzionalità e della sicurezza delle infrastrutture e dei servizi di trasporto. I C-ITS si basano su tre tipi principali di connettività:

- *connettività V2V* (vehicle to vehicle): trasferimento di informazioni tra due o più veicoli che transitano nella stessa strada;
- *connettività V2I* (vehicle to infrastructure): trasferimento di informazioni tra veicolo ed infrastruttura;
- *connettività delle infrastrutture I2V* (Infrastructure to vehicle): trasferimento di informazioni dall'infrastruttura al veicolo.

La connettività tra utente, veicolo e infrastruttura stradale si realizza per il tramite di tre distinte tipologie di device:

- *Device mobile* dell'utente con il quale egli può ricevere informazioni provenienti dalle infrastrutture stradali e/o da altri veicoli;
- *On Board Unit (OBU)*, dispositivi installati nei veicoli aventi la funzione di trasmettitore e di ricevitore di informazioni da e verso i Road Side Unit (RSU);
- *Road Side Unit (RSU)*, moduli radio a corredo delle infrastrutture stradali che oltre a ricevere e trasmettere informazioni da e verso i veicoli, elaborano ed

inviano i dati al centro di controllo del gestore della strada al fine di monitorare lo stato dell'esercizio della rete.

I sistemi C-ITS perseguono i seguenti principali obiettivi:

- *gestione intelligente del traffico*: incremento della capacità, riduzione dei tempi di percorrenza, delle emissioni di inquinanti, ecc.
- *Mobility As A Service (MaaS)*: servizi di trasporto integrati e "customizzati" in base alle singole necessità degli utenti.

La tecnologia di comunicazione è basata sul **Wi-Fi in motion** che consente la connettività tra il dispositivo mobile degli utenti della strada e le infrastrutture stradali offrendo il continuo scambio di informazioni da e verso l'utente.

Gli standard di trasmissione per il Wi-Fi in motion sono stati sviluppati dall'IEEE (Institute of Electrical and Electronics Engineers), IEEE 802.11, e definiscono i requisiti per gli aspetti relativi al:

- *PHY (Physical Layer), livello 1 del modello OSI* (Open System Interconnection) che riceve la sequenza di bit del messaggio scambiato;
- *MAC (Media Access Control), livello dell'OSI* che svolge la funzionalità di controllo dell'accesso al PHY. Dal punto di vista dell'interfaccia del client (utente della strada che si collega) e dell'access point (dispositivo che permette all'utente di collegarsi alla rete wi-fi).

Il gruppo degli 802.11 comprende i seguenti protocolli di trasmissioni:

- protocolli dedicati alla trasmissione delle informazioni;
- protocollo di sicurezza;
- estensioni e miglioramenti dei protocolli sopra riportati.

Il gruppo degli 802.11 utilizza uno spettro di frequenza compreso tra 2,4 GHz e 5,4 GHz.

1.4 Tecnologie V2V e V2I

Si tratta di tecnologie di scambio delle informazioni nate con l'obiettivo primario di prevenire gli incidenti stradali, grazie al riconoscimento delle condizioni di circolazione che possono portare ad una collisione.

Per la comunicazione e lo scambio di dati e di informazioni tra V2V e V2I, il Ministero delle Infrastrutture e dei Trasporti, nello Standard funzionale per le Smart Road emanato il 22/06/2016 fa riferimento alle piattaforme integrate basate sugli standard ETSI G5 DSRC (Dedicated Short Range Communications) che fissano le bande di frequenza per l'invio e la ricezione di dati e di informazioni tra V2V e V2I.

L'introduzione della banda di frequenza del DSRC ha indotto inoltre lo sviluppo dello standard 802.11p, che è una evoluzione degli standard IEEE 802.11 che opera su frequenze di 5.9 GHz, garantendo così minime interferenze dato che non esistono altri operatori che operano in questo intervallo di frequenza.

1.5 Applicazioni dei sistemi C-ITS in Europa: la piattaforma C-ROADS

In data 30 novembre 2016, la Commissione Europea ha varato una strategia comune sui sistemi intelligenti di trasporto cooperativi (C-ITS) [3–6] che, secondo le originarie previsioni, a partire dall'anno 2019 avrebbe consentito di usare sulle strade europee veicoli capaci di scambiare dati ed informazioni tra loro e con l'infrastruttura fisica. Ciò al fine di rendere le strade più sicure e di integrare, sul lungo termine, i veicoli automatizzati nel sistema di trasporto stradale. In questa direzione è stata introdotta la Piattaforma C-ROADS [7] (Fig. 1.1) creata per lo scambio di esperienze maturate dai Paesi Europei aderenti alla piattaforma stessa su progetti e risultati dei test inerenti i servizi C-ITS "Day-1" indicati in Tab. 1.2.

In Italia il progetto denominato "C-ROADS Italy" (avviato giorno 08/02/2017) è stato coordinato dal Ministero delle Infrastrutture e Trasporti ed ha coinvolto tre operatori stradali: CAV (A57), Autovie Venete (A4 e A28) e Autostrada del Brennero (A22). Obiettivo principale è stato quello di verificare e dimostrare, in linea con gli obiettivi generali di armonizzazione perseguiti dalla C-ROADS Platform, come i sistemi cooperativi V2V e V2I possano avere un impatto positivo su:

Tabella 1.2 Elenco servizi C-ITS "day 1" e C-ITS "day 1,5"

Elenco dei servizi C-ITS "Day-1"
Notifiche di punti pericolosi: – avviso di veicolo lento o fermo e avvicinamento a un ingorgo; – avviso di lavori stradali; – condizioni meteorologiche; – luce di frenata di emergenza; – veicolo di emergenza in avvicinamento; – altri pericoli. **Applicazioni di segnaletica**: – segnaletica di bordo; – limiti di velocità a bordo; – violazione della segnaletica/della sicurezza ad un incrocio; – richiesta di precedenza al semaforo da parte di veicoli designati; – velocità ottimale consigliata al passaggio con semaforo verde; – dati cooperativi dei veicoli; – smorzamento di onda d'urto [rientrante nella categoria "avviso di pericolo locale" dell'Istituto europeo per le norme di telecomunicazione (ETSI)]
Elenco dei servizi C-ITS "Day 1,5"
– informazioni sulle stazioni di rifornimento e di ricarica per i veicoli a carburante alternativo; – protezione degli utenti vulnerabili della strada; – gestione dei parcheggi situati sulla sede stradale e relative informazioni; – informazioni sui parcheggi situati non direttamente sulla sede stradale; – informazioni sui parcheggi scambiatori; – navigazione connessa e cooperativa in entrata e in uscita dalla città (primo e ultimo chilometro, parcheggi, consigli sull'itinerario, semafori coordinati); – informazioni sul traffico e instradamento intelligente

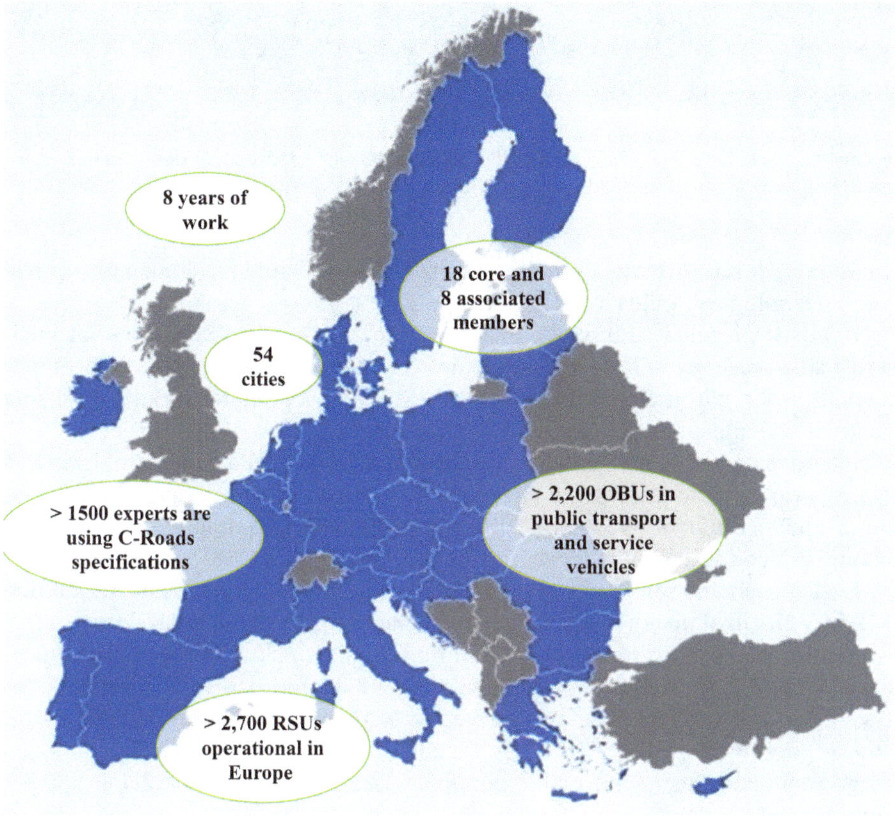

Figura 1.1 Dati sintetici della piattaforma C-ROADS [7]

- *Sicurezza del sistema di trasporto* (analisi dei rischi legati alla tecnologia cooperativa/automatizzata in scenari diversi di composizione del traffico);
- *Fluidità del traffico* (analisi delle tecnologie di "Platooning" e "Highway Chauffeur" che permette di regolare la velocità dei veicoli, mantenere la traiettoria desiderata ed effettuare il cambio corsia in modo automatico);
- *Efficienza energetica* (analisi in condizioni reali del consumo di carburante e relativa riduzione delle emissioni derivanti dall'uso di servizi C-ITS).

1.6 Le Smart Road

Le smart road costituiscono il nuovo paradigma della mobilità su gomma e perseguono l'obiettivo principale di essere più sicure, funzionali, sostenibili e inclusive di quelle tradizionali, anche grazie all'impiego di tecnologie innovative usate nei veicoli, nell'infrastruttura e nei dispositivi di comunicazione degli utenti (Fig. 1.2).

Figura 1.2 Schema del processo di raccolta dati, elaborazione e fornitura di servizi in una smart-road [8]

Si tratta di infrastrutture digitalizzate che saranno sempre più compatibili con le nuove tecnologie di guida assistita ed autonoma.

I sistemi di guida automatica o semi-automatica modificheranno radicalmente il tradizionale ruolo del conducente del veicolo che avrà, nel prossimo futuro, compiti molto più limitati degli attuali ed incentrati soprattutto su attività di sola supervisione alla guida del mezzo.

Inoltre, è prevedibile un radicale mutamento delle modalità di utilizzo dei mezzi di trasporto da parte degli utenti che tendenzialmente si indirizzeranno verso sistemi di tipo "*mobility as a service*": il trasporto urbano ed extraurbano avverranno sempre più con veicoli non di proprietà ma facenti parte di flotte in *sharing*.

I veicoli saranno sempre meglio connessi con sistemi di comunicazione del tipo V2V e V2I, ciò al fine di rendere l'automazione sempre più funzionale e sicura.

Inoltre, anche grazie all'uso di una fitta rete di minuscoli sensori elettromeccanici (MEMS) si otterranno nel tempo via via maggiori dati sullo stato delle infrastrutture e sul traffico, che potranno essere sempre più utilizzati dagli operatori stradali, dai fornitori di servizi e dagli utenti. Questi ultimi durante il viaggio saranno continuativamente informati tramite i *device* di bordo dei veicoli e le app per *smartphone*.

Va inoltre considerato che le nuove tecnologie permettono il monitoraggio in continuo delle strutture (ponti, viadotti, gallerie, ecc.) e della sovrastruttura stradale, modificando così l'approccio alla manutenzione ordinaria e straordinaria (oggi per lo più di tipo "reattiva") che diverrà sempre più di tipo proattiva. I benefici derivanti dalla circolazione di veicoli a guida autonoma (Autonomous Vehicles – AVs e connected and automated vehicles – CAVs) sulle smart road saranno considerevoli. Tra questi si annoverano l'incremento della capacità delle corsie dovuto all'abbattimento dei tempi di percezione e reazione dei sistemi di guida autonoma rispetto a quelli degli automobilisti, la riduzione della frequenza dei fenomeni flow-breakdown (instabilità del deflusso) ed il miglioramento della sicurezza dovuto ad una minore o mancata presenza del cosiddetto "fattore umano".

In generale, oltre ai servizi *C-ITS* (Tab. 1.2) [2, 3, 5, 9, 10], nelle smart road, in particolare in quelle a flusso ininterrotto (assimilabili alle odierne autostrade e strade extraurbane principali), possono essere implementati, tra gli altri, uno o più dei seguenti sistemi (Fig. 1.3):

- *Corsie dedicate alla guida automatizzata* (veicoli dei tipi AV e CAV);
- *Corsie dedicate alla marcia plotonizzata*;

- *Internet of Things (IOT)* e sensori per il monitoraggio del traffico, delle strutture (ponti, viadotti, barriere stradali, ecc.), delle condizioni metereologiche e degli inquinanti atmosferici;
- *Sistemi di ramp-metering*;
- *Sistemi HSR (Hard Shoulder Running system)*, cioè temporanea abilitazione al transito della corsia di emergenza;
- *Sistemi VLS (Variable Speed Limits)* per migliorare la sicurezza degli utenti in specifiche condizioni dell'infrastruttura e/o ambientali e per limitare fenomeni di instabilità del deflusso per elevati valori di densità veicolare;
- *Green Islands*: siti multi-tecnologici per la generazione e la trasformazione di energia da fonti rinnovabili (es. fotovoltaico, minieolico). All'interno di ogni Green Island si possono anche prevedere punti di ricarica elettrica, aree per il decollo e l'atterraggio di droni per il monitoraggio della strada e per la consegna di kit di emergenza come ad esempio i defibrillatori portatili;
- *Electric priority lanes:* corsie riservate munite di tecnologie per la ricarica in modalità wireless dei veicoli elettrici;
- *Dispositivi piezoelettrici* per generare energia elettrica dal movimento delle autovetture;
- *Luci e paline informative smart;*
- *Vernici Hi-Tech fotoluminescente per la segnaletica orizzontale;*
- *Dispositivi di ritenuta smart* equipaggiati con accelerometri ed altri sensori per il rilevamento di impatti veicolari e con luci a led aventi la funzione di *Alert* per gli utenti (*Accidents Monitoring System* – AMS) in avvicinamento al tratto interessato da un sinistro;
- *Sistemi di pesatura dinamica dei veicoli (Weigh-in-Motion – WIM*) per rilevare il peso dei mezzi in transito su un tratto stradale o su un ponte senza che i veicoli si fermino. La trasmissione dei dati rilevati avviene in real-time permettendo così di gestire eventuali transiti in "*overload*" sulle infrastrutture stradali. Il peso degli assi e il peso lordo dei veicoli in transito vengono misurati tramite sensori in fibra ottica o piezoelettrici in genere posti sulla pavimentazione;
- *Smart motorway toll booths*, caselli autostradali smart equipaggiati con ATPM (*Automatic Toll Payment Machine*) per il pagamento automatico dei pedaggi autostradali. Questi sistemi possono ridurre sensibilmente i tempi di servizio e incrementare la capacità dei caselli.

In accordo alla *EU ITS Platform* [5], per le smart road, oltre ai servizi C-ITS Day 1 e C-ITS Day 1.5 (Tab. 1.2) potranno in futuro essere erogati i servizi C-ITS Day 2 e C-ITS Day 3+ inerenti la gestione ed il controllo dei CAVs.

I dati provenienti dai sensori installati sui veicoli di nuova generazione (Fig. 1.4) costituiscono una ulteriore importante fonte di informazione per auscultare sia le strade tradizionali, sia le smart road. A titolo esemplificativo, basti considerare che i sensori di pressione degli pneumatici, unitamente a quelli di geolocalizzazione delle automobili, possono essere correlati con le condizioni di regolarità superficiale delle pavimentazioni stradali. Analogamente, l'uso congiunto di videocamere

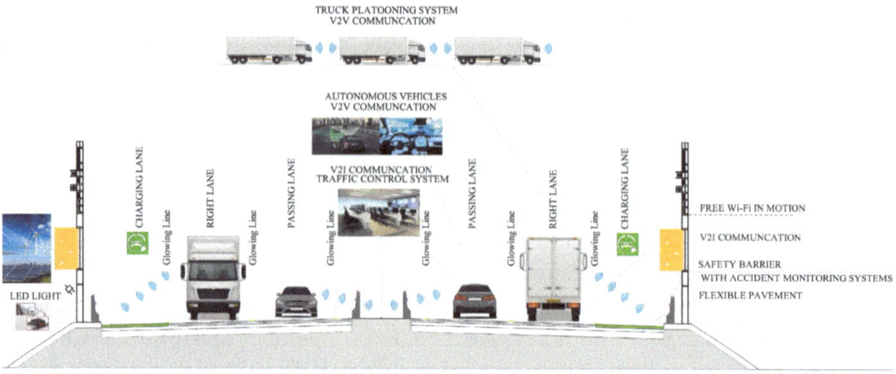

Figura 1.3 Esempio di smart road [11]

Figura 1.4 Alcuni dei principali sensori presenti sui veicoli di nuova generazione con i quali trarre informazioni per il monitoraggio delle smart road [11]

e di algoritmi di detection e tracking dei veicoli può permettere di stimare i flussi veicolari, facendo ricorso ai metodi dell'osservatore mobile di Wardrop [12].

Una fonte di dati oggi essenziale per gli ITS, i C-ITS e, dunque, per le smart road, è rappresentata dai *Floating car data* (o Floating cellular data) FCD, ovvero i dati provenienti dagli smartphone degli utenti che permettono la geolocalizzazione e la stima delle velocità dei veicoli. Con i *Floating car data* si può pervenire alla stima dei tempi di viaggio, delle portate veicolari e delle matrici origine-destinazione dei flussi di una rete di trasporto più o meno estesa.

Una particolare categoria di smart road è rappresentata *dall'Automated Highway System* (AHS) le cui tecnologie possono essere studiate con la finalità principale di automatizzare il deflusso veicolare piuttosto che di offrire servizi di infomobilità per gli utenti. Per questo tipo di smart road sono quindi essenziali i sistemi per il controllo e la cooperazione dei CAVs, cioè servizi del tipo *Connected and Automated Mobility – CCAM* [5].

1.6.1 Classificazione PIARC delle Smart Road

L'associazione mondiale della strada PIARC ha recentemente definito diversi tipi smart road in base alla loro compatibilità con i sistemi di automazione dei veicoli, definiti in accordo alla classificazione SAE International del 2016 che stabilisce sei diversi livelli: da 0 (nessuna automazione) a 5 (automazione completa). La classificazione PIARC è la seguente [13]:

- *Humanway (HU) road segments*: tratti stradali privi di compatibilità con i sistemi di guida assistita;
- *Assisted way (AS) road segments*: offrono un supporto parziale ai veicoli a guida assistita;
- *Automated way (AT) road segments*: simili alle AS ma con capacità di connettività con i veicoli a guida autonoma;
- *Full Automated way (FA) road segments*: offrono pieno supporto ai veicoli con livello di automazione 4 e buone capacità di connettività;
- *Autonomous way (AU) road segments*: offrono il pieno supporto ai veicoli con livello di automazione 4 e capacità di connettività eccezionali. Si tratta di smart road che possono essere utilizzate solo da veicoli con livello di automazione SAE 4 e 5.

1.6.2 Il decreto "Smart Road"

In ragione delle particolari caratteristiche tecniche delle smart road e dei nuovi sistemi di ausilio alla guida, nel prossimo futuro dovranno essere individuati nuovi e più aggiornati criteri tecnici per la progettazione delle infrastrutture stradali digitalizzate che sono state per la prima volta regolamentate in Italia con il Decreto Ministero delle Infrastrutture e Trasporti (Mit) 70 del 28 febbraio 2018 "Modalità attuative e strumenti operativi della sperimentazione su strada delle soluzioni di Smart Road e di guida connessa e automatica". Questo decreto ha avviato "*un processo di trasformazione digitale orientato a introdurre piattaforme di osservazione e monitoraggio del traffico, modelli di elaborazione dei dati e delle informazioni, servizi avanzati ai gestori delle infrastrutture, alla pubblica amministrazione e agli utenti della strada, nel quadro della creazione di un ecosistema tecnologico favorevole all'interoperabilità tra infrastrutture e veicoli di nuova generazione*".

Il D.M. 28 febbraio 2018 specifica gli interventi, i tempi ed i tipi di strade interessate dalla tecnologia smart road. Sono innanzitutto prescritti gli standard funzionali per la realizzazione di strade più connesse in grado cioè di "dialogare" con gli utenti a bordo dei veicoli, per fornire in tempo reale informazioni sul traffico, incidenti, condizioni meteo, cantieri e notizie di altro genere.

Il processo di digitalizzazione delle infrastrutture è anche finalizzato alla interoperabilità con i veicoli di nuova generazione ed alla messa in esercizio di servizi C-ITS, a partire da quelli denominati "*Day-1*" (cfr. Tab. 1.2) dalla piattaforma europea C-ITS.

Si prevede che la tecnologia C-ITS delle smart road venga implementata sulle tratte autostradali o statali di nuova realizzazione oppure oggetto di manutenzione straordinaria, con il seguente cronoprogramma:

- *Fase 1*: entro il 2025, si interviene sulle infrastrutture italiane appartenenti alla rete europea TEN-T, Trans European Network – Transport, e su tutta la rete autostradale e statale;
- *Fase 2*: in seguito alla fase 1, i servizi saranno estesi a tutta la rete del Sistema Nazionale Integrato dei Trasporti, così come individuata dall'allegato al Def 2017 "Connettere l'Italia";
- *Fase 3*: entro il 2030, saranno attivati ulteriori servizi, ad es. deviazione dei flussi, intervento sulle velocità medie per evitare congestioni, suggerimento di traiettorie, gestione dinamica degli accessi, dei parcheggi e del rifornimento, anche di tipo elettrico.

Le specifiche funzionali che può possedere una Smart road sono riportate in Tab. 1.3.

In base alle specifiche riportate in Tab. 1.3, le smart road vengono suddivise in due sottotipi: **Smart-road di tipo I** e **Smart-road di tipo II**, così come sintetizzato in Tab. 1.4 che riporta anche le tempistiche di applicazione.

Il D.M. 28 febbraio 2018 descrive in modo molto dettagliato le modalità di rilievo dei flussi di traffico, per sezione e per tragitto.

Più in particolare, il rilievo dei dati di transito alla sezione deve essere assicurato in continuo 24/24 h e per tutti i giorni dell'anno.

Per tutte le Smart Road, sia di tipo I sia di tipo II, è necessario individuare almeno due sezioni di rilievo agli estremi di ogni arco omogeneo. Quest'ultimo è così definito:

"*Un arco omogeneo rappresenta una tratta infrastrutturale che deve essere necessariamente interrotta in corrispondenza di ogni intersezione (a raso o sfalsata) con una altra Smart Road (sia di tipo I sia di tipo II) oppure in corrispondenza di qualsivoglia intersezione (a raso o sfalsata) anche non con altra Smart Road, purché non trascurabile. Una intersezione si dice trascurabile per una Smart Road nel caso in cui il flusso immesso o emunto dalla Smart Road in questione per effetto della intersezione non superi i 100 veicoli/ora nel 90% dei periodi orari di un intero anno. In mancanza di conteggi di traffico in grado di verificare la precedente definizione l'intersezione non può essere considerata di scarsa importanza. L'immissione o uscita da o verso aree di servizio, rifornimento e sosta non è con-*

Tabella 1.3 Specifiche funzionali che deve possedere una Smart road secondo il D.M. 28 febbraio 2018

ID	Descrizione delle Specifiche Funzionali
1	Presenza road-side di una rete di comunicazione dei dati ad elevato bit-rate (es.: fibra)
2	Copertura continuativa dell'asse stradale e delle relative pertinenze con servizi di connessione per la IoT e di routing verso la rete di comunicazione dati
3	Road-Side Unit per la comunicazione V2I, localizzati in modo tale da consentire la connessione ai veicoli dotati di On-boad-unit V2X che soddisfino gli standard di settore
4	Presenza di un sistema di hot-spot Wifi per la connettività dei device personali dislocati almeno nelle aree di servizio e di parcheggio (ove presenti)
5	Dotazione di un sistema di rilievo del traffico ed enforcement, nonché di rilievo delle condizioni di deflusso, articolato su un livello di maggior dettaglio per le smart road di tipo I, in conformità con quanto descritto nella Sezione A (rilievo del traffico e delle condizioni di deflusso); i sistemi di rilievo devono avere le caratteristiche minime di qualità delle misure e rispondere alle regole di qualificazione descritte sempre nella Sezione A del decreto; il sistema deve essere progettato in maniera tale da minimizzare la propria impronta ecologica ed energetica
6	Dotazione di un sistema di archiviazione dei dati provenienti dal rilievo del traffico e delle condizioni di deflusso con funzionalità di archiviazione e storicizzazione, secondo le specifiche della Sezione A (Rilievo del traffico e delle condizioni di deflusso) del decreto, nel rispetto della normativa in materia di riservatezza e protezione dei dati personali.
7	Dotazione di un sistema modellistico per la previsione delle condizioni di deflusso a medio-breve termine, nonché per la stima/previsione per periodi di tempo successivi, in accordo con le specifiche di dettaglio della Sezione A (Rilievo del traffico e delle condizioni di deflusso)
8	Dotazione di un sistema di monitoraggio in tempo reale delle condizioni climatiche e delle piogge, come dettagliato nella Sezione B (Monitoraggio idro/meteo) del decreto; il sistema deve essere progettato in maniera tale da minimizzare la propria impronta ecologica ed energetica
9	Capacità, sulla base dei dati di rilievo del traffico e di modelli di previsione di offrire contenuti per servizi avanzati di informazione sul viaggio agli utenti, permettendo eventuali azioni di re-routing; la trasmissione delle informazioni può avvenire utilizzando sistemi di comunicazione V2I, se permesso dagli standard e dalle dotazioni correnti, oppure tramite app web
10	Controllo in tempo reale da una centrale del traffico dotata di programmi di ausilio alla gestione come indicato nella sezione C (Servizi avanzati ITS) del decreto, che includano la capacità di applicare scenari di gestione del traffico precostituiti (e soggetti a simulazione degli effetti) selezionati e attuati dinamicamente in funzione dei dati di rilievo del traffico e di altre informazioni ricevute da fonti anche eterogenee; gli scenari possono prevedere mix di possibili misure quali ad esempio: deviazioni dei flussi, in caso di ostruzioni gravi; interventi sulle velocità medie, per evitare o risolvere congestioni (speed control); suggerimento di traiettorie e corsie (lane control); gestione dinamica di accessi (ramp metering)
11	Capacità di fornire agli utenti della strada, soprattutto ai guidatori professionisti ed alle flotte aziendali, a richiesta, servizi di gestione dei parcheggi e del rifornimento (con particolare riferimento alla ricarica elettrica)
12	Capacità di fornire, sulla base delle caratteristiche statiche e dinamiche delle infrastrutture, dei dati di rilievo del traffico, delle stime a medio e breve termine delle condizioni di deflusso, del sistema di monitoraggio idro/meteo e di eventuali modelli ed algoritmi specifici, servizi di tipo C-ITS secondo le specifiche di cui alla Sezione C3 (Servizi Avanzati di tipo C-ITS) del decreto; in prima istanza, i servizi devono potere essere fruiti almeno da veicoli di servizio dell'ente gestore/concessionario della smart-road, nonché dai mezzi pesanti transitanti e dotati a bordo di sistemi di comunicazione V2X

Tabella 1.4 Specifiche funzionali e tempi di applicazione delle Smart-road di tipo I e Smart-road di tipo II

Tipi di Smart Road	Specifiche funzionali nel caso di nuova Costruzione e manutenzione straordinaria	Specifiche funzionali nel caso di adeguamento delle infrastrutture esistenti	
		Entro il 2025	Entro il 2030
Smart Road Tipo I	Tutte, da 1 a 12	1, 2, 3, 4, 5, 6, 7, 8, 9	10,11, 12
Smart Road Tipo II	4, 5, 6, 7, 8, 9	4, 5, 6	7, 8, 9

siderata ai fini della identificazione di archi disgiunti. Le sezioni di rilievo devono essere posizionate in modo tale, ove possibile, da rilevare condizioni di deflusso ininterrotto."

Con i dati di traffico rilevati sul campo, "*il soggetto gestore/concessionario della infrastruttura è tenuto, attraverso l'utilizzo di strumenti analitici e modelli opportuni, a fornire una previsione di traffico e condizioni di deflusso a medio-breve termine*".

Il decreto dispone che il Ministero delle Infrastrutture e dei Trasporti possa autorizzare, su richiesta e dopo una specifica istruttoria tecnica, **la sperimentazione di veicoli a guida automatica su alcuni tratti di strada**, secondo specifiche modalità e con attenti controlli durante la sperimentazione, al fine di assicurare che la sperimentazione stessa sia effettuata in condizioni di assoluta sicurezza. Questa autorizzazione può essere avanzata *da istituti universitari, enti pubblici e privati di ricerca* e *costruttori dei veicoli* equipaggiati con le tecnologie di guida automatica.

Lo stesso decreto ha previsto l'istituzione di un **Osservatorio Smart Road** presso il Mit, per monitorare l'attuazione del provvedimento normativo.

L'Osservatorio tecnico di supporto per le Smart Road e per i veicoli connessi e a guida automatica è divenuto operativo il 19 giugno 2018 ed è stabilito che pubblichi *una relazione annuale sull'attività svolta e sullo stato dell'arte delle iniziative individuate sul territorio nazionale in ambito smart road e veicoli connessi e a guida automatica*.

Il 13 maggio 2024, l'Osservatorio sulle smart road del Mit ha adottato un "documento di Check list" che indica ai concessionari e agli operatori del settore le caratteristiche funzionali e tecniche per le quali sarà possibile ottenere la cosiddetta "bollinatura" Smart Road da parte dello stesso Mit.

1.7 Prime iniziative italiane sulle Smart Road

Le principali esperienze italiane sulle smart road sono di seguito brevemente descritte [7, 12].

1. ***Progetti C-ROADS Italy***, coordinati dal Ministero delle Infrastrutture e dei Trasporti; vedono coinvolti alcuni importanti gestori stradali della rete transeuropea, costruttori di veicoli, centri di ricerca, società di telecomunicazioni ed enti locali. Si distinguono in C-ROADS Italy (inizio 8/2/2017 – fine 31/12/2021), C-

ROADS Italy 2 (inizio 24/10/2018 – fine 31/12/23) e C-ROADS Italy 3 (inizio 1/7/2020 – fine 31/12/2023) ed hanno avuto l'obiettivo principale di attivare e sperimentare servizi Day 1 e Day 1.5.
In questo ambito, tra le altre esperienze si annoverano:

- la *digitalizzazione intrapresa dalla società Autostrada del Brennero* sulla A22. Si tratta dell'implementazione di servizi di infomobilità per informare gli utenti su cantieri, incidenti, chiusura temporanea della corsia di marcia o di sorpasso ad es. per presenza di neve. Queste informazioni sono rese disponibili o sul computer di bordo del veicolo grazie ai sistemi V2I e I2V, o sul cellulare;
- l'iniziativa *e-ROADS* di *CAV – Concessioni Autostradali Venete* sul tratto di A4 tra Padova e Venezia, il Raccordo Marco Polo e la Tangenziale Ovest di Mestre. Si tratta di sistemi di monitoraggio del traffico, informazioni sulla localizzazione di cantieri, incidenti, colonnine di energia elettrica per la ricarica dei veicoli, sistemi di controllo dei carichi in transito sui manufatti, ecc.

2. **programma *"Smart Road" di ANAS*,** varato nel 2017, ha previsto un investimento iniziale di 160 milioni di euro su circa 3.000 km di strade, con particolare riferimento alle seguenti infrastrutture di rilevanza nazionale:

- *Autostrada Roma-Fiumicino;*
- *Grande raccordo anulare (Roma);*
- *Autostrada A2 (autostrada del Mediterraneo "Salerno-Reggio Calabria");*
- *Itinerario E45-E55 Orte-Mestre;*
- *Autostrada A19 ("Palermo-Catania).*
  Gli ambiziosi obiettivi di questo programma sono così sintetizzabili: *a*) interventi tempestivi nei casi di emergenza ed Alert attraverso il mobile dell'utente; *b*) Info-mobilità in real-time; *c*) monitoraggio in real-time mediante IOT (internet of things) dell'infrastruttura, della sovrastruttura (pavimentazione) e delle strutture (ponti, gallerie, ecc.); *d*) integrazione completa delle tecnologie e dei database presenti su unica piattaforma informatica; *e*) sosta intelligente dei mezzi pesanti (Intelligent Truck Parking – ITP); *f*) Truck Platooning, marcia in combinazioni ed a breve distanza di due o tre veicoli, tra loro coordinati mediante sistemi di assistenza alla guida automatizzati e collegati in modalità wireless.
  Secondo le previsioni di ANAS sulle infrastrutture interessate dal programma, andranno installati i seguenti sistemi:
- *Rete dati Multi Protocol Label Switch;*
- *Sistema Wireless Wi-Fi in Motion;*
- *Sistema Wireless DSRC-ETSI ITS-G5;*
- *Road Anas Network Internet of Things;*
- *Energy – Green Island;*
- *Servizi Smart per Mobile;*
- *Piattaforma gestione Big Data.*

Lo scambio di informazioni tra ogni veicolo e l'infrastruttura avverrà con wi-fi per il tramite delle seguenti apparecchiature:

- *OBU (On Board Unit)*: apparecchiature a connettività Wi-Fi a bordo veicolo;
- *RSU (Road Side Unit)*: apparecchiature a connettività Wi-Fi distribuite sull'infrastruttura stradale.

Inoltre, è prevista l'installazione e l'utilizzo di:

- *Multi Function Smart Camera* per la videosorveglianza "intelligente", con rilevazione di eventi pericolosi (veicoli fermi in condizioni di traffico rado o congestionato a causa di incidenti, presenza di pedoni o animali in carreggiata, detriti sulla pavimentazione, ecc.), situazioni critiche presenti sulla strada e dati sul traffico;
- *Smart Tunnel*: sistema di verifica in tempo reale del livello di sicurezza di ogni galleria;
- *Sistemi di controllo degli accessi* (tipo ramp – metering);
- *Green Island* (uno ogni 30 km di tracciato): si tratta di un sito multi-tecnologico per la generazione e trasformazione di energia da fonti rinnovabili (es. fotovoltaico e minieolico).

3. **Sistema Argo del Gruppo Autostrade per l'Italia**. Si tratta di una piattaforma che include un inventario digitale per la gestione e il monitoraggio del ciclo di vita di oltre 4000 manufatti tra cui ponti, viadotti, cavalcavia e gallerie della rete gestita da Aspi. Il sistema gestisce in tempo reale i dati strutturali delle singole opere ottenuti con specifici rilievi ad elevata precisione ed è in grado di creare il relativo gemello digitale (*Digital Twin*).

Riferimenti bibliografici

1. Ioannou PA et al (1997) Automated highway systems. Springer
2. D. M. Mit n. 70 del 28 febbraio 2018 "Modalità attuative e strumenti operativi della sperimentazione su strada delle soluzioni di Smart Road e di guida connessa e automatica". (GU Serie Generale n.90 del 18-04-2018)
3. AA.VV. ITS nei trasporti stradali, EGAF, 2013.
4. MIT. I Sistemi di Trasporto Intelligenti (ITS). https://www.mit.gov.it/documentazione/i-sistemi-di-trasporto-intelligenti-its
5. Roadmap for service implementation beyond initial deployment – Version 2021. EU EIP ACTIVITY 4.4/2021/N°7
6. Direttiva 2010/40/UE Del Parlamento Europeo E Del Consiglio del 7 luglio 2010 sul quadro generale per la diffusione dei sistemi di trasporto intelligenti nel settore del trasporto stradale e nelle interfacce con altri modi di trasporto
7. C-ROADS Annual deployment overview report 2023. www.c-roads.eu.
8. Smart City: uno strumento per le Comunità Intelligenti. Oice, marzo 2017.
9. Standard funzionali per le Smart-Road (Position Paper). Ministero delle Infrastrutture e dei Trasporti, 22/06/2016.
10. Position paper TTS Italia: "Soluzioni per la digitalizzazione delle infrastrutture stradali". https://www.ttsitalia.it/wp-content/uploads/2023/07/Position-Paper_Digitalizzazioneinfrastrutture-stradali.pdf

11. Khanmohamadi M, Guerrieri M (2024) Advanced sensor technologies in CAVs for traditional and smart road condition monitoring: a review. Sustainability 16(19):8336
12. Wardrop JG, Charlesworth G (1954) A method of estimating speed and flow of traffic from a moving vehicle. Proc Inst Civ Eng 1954(3):158–171
13. García A, Camacho-Torregrosa F, Llopis-Castelló D, Monserrat JF (2021) Smart roads classification. Special project. World Road Association – PIARC, Paris

Capitolo 2
Criteri di progettazione geometrico-funzionale delle Smart Road

Abstract Al fine di poter rendere le Smart Road pienamente compatibili con i veicoli innovativi ed a guida autonoma, presto sarà indispensabile adottare specifici criteri per il loro dimensionamento geometrico-funzionale. In questo capitolo si propone una rassegna di criteri teorici di progettazione dell'asse stradale di Smart Road basati su alcune caratteristiche prestazionali sinora note dei veicoli a guida autonoma

In Italia, i principi generali riguardanti la circolazione dei veicoli, il comportamento da adottare durante le attività di guida, le sanzioni amministrative, la classificazione e le caratteristiche tecniche di base delle strade, la segnaletica, ecc. sono in primo luogo disciplinati dal Codice della strada (Decreto Legislativo 30 aprile 1992 n. 285 e successive modificazioni) e dal Regolamento di esecuzione e di attuazione del codice della strada (D.P.R. 6/12/1992 n° 495).

Gli aspetti geometrici di dettaglio, quelli funzionali e gli standard progettuali delle infrastrutture stradali e delle intersezioni sono invece disciplinati principalmente dai due seguenti dispositivi di legge:

- norme funzionali e geometriche per la costruzione delle strade (D.M. 5/11/2001);
- norme funzionali e geometriche per la costruzione delle intersezioni stradali (D.M. 19 aprile 2006).

Per quanto invece riguarda le smart road, il D.M. Mit n. 70 del 28 febbraio 2018 fornisce informazioni tecniche riguardanti quasi esclusivamente i servizi di infomobilità che possono essere implementati su tali strade di nuova generazione. Le innovazioni sui sistemi di ausilio alla guida, la presenza di sensori e di sistemi di comunicazione tra veicoli e smart road non sono state ancora adeguatamente considerate per finalità progettuali dell'infrastruttura fisica. Tenuto conto delle mutate esigenze del settore dell'ingegneria stradale, si ritiene che nel breve-medio periodo si richiederà un significato aggiornamento dei criteri di progettazione delle infrastrutture stradali, delle intersezioni a raso e di quelle dislivellate, anche al

F. Autelitano et al., *Le SMART ROAD - Stato dell'arte e scenari futuri*,
https://doi.org/10.1007/978-3-031-96144-1_2

Figura 2.1 Esempio schematico degli elementi geometrici di una smart road

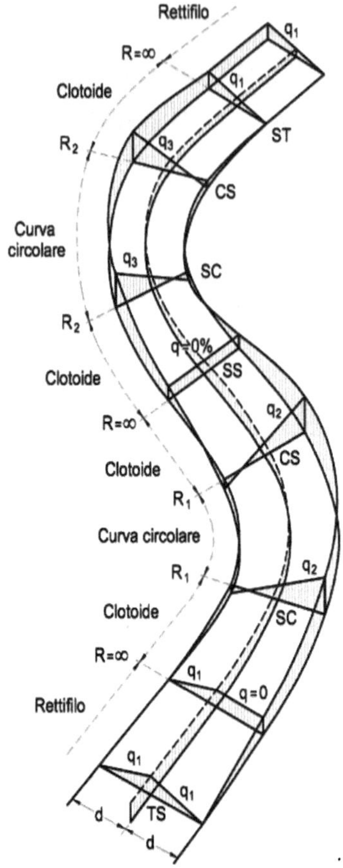

fine di ottimizzare le potenzialità offerte dai sistemi C-ITS e dai veicoli di nuova generazione, in particolare quelli a guida autonoma.

Partendo da questa evidenza, in questo capitolo si propone una prima rassegna su alcuni ipotetici criteri di progettazione plano-altimetrica dell'asse delle smart road, in parte basati su alcune caratteristiche prestazionali sinora note dei veicoli a guida autonoma dedotte dalla letteratura tecnico-scientifica.

Si tratta, quindi, di una proposta che ha il solo obiettivo di dimostrare per via esclusivamente teorica quali potrebbero essere gli effetti delle innovazioni tecnologiche, legate alla digitalizzazione ed alle nuove modalità di guida dei veicoli, sulle caratteristiche geometriche delle infrastrutture stradali smart, in primo luogo quelle inerenti alla planimetria, l'altimetria del tracciato e la piattaforma (Fig. 2.1).

2.1 Scenari futuri riguardanti la composizione del traffico veicolare

Come è ben noto, i cosiddetti *fattori umani* rivestono un ruolo fondamentale nell'ambito della progettazione geometrico-funzionale delle infrastrutture stradali tradizionali (tronchi correnti ed intersezioni). Oggigiorno le normative tecniche e le linee guida di progettazione stradale propongono modelli comportamentali dell'utente stradale, più o meno semplificati, che unitamente ad altri criteri tecnici, concorrono alla progettazione e realizzazione di infrastrutture il più possibile funzionali e sicure.

Va ricordato adesso che la SAE International (SAE) nel 2016, ha definito nel documento SAE J3016 sei diversi livelli di automazione dei veicoli che vanno da 0 (nessuna automazione) a 5 (automazione completa), ovvero:

- *Livello 0* – Nessuna automazione. Il conducente ha il controllo completo del veicolo;
- *Livello 1* – Assistenza alla guida. Il conducente ha il controllo del veicolo, ma il sistema può modificare la velocità e la direzione di sterzata del veicolo;
- *Livello 2* – Automazione parziale. Il conducente deve essere in grado di controllare il veicolo se sono necessarie delle correzioni, ma non ha più il controllo della velocità e dello sterzo (es. assistenza al parcheggio);
- *Livello 3* – Automazione condizionale. Il sistema ha il controllo completo delle funzioni del veicolo, come la velocità, lo sterzo e il monitoraggio dell'ambiente in condizioni specifiche (es. strada delimitata da recinzioni, senza incroci e velocità limitata). Il conducente umano deve essere pronto ad intervenire quando il sistema lo richiede;
- *Livello 4* – Alta automazione. Il sistema ha il completo controllo del veicolo e la presenza umana non è più necessaria. Non viene mai richiesto l'intervento dell'uomo, ma il sistema in certe particolari condizioni può decidere di interrompere il viaggio in modo sicuro, ad esempio parcheggiando l'auto;
- *Livello 5* – Automazione completa. Il sistema è in grado di fornire gli stessi risultati del livello 4, ma può funzionare in tutte le possibili condizioni di guida.

Le vigenti norme di progettazione stradale considerano implicitamente veicoli senza alcun livello di automazione (Livello 0). Diversi studiosi e tecnici del settore ritengono che in un futuro non troppo lontano le norme tecniche dovranno essere adeguate alle tecnologie emergenti, anche in considerazione del fatto che la "*componente umana*" diverrà inevitabilmente via via sempre meno rilevante nei processi di guida, sino ad esserne del tutto esclusa quando verrà raggiunto il livello di automazione completa (Livello 5). È quindi ragionevole attendersi una lunga e inesorabile transizione dal sistema di trasporto stradale tradizionale, nel quale cioè vi sono interazioni tra le tre componenti *uomo-veicolo-strada*, verso un sistema di smart road, per certi versi semplificato ma per altri più complesso, con interazione tra due sole componenti: *veicolo-strada* (Fig. 2.2).

Allo stato attuale i veicoli a guida autonoma di livello 5 (connected and automated vehicles – CAVs) sono in fase di studio teorico-sperimentale. Tuttavia, come già

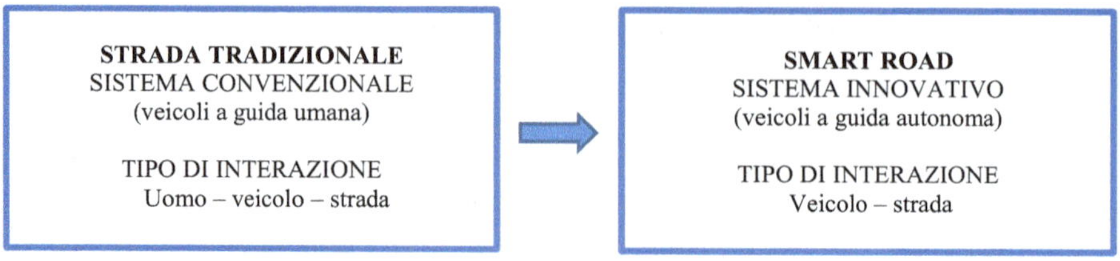

Figura 2.2 Transizione ideale tra strade tradizionale e smart road

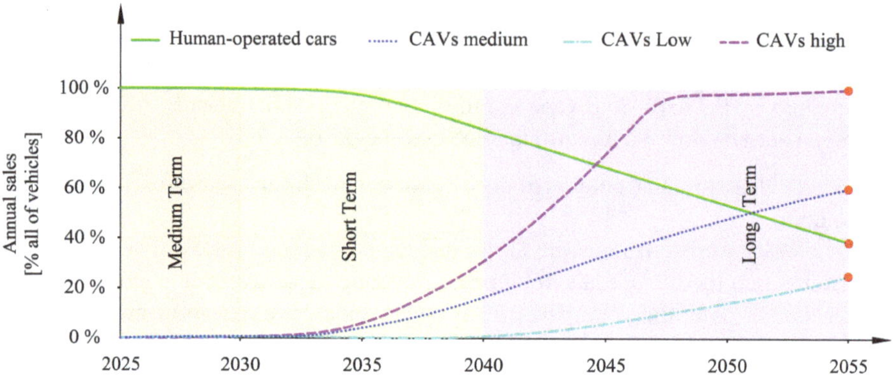

Figura 2.3 Previsione sulle percentuali di vendita di CAVs per tre scenari tendenziali. (Dati adattati da [1, 2])

evidenziato, è molto probabile che nel lungo periodo essi sostituiranno sempre più i veicoli a guida manuale, anche se ad oggi non è possibile stabilire con ragionevole precisione quando ciò avverrà ed in quali proporzioni. Alcuni probabili scenari tendenziali di vendita dei veicoli CAVs (connected and automated vehicles) rispetto a quelli tradizionali (Human-operated cars) sono indicati in Fig. 2.3.

Sulle smart road, in base alla composizione dei flussi veicolari è ragionevole prendere in esame i seguenti futuri scenari tendenziali:

- *Scenario 1* – infrastrutture percorse da veicoli tutti a guida tradizionale o con livelli di automazione limitati che possono richiedere l'intervento del conducente;
- *Scenario 2* – infrastrutture percorse da traffico misto, cioè formato in parte da veicoli a guida manuale (o con livelli di automazione limitati che possono richiedere l'intervento del conducente) ed in parte da veicoli a guida automatizzata (CAVs);
- *Scenario 3* – infrastrutture percorse da veicoli tutti a guida automatizzata (CAVs).

Alla luce di quanto sin qui esposto, è del tutto evidente che le smart road dovranno avere andamento plano-altimetrico e piattaforma con caratteristiche tecniche specificatamente studiate anche per i veicoli a guida automatizzata.

2.2 Gli Human Factors: considerazioni generali

I "Fattori Umani" ("*Human Factors*") da sempre hanno avuto un ruolo fondamentale nella progettazione dei sistemi di trasporto. In particolare, in ambito stradale i fattori umani sono ad esempio esplicitamente considerati nel calcolo della distanza di visibilità per l'arresto e per il sorpasso, nella progettazione della segnaletica stradale (dimensione e posizionamento dei segnali), nei criteri di composizione geometrica del tracciato plano-altimetrico ed in numerosi altri aspetti progettuali di seguito meglio specificati.

Alcuni studi stimano che gli errori dei conducenti alla guida determinano circa il 44% degli incidenti mortali [3]. Tra questi errori ci sono ad esempio quelli riguardanti la cattiva o non corretta percezione dell'ambiente stradale, le reazioni lente, le manovre azzardate o vietate, l'adozione di velocità non consone al tipo di infrastruttura, ecc.

Al fine di limitare i suddetti errori alla guida, e molti altri qui non citati per ragioni di sintesi, nella pratica tecnica si suole tener conto di modelli comportamentali degli automobilisti semplificati, ma certamente cautelativi rispetto alle reali performance della maggior parte di utenti della strada. Ciò, ovviamente, al fine di rendere l'infrastruttura il più sicura possibile, cioè in grado di evitare per gli utenti della strada elementi inattesi o rischiosi o difficilmente interpretabili.

In ogni caso, il progettista deve essere consapevole dell'impatto che le proprie scelte progettuali determinano sul comportamento degli utenti. D'altro canto, la presenza ricorrente di incidenti su alcuni particolari tronchi stradali o intersezioni ("punti neri") generalmente è indicativa di scelte progettuali sbagliate, cioè tali da indurre gli utenti a commettere errori alla guida. Di converso, si possono identificare le "strade intuitive" (*self – explaining roads*) che sono infrastrutture relativamente sicure, nelle quali gli utenti in genere adottano uno stile di guida congruente con le informazioni che recepiscono dall'ambiente stradale [3]. Quando una strada non è "intuitiva", l'esercizio della guida diviene più complesso e le velocità dei veicoli tendono a distribuirsi in un campo piuttosto ampio di valori. In questo caso, gli utenti cercano continuamente informazioni dall'infrastruttura e dall'ambiente circostante, che però possono essere di difficile reperimento ed interpretazione soprattutto di notte e/o in condizioni meteorologiche avverse e/o per l'intensità del traffico veicolare.

Durante l'attività di guida, gli utenti effettuano una vera e propria classificazione dell'ambiente stradale e tendono ad associare le caratteristiche proprie della strada sulla quale viaggiano con quelle di altre strade a loro già ben note. Per tale ragione, la realizzazione di strade progettate con l'applicazione ricorsiva dei medesimi standard progettuali può agevolare il processo logico prima descritto, migliorando così il comportamento dell'utente alla guida perché si riducono, nella sua percezione, eventi considerati nuovi o assai diversi da quelli affrontati in precedenza.

Va adesso specificato che durante l'esercizio della guida gli utenti della strada ricercano informazioni per la *navigazione*, la *guida* e il *controllo* del veicolo [4].

Le informazioni per la *navigazione* servono per stabilire il percorso utile per arrivare da un punto A di origine del viaggio ad un punto B di destinazione; le informazioni per la *guida* servono a scegliere il regime di marcia da attuare, mentre quelle per il *controllo* sono funzionali all'interazione col veicolo. Gli utenti della strada nella ricerca delle informazioni più significative scrutano l'ambiente in modo differente a seconda che si presentino o meno situazioni ritenute potenzialmente pericolose. La velocità con cui si esamina l'ambiente stradale è legata alle caratteristiche intrinseche della strada stessa. Infatti, se l'ambiente è percepito come "*poco rischioso*" la velocità di analisi è piuttosto lenta. Gli utenti eseguono un "campionamento" in continuo dell'ambiente stradale, per acquisire le informazioni necessarie alla guida. La frequenza di campionamento segue una legge del tipo:

$$\text{Frequenza di campionamento} = \text{f(utente, strada, ambiente)} \tag{2.1}$$

Attraverso l'esame della strada, l'utente aggiorna il proprio "database" di informazioni necessarie a prendere le decisioni. Questo processo può essere espresso con la seguente funzione:

$$\text{Informazione}(t + \Delta t) = \text{informazione}(t) + \text{cambiamento durante } \Delta t \tag{2.2}$$

Essendo t il generico istante di tempo e Δt l'intervallo di campionamento.

Idealmente, per rendere le strade il più possibile sicure occorre limitare la variazione di informazioni percepite dall'utente nei singoli intervalli di tempo Δt. Infatti, gli utenti della strada possono percepire ed elaborare solo una limitata quantità di informazioni per assegnati intervalli Δt.

2.3 Il tempo di percezione e reazione nei veicoli a guida manuale

Secondo l'AASHTO, per situazioni inaspettate, alcuni guidatori necessitano di un tempo di percezione e reazione (t_{pr}) fino a 2,7 secondi. Sperimentazioni effettuate in autostrada hanno dato evidenza che il tempo di percezione e reazione dell'85° percentile della distribuzione dei t_{pr} della popolazione di utenti è di 1,9 secondi [5]. Il tempo di percezione e reazione in ambito urbano assume valori dell'ordine di 2,5 s [6].

In Italia, la vigente normativa [7], per la stima del tempo di percezione e reazione fornisce l'espressione:

$$t_{pr} = 2{,}8 - 0{,}01 \cdot V \tag{2.3}$$

essendo V la velocità di progetto del tratto stradale in esame espresso in km/h e t_{pr} espresso in secondi. La stessa norma, specifica poi che in situazioni particolari, quali incroci o tratti di difficile lettura ed interpretazione (cioè ad es. intersezioni

Tabella 2.1 Tempo impiegati dagli utenti per effettuare alcuni compiti semplici alla guida [3]

Compito	Tempo richiesto
Fissare con gli occhi un oggetto	0,20–0,33 s
Voltare la testa a destra	1,09–1,14 s
Voltare la testa a sinistra	1,31–1,51 s
Accodamento (car-following)	L'attenzione per il veicolo leader riduce l'attenzione verso altri elementi della strada del 15%
Identificazione dei segnali stradali	– Tempo di individuazione: 0,5 s – Tempo movimenti saccadici: 0,03 s – Tempo per fissare il segnale con gli occhi: 0,3–0,8 s
Lettura segnali a messaggio variabile	1 s per parola breve (da quattro a otto caratteri) 3 s per un messaggio a tre righe
Uso specchietti	0,78–0,87 s per lo specchietto posteriore 0,88–0,98 s per lo specchietto sinistro

complesse, innesti o deviazioni successive ecc.) il valore ottenuto con la Eq. 2.3 va maggiorato di 1 secondo nel caso di strada extraurbana e fino a 3 secondi in ambito urbano. Per fini comparativi, in Tab. 2.1 si elencano i tempi che il conducente di un veicolo richiede per completare alcuni compiti elementari durante la guida.

2.4 Il tempo di percezione e reazione dei veicoli a guida autonoma

Nei veicoli a guida autonoma (AVs e CAVs) con livello di automazione 5 non vi sarà alcuna interazione con i trasportati che, di fatto, saranno tutti passeggeri. Per questi veicoli le variazioni della traiettoria o del regime delle velocità, quando richieste, cominceranno dopo un perditempo iniziale pari al tempo di reazione dei sistemi di guida mentre, rispetto ai veicoli tradizionali condotti da essere umani, sarà del tutto trascurabile il tempo di percezione del sistema di guida (perché prossimo a zero). Va poi considerato che i veicoli a guida autonoma in mutua cooperazione (CAVs) avranno tempi di attuazione delle manovre di frenata più piccoli di quelli che caratterizzano i veicoli autonomi in modalità non cooperativa (AVs).

Indicando il tempo di attuazione dei sistemi di guida dei AVs e CAVs con t_{pr} (per uniformità di notazione con il tempo di percezione e reazione degli utenti), si possono assumere i seguenti valori cautelativi ai fini della sicurezza [8, 9]:

- CAVs – veicoli a guida automatica in mutua cooperazione: $t_{pr(ac)} = 0{,}15$ s;
- AVs – veicoli a guida automatica in modalità non cooperativa (cioè in marcia autonoma ma senza coordinamento tra i vari veicoli): $t_{pr(aa)} = 0{,}30$ s.

2.5 La distanza di arresto di un veicolo

La distanza di arresto D_a è lo spazio necessario affinché un veicolo possa arrestarsi in condizioni di sicurezza di fronte ad un ostacolo imprevisto. La Distanza di arresto D_a è pari alla somma dello spazio percorso dal veicolo, avente velocità iniziale v, durante il tempo di percezione e reazione (t_{pr}) e dello spazio percorso durante la fase di frenatura (Fig. 2.4):

$$D_a = v \cdot t_{pr} + s_f \tag{2.4}$$

I valori caratteristici del tempo di percezione e reazione nel caso di guida manuale e di guida automatizzata sono stati specificati nel precedente paragrafo.

Nel caso generale di decelerazione non costante nel tempo (moto vario decelerato), la distanza di arresto può desumersi con la seguente relazione:

$$D_a = v \cdot t_{pr} + \int_0^v \frac{v \cdot dv}{\frac{g}{\beta}\left(\mu + \mu_c \pm i + f_l + \frac{KSV^2}{P}\right)} \tag{2.5}$$

dove:

v = velocità del veicolo all'inizio della frenatura [m/s];
i = pendenza longitudinale della strada [%];
g = accelerazione di gravità [m/s^2];
β = coefficiente (maggiore di 1) da usare perché il veicolo non è un corpo rigido;
μ = resistenza specifica di rotolamento;
μ_c = resistenza specifica in curva;
f_l = coefficiente di aderenza longitudinale;
P = peso del veicolo;
K = coefficiente aerodinamico che tiene conto della forma del veicolo e della densità dell'aria;
S = sezione maestra del veicolo [m^2];

Il calcolo di s_f con la (2.5) non è immediato a causa della variabilità di μ e soprattutto di f_l con la velocità.

Da un punto di vista operativo, si sostituiscono i termini β, μ, μ_c, f_l e R_a/P con un unico coefficiente equivalente f_e funzione della sola velocità iniziale, con il quale si

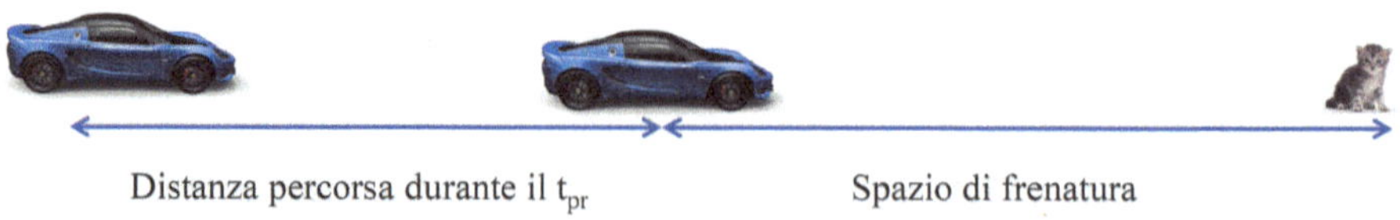

Figura 2.4 Distanza di arresto

Tabella 2.2 Valori del coefficiente equivalente f_e

V [km/h]	Autostrade f_e	Altre strade f_e
30	–	0,51
40	–	0,48
50	–	0,46
60	–	0,43
70	–	0,40
80	0,51	0,38
90	0,49	0,36
100	0,47	0,35
110	0,46	0,33
120	0,45	0,31
130	0,44	–
140	0,43	–

ottengono valori pressoché uguali a quelli che deriverebbero dal calcolo condotto con la relazione (2.5). Lo spazio di frenatura può quindi scriversi, come:

$$s_f = \frac{v^2}{2g(f_e \pm i)} \tag{2.6}$$

quindi si ha:

$$D_a = v \cdot t_{pr} + \frac{v^2}{2g \cdot (f_e \pm i)} \tag{2.7}$$

Nella Tab. 2.2 sono riportati i valori del coefficiente equivalente f_e [7].

In definitiva, con la relazione (2.7), usando i valori di Tab. 2.2, lo spazio di frenatura in condizioni di moto vario (decelerazione variabile) si riporta al caso di moto uniformemente decelerato (decelerazione costante).

2.6 Distanze di arresto dei veicoli a guida manuale e automatizzata

Tramite l'espressione (2.7) è adesso possibile ottenere i valori delle distanze di arresto dei veicoli a guida manuale ed autonoma (CAVs e AVs), ovvero:

- Da(m), distanza di arresto dei veicoli tradizionali a guida manuale, ottenuta considerando i tempi di percezione e reazioni calcolati con la espressione (2.3);
- Da(ac), distanza di arresto dei veicoli CAVs, a guida automatica in mutua cooperazione, ottenuta considerando un tempo di reazione del sistema di guida $t_{pr(ac)} = 0{,}15$ s;

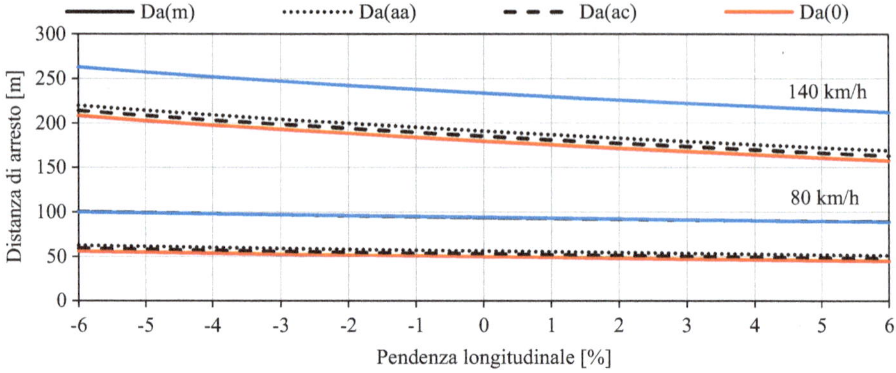

Figura 2.5 Distanze di visibilità per l'arresto ottenute al variare della pendenza longitudinale per veicoli tradizionali a guida umana e veicoli AVs e CAVs

- Da(aa), distanza di arresto dei veicoli AVs a guida automatica ma privi di cooperazione, ottenuta considerando un tempo di reazione dei sistemi di guida $t_{pr(aa)} = 0{,}30$ s.

In Fig. 2.5 sono diagrammati i valori delle distanze di arresto per i diversi tipi di veicoli esaminati, ottenuti al variare della pendenza di livelletta, per due valori di velocità di progetto V = 80 km/h e V = 140 km/h (corrispondente al valore massimo dell'intervallo delle velocità di progetto delle autostrade secondo la vigente norma italiana, D.M. 5/11/2001).

Nella stessa Fig. 2.5 vengono riportati anche i valori ideali e del tutto ipotetici (cioè non realistici) relativi a veicoli a guida automatizzata con tempi di reazione del sistema pari a zero secondi. Per questo caso ideale, nella relazione (2.7) si annulla l'aliquota di distanza corrispondente allo spazio percorso dal veicolo durante il tempo di percezione e reazione del sistema di guida.

È possibile adesso calcolare la variazione Δ1 (Fig. 2.6) tra la distanza di arresto di veicoli tradizionali a guida manuale e CAVs:

$$\begin{aligned}\Delta 1 &= \mathrm{Da(m)} - \mathrm{Da(ac)} = \mathrm{v} \cdot (\mathrm{t_{pr}} - \mathrm{t_{pr(ac)}}) = \\ &= \mathrm{v} \cdot (2{,}8 - 0{,}01 \cdot \mathrm{V} - 0{,}15) = \mathrm{v} \cdot (2{,}65 - 0{,}01 \cdot \mathrm{V}) \qquad (2.8)\end{aligned}$$

Analogamente, si può desumere la variazione Δ2 tra la distanza di arresto di veicoli tradizionali a guida manuale e AVs:

$$\begin{aligned}\Delta 2 &= \mathrm{Da(m)} - \mathrm{Da(aa)} = \mathrm{v} \cdot (\mathrm{t_{pr}} - \mathrm{t_{pr(aa)}}) = \\ &= \mathrm{v} \cdot (2{,}8 - 0{,}01 \cdot \mathrm{V} - 0{,}30) = \mathrm{v} \cdot (2{,}50 - 0{,}01 \cdot \mathrm{V}) \qquad (2.9)\end{aligned}$$

essendo V e v le velocità espresse rispettivamente in km/h e m/s, Δ1 e Δ2 le variazioni delle distanze di arresto espresse in metri.

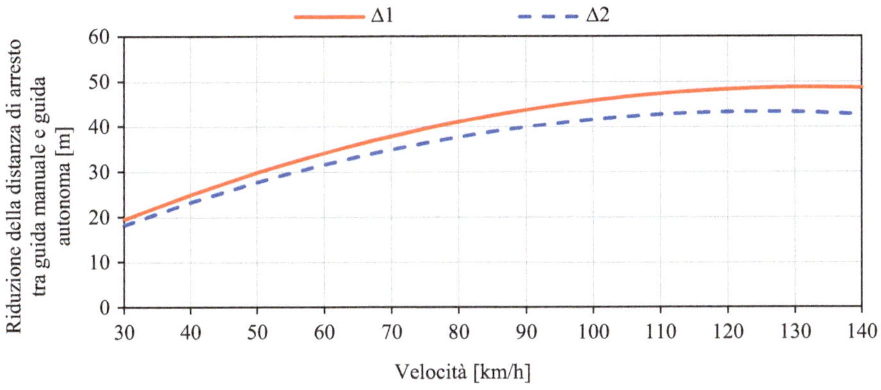

Figura 2.6 Riduzione della distanza di arresto tra veicoli a guida manuale e AVs e CAVs

2.7 Linee guida per la progettazione geometrico-funzionale delle Smart Road. Considerazioni preliminari

In questo e nei prossimi paragrafi si propongono alcuni criteri teorici per la progettazione geometrico-funzionale delle smart road [10] ottenuti dopo un opportuno adattamento di quelli oggi utilizzati per la progettazione delle infrastrutture stradali tradizionali in Italia, prescritti dal D.M. 5/11/2001.

La transizione verso la guida autonoma non è ancora in atto anche per l'assenza in Italia di specifiche norme che ne disciplinino l'uso sulle strade pubbliche. Le smart road sono già regolamentate da una specifica norma tecnica che però è circoscritta ai soli aspetti della infomobilità. Ciò considerato, ai fini delle analisi appresso sintetizzate, sono state dapprima considerati tre distinte modalità di utilizzo delle smart road [10]:

1. Smart road dedicate esclusivamente ai *veicoli a guida manuale* (G.M.), cioè 100% G.M;
2. Smart road dedicate sia ai veicoli a *guida manuale* (G.M.), sia a quelli a *guida autonoma* (G.A.);
3. Smart road dedicate unicamente ai veicoli a *guida autonoma* (G.A.), ovvero 100% G.A.

Questi scenari si ritengono tutti di particolare interesse perché la percentuale di vendita di veicoli a guida autonoma è destinata ad aumentare nel futuro (Fig. 2.3). Quindi, molto probabilmente, si passerà dalla situazione attuale nella quale tali veicoli non possono circolare sulle strade aperte al pubblico (ad eccezione delle sole sperimentazioni previste nel c.d. "decreto Smart road") a quella di un futuro molto remoto nel quale presumibilmente i flussi veicolari saranno composti soltanto da veicoli a guida autonoma.

Tornando adesso ai criteri di progettazione geometrica, gli scenari da raffrontare tra loro si riducono ai soli casi 1 e 3 del precedente elenco. Infatti, per il periodo di tempo durante il quale le smart road saranno usate contemporaneamente da veicoli a guida manuale e da quelli a guida autonoma si dovranno necessariamente mantenere gli standard di sicurezza propri delle infrastrutture tradizionali (100% G.M.), poiché la componente più vincolante ai fini della progettazione è composta dai veicoli a guida umana. In altri termini, le smart road indicate al punto 2, sotto il profilo geometrico, dovranno necessariamente continuare a tener conto dei "fattori umani" e quindi dovranno possedere caratteristiche geometriche in buona parte comuni con le strade tradizionali.

2.8 Andamento planimetrico dell'asse delle Smart Road

2.8.1 Rettifili

Le attuali norme italiane stabiliscono che per evitare il superamento delle velocità consentite, la monotonia, la difficile valutazione delle distanze e per ridurre l'abbagliamento nella guida notturna i rettifili devono avere una lunghezza massima $L_{r,max}$

$$L_{r,max} = 22 \cdot V_{p,max} \tag{2.10}$$

essendo $V_{p,max}$ il limite superiore dell'intervallo di velocità di progetto della strada in km/h e $L_{r,max}$ la lunghezza espressa in m.

Inoltre, un rettifilo per poter esser percepito come tale dall'utente, deve avere una lunghezza non inferiore ai valori riportati nella seguente Tab. 2.3; per velocità V si intende la massima desunta dal diagramma di velocità per il rettifilo considerato.

Per le smart road dedicate ai soli veicoli a guida autonoma, mancando la componente umana alla guida non vi è alcuna ragione tecnica che induca a dover limitare la lunghezza massima dei rettifili.

Per quanto invece riguarda la lunghezza minima, si ritiene necessario stabilire un valore di soglia per far sì che un veicolo pesante all'uscita da una curva possa completare la fase di rollio, per inerzia, prima di immettersi nella curva successiva. A questo proposito, in mancanza di sperimentazioni su AVs e CAVs, è ragionevole adottare i valori utilizzati in ambito ferroviario [11] fissati proprio per soddisfare analoghe esigenze. Si può quindi usare la seguente relazioni:

$$L_{r,min} = \frac{V_p}{3} \tag{2.11}$$

Con un valore minimo assoluto di 30 m.

Tabella 2.3 Lunghezza minima dei rettifili secondo il D.M. 5/11/2001 [8]

V [km/h]	40	50	60	70	80	90	100	110	120	130	140
$L_{r,min}$	30	40	50	65	90	115	150	190	250	300	360

Tabella 2.4 Criteri di dimensionamento dei rettifili

Criterio di dimensionamento dei rettifili	Smart road con veicoli 100% G.M.	Smart road con veicoli a G.M. e G.A.	Smart road con veicoli 100% G.A.
Lunghezza massima	$L_{r,max} = 22 \cdot V_{p,max}$	$L_{r,max} = 22 \cdot V_{p,max}$	Nessun limite
Lunghezza minima	Valori Tab. 2.3	Valori Tab. 2.3	$L_{r,min} = \frac{V_p}{3}$ Minimo assoluto 30 m

Essendo V_p la massima velocità di progetto del rettifilo (in km/h) desunta dal diagramma di velocità per il rettifilo considerato ed $L_{r,min}$ la lunghezza minima del rettifilo (in m).

In Tab. 2.4 si riporta il confronto tra i criteri di dimensionamento delle smart road per gli scenari di traffico considerati.

2.8.2 Curve circolari

Il criterio universalmente adottato per il dimensionamento delle curve circolari si basa sulla condizione di equilibrio allo sbandamento del veicolo in curva:

$$\frac{v^2}{R} = g \cdot (q + f_t) \tag{2.12}$$

Essendo v la velocità del veicolo in m/s (velocità di progetto della curva), R il raggio planimetrico in m, g l'accelerazione di gravità in m/s^2, q la pendenza trasversale in curva e f_t il coefficiente di aderenza trasversale.

Se si esprime la velocità in km/h, la (2.12) si può scrivere come:

$$\frac{V^2}{R} = 127 \cdot (q + f_t) \tag{2.13}$$

Poiché si tratta di una condizione di equilibrio nella quale non interviene il comportamento dell'uomo, il criterio rimane inalterato anche per il caso di smart road dedicate al solo transito di veicoli a guida autonoma.

Con riferimento allo sviluppo minimo, le norme italiane [8] stabiliscono per le strade tradizionali che una curva circolare, per essere correttamente percepita, deve avere uno sviluppo corrispondente ad un tempo di percorrenza di almeno 2,5 secondi valutato con riferimento alla velocità di progetto della curva.

Per quanto riguarda le smart road dedicate ai veicoli a guida autonoma (G.A.), si ritiene necessario stabilire un valore minimo dello sviluppo planimetrico per far sì che un veicolo pesante immessosi su una curva possa completare la fase di rollio, per inerzia, prima di immettersi nel ramo di clotoide (o sul rettifilo). A questo proposito, in mancanza di sperimentazioni su CAVs e AVs, è ancora una volta ragionevole

Tabella 2.5 Criteri di dimensionamento delle curve circolari

Criterio di dimensionamento delle curve circolari	Smart road con veicoli 100% G.M.	Smart road con veicoli a G.M. e G.A.	Smart road con veicoli 100% G.A.
Legame tra V, R, q e f_t	$\frac{V^2}{R} = 127 \cdot (q + f_t)$ Fig. 5.2.4.a del D.M. 5/11/2001	$\frac{V^2}{R} = 127 \cdot (q + f_t)$ Fig. 5.2.4.a del D.M. 5/11/2001	$\frac{V^2}{R} = 127 \cdot (q + f_t)$ Fig. 5.2.4.a del D.M. 5/11/2001
Lunghezza minima	$Sv_{min} = 2,5 \cdot \frac{V_p}{3,6}$	$Sv_{min} = 2,5 \cdot \frac{V_p}{3,6}$	$Sv_{min} = \frac{V_p}{3}$ Minimo assoluto 30 m

adottare i valori utilizzati in ambito ferroviario, ovvero:

$$Sv_{min} = \frac{V_p}{3} \tag{2.14}$$

Con minimo assoluto di 30 m.

Essendo Sv_{min} lo sviluppo minimo espresso in m e V_p la massima velocità di progetto della curva desunta con la (2.13) ed espressa in km/h (Tab. 2.5).

2.8.3 *Visibilità in curva*

Come è ben noto, l'automobilista in ogni istante deve essere in grado di poter vedere eventuali oggetti che si trovano lungo la sua traiettoria a distanza tale da potersi arrestare in piena sicurezza (Fig. 2.7), va quindi sempre garantita la distanza di visibilità per l'arresto.

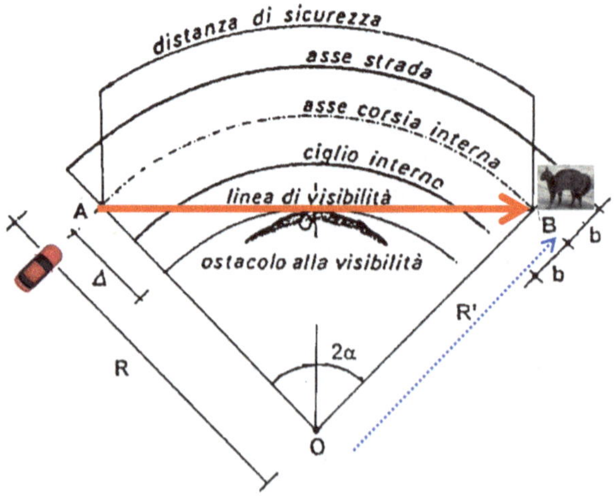

Figura 2.7 Visibilità in curva [12]

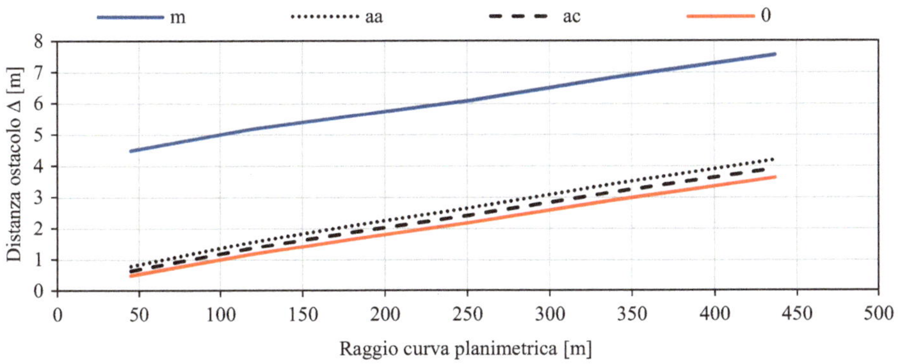

Figura 2.8 Distanza minima dell'ostacolo dall'asse della corsia interna alla curva in funzione del raggio per diversi tipi di veicoli

La relazione tra raggio in asse della corsia R′, distanza minima Δ che l'ostacolo deve avere dall'asse della corsia interna della curva e la distanza di arresto Da è:

$$\Delta = R'\left(1 - \cos\frac{Da}{2R'}\right) \tag{2.15}$$

Essendo R′ = R − b, con R raggio della curva (asse strada) e b pari alla metà della larghezza della corsia.

In Fig. 2.8 si riportano gli andamenti della distanza Δ al variare del raggio della curva per le diverse modalità di guida del veicolo. Si nota immediatamente che i CAVs muniti di sistemi di guida autonoma in modalità cooperativi (ac) e gli AVs con guida autonoma (aa) danno luogo a distanze sensibilmente inferiori di quelle ottenute nel caso di veicoli tradizionali a guida manuale (m). Per finalità comparative, in Fig. sono anche consegnati i valori teorici riguardanti il caso astratto di veicoli a guida autonoma con tempi di reazione pari a 0 s.

A titolo di esempio, dalla Fig. 2.8 si può immediatamente constatare che su una smart road percorsa da veicoli a guida manuale, per assicurare la visibilità per l'arresto in una curva di raggio R = 300 m, l'eventuale ostacolo alla visibilità dovrebbe trovarsi ad una distanza almeno pari a circa 6,5 m (curva "ac"). Invece, per una smart road percorsa da CAVs (curva "aa") nelle stesse condizioni planimetriche si avrebbe un valore di 3 m. Quindi, per una smart road con piattaforma assimilabile a quella di una strada di categoria C2 (larghezza corsia 3,50 m, banchina 1,25 m) nel caso di traffico composto unicamente da CAVs non sarebbe più necessario effettuare alcun allargamento per visibilità in una curva di raggio R = 300 m, essendo la distanza tra l'asse della corsia interna alla curva ed il ciglio interno (cfr. Fig. 2.7) pari a 3,50/2 + 1,25 = 3,00 m.

2.8.4 Le clotoidi

La clotoide ha equazione

$$R \cdot S = A^2 \tag{2.16}$$

Essendo A il parametro della clotoide, R il generico raggio di curvatura in corrispondenza del punto di ascissa curvilinea S.

Il parametro A, secondo la vigente normativa italiana deve soddisfare la condizione:

$$R \geq A \geq (A1, A2, A3) \tag{2.17}$$

Essendo:

- per il criterio dinamico:

$$A1 = 0{,}021V^2 \tag{2.18}$$

- Per il criterio della limitazione della sovrapendenza del ciglio esterno della piattaforma:

$$A2 = \sqrt{\frac{R_f \cdot B_i \cdot (q_f - q_i)}{\Delta i_{max}}} \tag{2.19}$$

- per il criterio ottico:

$$A3 = \frac{R}{3} \tag{2.20}$$

La condizione $R \geq A$ della (2.17) è indispensabile per garantire la corretta percezione dell'arco di circonferenza alla fine della clotoide (Tab. 2.6).

Quest'ultima condizione e quella espressa con dalla (2.20) non sono necessarie per smart road percorse unicamente da veicoli a guida autonoma. In questo caso, quindi, il parametro della clotoide dovrebbe rispettare la sola condizione:

$$A \geq (A1, A2) \tag{2.21}$$

Tabella 2.6 Criteri di dimensionamento del parametro della clotoide

Criterio di dimensionamento della clotoide	Smart road con veicoli 100% G.M.	Smart road con veicoli a G.M. e G.A.	Smart road con veicoli 100% G.A.
Condizioni da rispettare	$A1 = 0{,}021V^2$ $A2 = \sqrt{\frac{R_f \cdot B_i \cdot (q_f - q_i)}{\Delta i_{max}}}$ $A3 = R/3$ $R \geq A \geq (A1, A2, A3)$	$A1 = 0{,}021V^2$ $A2 = \sqrt{\frac{R_f \cdot B_i \cdot (q_f - q_i)}{\Delta i_{max}}}$ $A3 = R/3$ $R \geq A \geq (A1, A2, A3)$	$A1 = 0{,}021V^2$ $A2 = \sqrt{\frac{R_f \cdot B_i \cdot (q_f - q_i)}{\Delta i_{max}}}$ $A \geq (A1, A2)$

2.8.5 *Criteri di composizione dell'asse planimetrico*

Si ritiene che i criteri di composizione planimetrica richiesti dal D.M. 5/11/2001 potrebbero essere soltanto di riferimento per la progettazione di smart road con traffico composto esclusivamente da CAVs, ma non obbligatori per le motivazioni più volte specificate riguardanti le peculiari della guida autonoma. Per completezza di trattazione, si riportano di seguito le condizioni richieste dall'attuale norma [7]:

"I rapporti tra i raggi R1 e R2 di due curve circolari che, con l'inserimento di un elemento a curvatura variabile, si succedono lungo il tracciato di strade di tipo A, B, C, D e F extraurbane, sono regolati dall'abaco riportato nella Fig. 5.2.2.a. In particolare, per le strade di tipo A e B detto rapporto deve collocarsi nella 'zona buona'; per le strade degli altri tipi è utilizzabile pure la 'zona accettabile'. Tra un rettifilo di lunghezza L_r ed il raggio più piccolo fra quelli delle due curve collegate al rettifilo stesso, anche con l'interposizione di una curva a raggio variabile, deve essere rispettata la relazione:

$$R > L_R \quad \textit{per } L_R < 300\,\mathrm{m}$$
$$R \geq 400\,\mathrm{m} \quad \textit{per } L_R \geq 300\,\mathrm{m}\text{''.}$$

2.9 Andamento altimetrico del tracciato delle Smart Road

2.9.1 *Pendenza massima di livelletta*

I valori di pendenza massima da attribuire alle livellette non dipendono dai "fattori umani" ma soltanto dalle prestazioni dei veicoli e pertanto, anche nel caso di smart road destinate unicamente al traffico di veicoli a guida autonoma (AVs e CAVs), ragionevolmente si potrebbero attribuire i valori previsti dalla norma attualmente vigente (Tab. 2.7).

Tabella 2.7 Pendenze longitudinali massime stabilite dalla norma italiana [7]

Smart road assimilabili a strade di categoria		Ambito urbano	Ambito extraurbano
Autostrada	A	6%	5%
Extraurbana principale	B	–	6%
Extraurbana secondaria	C	–	7%
Urbana di scorrimento	D	6%	–
Urbana di quartiere	E	8%	–
Locale	F	10%	10%

2.9.2 *Raccordi verticali convessi*

I raccordi verticali tra due livelle consecutive possono essere ottenuti tramite archi di parabola. Per il dimensionamento dei raccordi si consideri quanto segue. Si prenda in esame dapprima un veicolo tradizionale a guida umana. Siano D la distanza di visibilità richiesta nel tratto in esame (per l'arresto Da o per il sorpasso Ds) per poter vedere un oggetto di altezza h_2 a partire dal punto (occhio del conducente) di altezza h_1, L la proiezione sul piano orizzontale dello sviluppo della curva parabolica di raccordo di due livelle, la cui variazione di pendenza sia Δi e R_A il raggio del cerchio osculatore nel vertice della parabola. Il valore di quest'ultimo raggio viene calcolato con le seguenti espressioni:

$$R_A = \frac{D^2}{2 \cdot (h_1 + h_2 + 2 \cdot \sqrt{h_1 \cdot h_2})} \quad \text{se } D < L \tag{2.22}$$

$$R_A = \frac{2}{\Delta i} \cdot \left(D - \frac{h_1 + h_2 + 2 \cdot \sqrt{h_1 \cdot h_2}}{\Delta i} \right) \quad \text{se } D > L \tag{2.23}$$

Quando il raccordo deve soddisfare la condizione di visibilità per l'arresto si impongono le condizioni $h_1 = 1{,}10\,m$, $h_2 = 0{,}10\,m$ e $D = Da$.

Le distanze di arresto dei veicoli a guida autonoma (AVs e CAVs) sono più piccole di quelle dei veicoli a guida manuale (Fig. 2.5). Quindi, nel caso di smart road percorse da soli AVs e/o CAVs i raggi dei raccordi R_A risultano ovviamente minori di quelli impiegati sulle strade ordinarie.

Va poi considerato che alcuni sensori usati per l'analisi dell'ambiente stradale unitamente ad altri dispositivi impiegati per la medesima finalità (LIDAR, Radar, Videocamere) saranno installati sul tetto dei veicoli AVs e CAVs. Quindi, per questa classe di veicoli si verifica che $h_1 \gg 1{,}10\,m$, con conseguente ulteriore riduzione dei valori di R_A (Tab. 2.8).

Tabella 2.8 Criteri di dimensionamento del raccordo verticale convesso (per D = Da)

Criterio di dimensionamento dei raccordi verticali convessi	Smart road con veicoli 100% G.M.	Smart road con veicoli a G.M. e G.A.	Smart road con veicoli 100% G.A.
Condizioni da rispettare per l'arresto	$h_1 = 1{,}10\,m$ $h_2 = 0{,}10\,m$ $Da = Da(v; t_{pr})$ con $t_{pr} = 2{,}8 - 0{,}01V$	$h_1 = 1{,}10\,m$ $h_2 = 0{,}10\,m$ $Da = Da(v; t_{pr})$ con $t_{pr} = 2{,}8 - 0{,}01V$	$h_1 \gg 1{,}10\,m$ $h_2 = 0{,}10\,m$ Per veicoli (aa): $Da = Da(v; t_{pr(aa)})$ con $t_{pr} = 0{,}30\,s$ Per veicoli (ac): $Da = Da(v; t_{pr(ac)})$ con $t_{pr} = 0{,}15\,s$

2.9.3 *Raccordi verticali concavi*

La norma vigente richiede che di notte il tratto di strada che si sviluppa sul raccordo verticale illuminato dai fari debba avere lunghezza non inferiore alla distanza di arresto Da.

Indicando nuovamente con R_A il raggio del cerchio osculatore nel vertice della parabola e con L la proiezione sul piano orizzontale dello sviluppo della curva parabolica si ha:

$$R_A = \frac{D_a^2}{2 \cdot (h + Da \cdot \vartheta)} \tag{2.24}$$

$$R_A = \frac{2}{\Delta i} \cdot \left(Da - \frac{h + Da \cdot \vartheta}{\Delta i} \right) \tag{2.25}$$

con $h = 0{,}5\,m$ e $\vartheta = 1°$.

I veicoli a guida autonoma (AVs e CAVs) effettueranno la scansione dell'infrastruttura stradale con LIDAR, Radar, e Videocamere (o altri innovativi sensori) e riceveranno informazioni integrative dal gestore della smart road mediante sistemi di comunicazione del tipo V2I e pertanto non risentiranno sensibilmente delle condizioni di luminosità della strada stessa.

Pertanto, idealmente, per i raccordi concavi (es. sacche) delle smart road si potrebbe solo garantire una condizione di comfort per i passeggeri all'interno degli AVs e CAVs. In analogia a quanto si fa in ambito ferroviario, si può assumere un valore di accelerazione verticale massima $a_{max} = 0{,}6\,m/s^2$; si ottiene quindi:

$$R_A \geq \frac{v^2}{0{,}6} = 1{,}67 \cdot v^2 = 0{,}129 \cdot V^2 \tag{2.26}$$

La Tab. 2.9 sintetizza quanto prima esaminato.

Tabella 2.9 Criteri di dimensionamento del parametro del raccordo verticale concavo

Criterio di dimensionamento dei raccordi verticali concavi	Smart road con veicoli 100% G.M.	Smart road con veicoli a G.M. e G.A.	Smart road con veicoli 100% G.A.
Condizioni da rispettare per l'arresto	$h_1 = 1{,}10\,m$ $h_2 = 0{,}10\,m$ $Da = Da(v; t_{pr})$ $R_A = \frac{2}{\Delta i} \cdot \left(Da - \frac{h+Da\cdot\vartheta}{\Delta i}\right)$	$h_1 = 1{,}10\,m$ $h_2 = 0{,}10\,m$ $Da = Da(v; t_{pr})$ con $t_{pr} = 2{,}8 - 0{,}01V$	$R_A \geq 0{,}129 \cdot V^2$

2.10 Diagramma delle velocità di progetto

Per la costruzione del diagramma delle velocità, indipendentemente dal tipo di destinazione della strada, si può fare riferimento al modello semplificato previsto al § 5.4 dalla vigente norma italiana [8]. In particolare, si ritiene che le accelerazioni e decelerazioni dalla stessa ipotizzate (0,8 m/s^2) siano adeguate a garantire una marcia molto confortevole anche per i passeggeri dei veicoli a guida automatizzata.

2.11 La sezione trasversale delle Smart Road

La pendenza della piattaforma stradale delle smart road, lungo i rettifili e sulle curve circolari, potrebbe mantenere i tipici valori che vengono oggi richiesti dalla vigente normativa [7]. Ciò in considerazione del fatto che non cambierebbero le esigenze legate all'allontanamento e allo smaltimento delle acque di piattaforma e quelle relative alla necessità di compensare in parte le forze trasversali cui sono soggetti i veicoli nelle fasi di percorrenza di tratti a curvatura non nulla.

Invece, in linea di principio, per le smart road destinate ai soli veicoli a guida autonoma (AVs e CAVs), si potrebbe adottare una minore larghezza delle corsie, soprattutto in ambito extraurbano dove oggi in Italia si utilizzano moduli sino a 3,75 m (strade di categoria A, B e C1).

La minore ampiezza delle corsie potrebbe essere giustificata da due aspetti tecnici principali, vale a dire:

- la maggior precisione dei veicoli a guida autonoma nella impostazione e nel mantenimento della traiettoria desiderata;
- l'assenza di specchietti retrovisori laterali che teoricamente non si renderebbero necessari nei veicoli dei tipi AVs e CAVs con livello di automazione 5.

In futuro, si potrebbero quindi adottare corsie di larghezza lievemente superiore alla sagoma limite richiesta per l'omologazione dei veicoli; ad esempio, un valore accettabile potrebbe essere di 2,75 m.

In alcuni casi si potrebbe quindi adottare un maggior numero di corsie per fissate dimensioni della carreggiata rispetto all'attualità, con conseguenti significativi incrementi della capacità delle smart road e quindi della rete di trasporto stradale.

Riferimenti bibliografici

1. Austroads, AP-R665-22 Minimum Physical Infrastructure Standard for the Operation of Automated Driving Part A: Infrastructure Investment, 2021.
2. Khanmohamadi M, Guerrieri M (2024) Advanced sensor technologies in CAvs for traditional and smart road condition monitoring: a review. Sustainability 16(19):8336
3. Transportation Research Board (2012) National cooperative highway research program. Human factors guidelines for road systems. Report 600, 2 edn.

4. Alexander GH, Lunenfeld H (1990) User's guide to positive guidance, 3 edn. FHWA/SA-90/017. FHWA, Washington, DC
5. Sens MC, Wiechel J, Guenther D (1989) Perception/reaction time values for accident reconstruction. SAE Technical Paper 890732. https://doi.org/10.4271/890732
6. Lerner LD (1993) Brake perception-reaction times of older and younger drivers. Proceedings of the human factors and ergonomics society 37th annual meeting.
7. D.M. 5/11/2001. Norme funzionali e geometriche per la costruzione delle strade.
8. Carbaugh J, Godbole DN, Sengupta R (1998) Safety and capacity analysis of automated and manual highway systems. Transportation Research Part C: Emerging Technologies
9. Friedrich B (2016) The effect of autonomous vehicles on traffic. In: Maurer M, Gerdes J, Lenz B (eds) Autonomous driving. Technical, legal and social aspects. Springer,
10. Guerrieri M (2021) Smart roads geometric design criteria and capacity estimation based on AV and CAV emerging technologies. A case study in the Trans-European transport network. Int J Intell Transp Syst Res 19(2):429–440
11. Norme tecniche per la progettazione dei tracciati ferroviari (codifica: RFI TCAR IT AR 01 001 A). Rete Ferroviaria Italiana S.p.A., 2006.
12. Esposito T, Mauro R, Corradini M (2002) La progettazione geometrica delle strade. Edizioni Efesto

Capitolo 3
Capacità e funzionalità delle Smart Road

Abstract L'analisi della qualità della circolazione, le stime di capacità stradale e la determinazione dei livelli di servizio sono essenziali per la progettazione e per il monitoraggio delle condizioni di esercizio delle Smart Road. In questo capitolo si presentano alcuni semplici modelli di Ingegneria del Traffico applicabili allo studio della funzionalità di Smart Road interessate da flussi veicolari composti da diverse aliquote di CAVs.

3.1 La marcia in plotoni: alcune considerazioni generali

Tra i principali obiettivi raggiungibili con l'uso dei sistemi C-ITS nelle smart road vi è senz'altro la cosiddetta marcia plotonizzata che si concretizza allorquando più veicoli (leggeri e/o pesanti) viaggiano con piccoli distanziamenti spaziali e temporali in modalità unifilare in gruppi molto ravvicinati, chiamati appunto plotoni.

La modalità di marcia plotonizzata è di particolare interesse applicativo perché permette di conseguire diversi potenziali benefici trasportistici, tra i quali si annoverano una maggiore capacità del sistema di trasporto, minori consumi di carburante (sino al 25%) e riduzione delle emissioni di inquinanti in atmosfera (sino al 27%) [1, 2]. Questi ultimi due aspetti derivano dalle minori resistenze aerodinamiche alle quali sono soggetti i veicoli follower, facenti parte di un plotone, rispetto al veicolo in testa al plotone stesso (veicolo leader).

La capacità teorica di una corsia dedicata alla marcia plotonizzata è funzione, tra le altre variabili, del numero di veicoli circolanti in plotoni, del distanziamento medio spaziale tra un veicolo ed il successivo e della velocità media.

F. Autelitano et al., *Le SMART ROAD - Stato dell'arte e scenari futuri*,
https://doi.org/10.1007/978-3-031-96144-1_3

3.2 Stima della capacità delle corsie interessate da marcia plotonizzata

In questo paragrafo si presenta una modello teorico abbastanza semplice per la stima della capacità di una corsia di una smart road interessata da marcia plotonizzata in condizioni di flusso ininterrotto (es. quello che si presenta in autostrada in lontananza dalle corsie di immissione e di uscita) e stazionario. Va innanzitutto definita la densità veicolare che può essere calcolata come [1, 2]:

$$D = \frac{n}{\Delta + n \cdot (L + \delta) - \delta} \tag{3.1}$$

essendo:

n = numero di veicoli che compongono un plotone;
Δ = distanza spaziale tra due plotoni successivi (interdistanza tra plotoni) [m];
δ = distanza spaziale tra veicoli successivi all'interno di uno stesso plotone [m];
L = lunghezza media dei veicoli [m];

In condizioni di flusso ininterrotto e stazionario, vale l'equazione fondamentale del deflusso che lega tra loro le variabili macroscopiche del traffico, cioè la porta veicolare Q, la densità D e la velocità media nello spazio V:

$$Q = D \cdot V \tag{3.2}$$

In definitiva dalle (3.1) e (3.2) si ottiene la relazione:

$$Q = \frac{n \cdot V}{\Delta + n(L + \delta) - \delta} \tag{3.3}$$

Con la relazione (3.3), una volta fissate le decelerazioni attuabili dai veicoli in condizioni di emergenza risulta possibile stimare la capacità C, cioè il valore massimo di Q.

A titolo esemplificativo, nel caso di veicoli a guida autonoma in [2] si stima con la Eq. 3.3 una capacità di circa 8.000 veh/h, ottenuta per n = 20 veicoli, L = 5 m, decelerazione dei plotoni follower e leader rispettivamente di 2 g e 0,3 g e ritardo temporale tra le manovre di frenatura dei due plotoni di 0,3 s. Si tratta di un valore teorico di capacità di circa quattro volte superiore rispetto a quello reale di una corsia di marcia autostradale percorsa da veicoli a conduzione umana con marcia a vista e in modalità non plotonizzata (orientativamente 2000 veh/h).

3.3 Stima della capacità delle Smart Road

Come è ben noto, dai modelli dell'ingegneria del traffico la densità corrisponde al reciproco del distanziamento veicolare medio, ovvero [3, 4]:

$$D = \frac{1}{T_v \cdot V + L} \tag{3.4}$$

Essendo T_v il distanziamento temporale tra i veicoli, V la velocità media del deflusso e L la distanza tra un veicolo ed il successivo.

Per il distanziamento temporale T_v si possono assumere i seguenti valori relativi alle condizioni di traffico corrispondenti alla capacità, da intendersi qui come valore massimo di portata che ha sufficiente probabilità di non esser superato [5]:

- veicoli tradizionali, a guida manuale (G.M.):
  T_v non può scendere al di sotto del valore del tempo di percezione e reazione, qui indicato con T_m. Ovvero: $T_v = T_m = 1{,}15$ s;
- veicoli a guida autonoma (G.A.):
- i valori da assumere sono differenti a seconda del tipo di veicolo:

  a) CAVs veicoli a guida autonoma in modalità cooperativa: $T_v = 0{,}15$ s;
  b) AVs veicoli a guida autonoma funzionanti in modalità non cooperativa: $T_v = 0{,}30$ s.

Cautelativamente, in assenza di sperimentazione dal verso, si assume per tutti i veicoli a guida autonoma il valore $T_v = T_a = 0{,}5$ s.

Con la Eq. 3.4, si ottengono la capacità per flusso composto da sole autovetture a guida manuale C_m e la capacità per flusso composto da vetture tutte a guida autonoma C_a [6], mediante specificazione della variabile "distanziamento temporale tra i veicoli", ovvero:

$$C_m = \frac{V}{T_m \cdot V + L} \tag{3.5}$$

$$C_a = \frac{V}{T_a \cdot V + L} \tag{3.6}$$

Il rapporto tra le due capacità è

$$\chi = \frac{C_a}{C_m} = \frac{T_m \cdot V + L}{T_a \cdot V + L} \tag{3.7}$$

A seconda del tipo di veicolo la distanza spaziale intraplotone (cioè quella presente tra due veicoli successivi all'interno dello stesso plotone misurata ad esempio tra il paraurti di un veicolo e quello del veicolo che segue), ragionevolmente può assumere i seguenti valori:

- per le autovetture $L = L_{car} = 7{,}5$ m (4,5 m lunghezza veicolo + 3 m di franco di sicurezza);
- per i veicoli pesanti $L = L_{truck} = 21$ m (18 m lunghezza veicolo + 3 m di franco di sicurezza).

La velocità che interviene nella (3.7) è la velocità critica V_c, cioè la velocità del deflusso che si presenta in corrispondenza della portata massima, ovvero della capacità ($V = V_c$).

Come valori di riferimento si possono considerare ad esempio quelli dedotti per via sperimentale su alcune sezioni stradali dell'autostrada A22: $V_c = 65$ km/h per la corsia di marcia e $V_c = 77$ km/h per la corsia di sorpasso. Considerando adesso un flusso composto da soli autoveicoli ($L = L_{car} = 7{,}5$ m), si può agevolmente calcolare il rapporto tra la capacità di una corsia percorsa da veicoli tutti a guida autonoma (AVs e/o CAVs) e la capacità della stessa corsia pensata però percorsa da veicoli tutti a guida manuale. Con i valori prima specificati, e nell'ipotesi che anche in caso di veicoli a guida automatizzata la capacità venga attinta per il medesimo valore di V_c si ottiene:

- per la corsia di marcia

$$\chi = \frac{C_a}{C_m} = \frac{T_m \cdot V_c + L_{car}}{T_a \cdot V_c + L_{car}} = \frac{1{,}15 \cdot \frac{65}{3{,}6} + 7{,}5}{0{,}5 \cdot \frac{65}{3{,}6} + 7{,}5} = 1{,}7$$

- per la corsia di sorpasso

$$\chi = \frac{C_a}{C_m} = \frac{T_m \cdot V_c + L_{car}}{T_a \cdot V_c + L_{car}} = \frac{1{,}15 \cdot \frac{77}{3{,}6} + 7{,}5}{0{,}5 \cdot \frac{77}{3{,}6} + 7{,}5} = 1{,}8$$

La Fig. 3.1 riporta i valori teorici dell'incremento di capacità dedotti con il modello appena adesso descritto al variare della velocità media del deflusso.

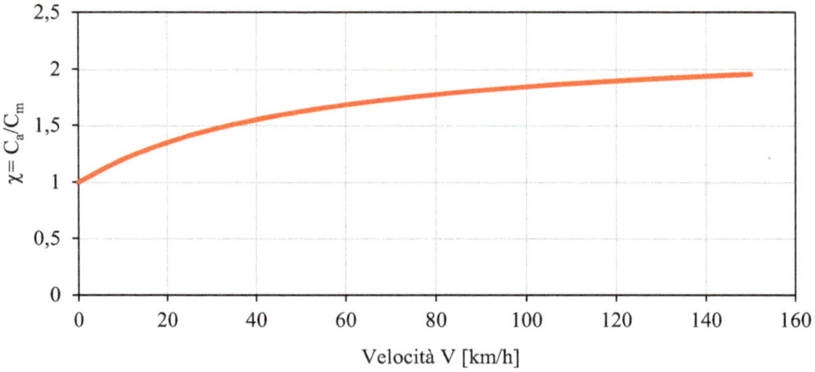

Figura 3.1 Incremento teorico della capacità di una corsia interessata da un flusso composto da veicoli AVs e/o CAVs rispetto al caso di veicoli tradizionali

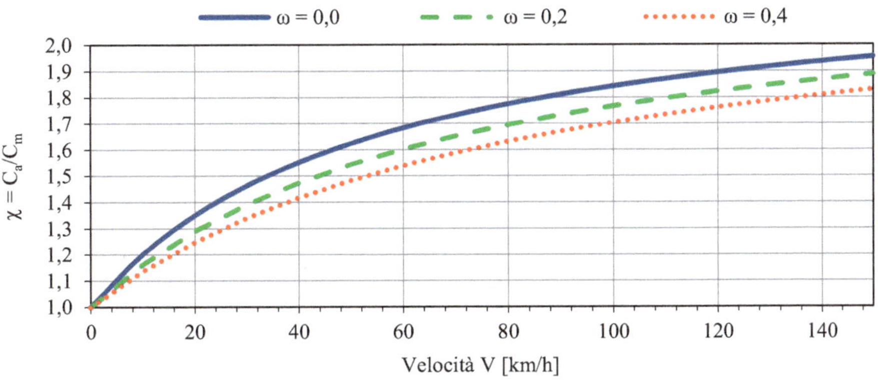

Figura 3.2 Incremento della capacità di una corsia di una smart road interessata da flusso composto AVs e/ CAVs rispetto al valore di capacità per flusso composto da veicoli tradizionali

Indicando ora con ω la percentuale di veicoli pesanti, le precedenti espressioni (3.5), (3.6) e (3.7) si possono particolarizzare come segue:

$$C_m = \frac{V}{(1-\omega)\cdot(T_m\cdot V + L_{car}) + \omega\cdot(T_m\cdot V + L_{truck})} \tag{3.8}$$

$$C_a = \frac{V}{(1-\omega)\cdot(T_a\cdot V + L_{car}) + \omega\cdot(T_a\cdot V + L_{truck})} \tag{3.9}$$

$$\chi = \frac{C_a}{C_m} = \frac{(1-\omega)\cdot(T_m\cdot V + L_{car}) + \omega\cdot(T_m\cdot V + L_{truck})}{(1-\omega)\cdot(T_a\cdot V + L_{car}) + \omega\cdot(T_a\cdot V + L_{truck})} \tag{3.10}$$

Gli incrementi di capacità di una corsia in funzione della velocità e per diversi valori della percentuale ω di veicoli pesanti sono diagrammati in Fig. 3.2.

3.4 Condizione di flussi misti (veicoli a guida autonoma e manuale)

Sin qui sono state esaminate le condizioni di traffico per flussi composti da veicoli dello stesso tipo, cioè o tutti veicoli a guida manuale (100% G.M.) oppure tutti veicoli a guida autonoma (100% G.A.).

Si vuole adesso esaminare il caso più generale di flussi misti, cioè composti da veicoli tradizionali e a guida autonoma.

Indicando con η l'aliquota di flusso composto da veicoli a guida autonoma (AVs e/o CAVs) rispetto al totale ($0 \leq \eta \leq 1$), la capacità C_{mix} di una corsia di una smart road può essere ottenuta con la seguente espressione, derivata dalla relazione (3.9) [6]:

$$C_{mix} = \frac{V}{\eta \cdot V \cdot T_a + (1 - \eta) \cdot V \cdot T_m + L} \tag{3.11}$$

Occorre considerare che nel caso di traffico misto, le coppie di veicoli che si susseguono all'interno di una corrente veicolare possono essere costituite da una diversa sequenza di veicoli a guida manuale (G.M.) e a guida autonoma (G.A.) e quindi, caso per caso, occorre specificare il distanziamento temporale minimo consentito. In mancanza di sperimentazioni dal vero, si assumono qui i seguenti valori, identificati a seconda del tipo di veicolo leader e follower nella sequenza di coppie di veicoli che nel loro insieme compongono la corrente veicolare in esame:

- Veicolo leader a G.M. – veicolo follower a G.M.: $T_{m,x} = T_m = 1{,}15$ s;
- Veicolo leader a G.M. – veicolo follower a G.A.: $T_{m,x} = T_m = 1{,}15$ s,
- Veicolo leader a G.A. – veicolo follower a G.A.: $T_{a,a} = 0{,}5$ s;
- Veicolo leader a G.A. – veicolo follower a G.M.. $T_{a,m} = 0{,}9$ s.

Quest'ultimo valore è stato scelto perché si vuole evitare che il veicolo a G.A. (cioè un AVs o CAVs) possa viaggiare troppo vicino a quello tradizionale a G.M creando quindi disturbo al conducente di quest'ultimo.

Indicando nuovamente con L la generica lunghezza dei veicoli, si ha [6]:

$$C_{mix} = \frac{V}{\eta^2 \cdot V \cdot T_{a,a} + \eta \cdot (1 - \eta) \cdot V \cdot T_{a,m} + (1 - \eta) \cdot V \cdot T_{m,x} + L} \tag{3.12}$$

Il rapporto χ tra la capacità di una corsia utilizzata da una certa aliquota η di veicoli a guida autonoma (AVs e/o CAVs) e la capacità nel caso di traffico di veicoli unicamente a guida manuale è:

$$\chi = \frac{C_{mix}}{C_m} = \frac{T_m \cdot V + L}{\eta^2 \cdot V \cdot T_{a,a} + \eta \cdot (1 - \eta) \cdot V \cdot T_{a,m} + (1 - \eta) \cdot V \cdot T_{m,x} + L} \tag{3.13}$$

Essendo $T_m = T_{m,x} = 1{,}15$ s e $V = V_c$ la velocità critica in corrispondenza della quale si attinge la capacità della corsia nel caso in cui essa sia percorsa da veicoli tutti a guida manuale (100% G.M.).

In Fig. 3.3 sono diagrammate le curve ottenute con la (3.13) al variare della velocità per prefissati valori di η e per $L = 7{,}5$ m.

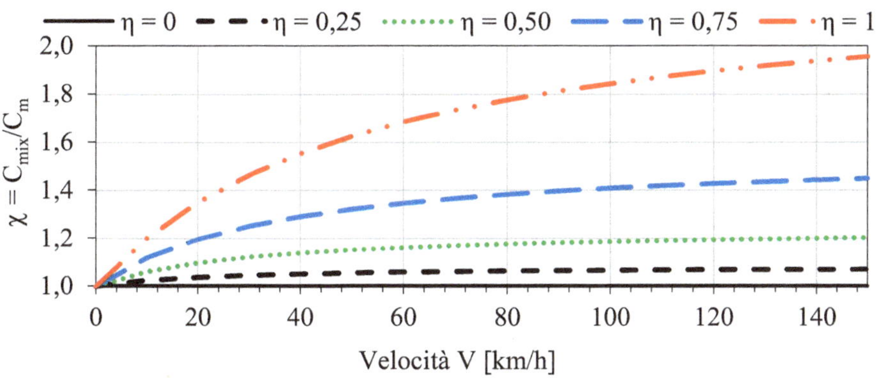

Figura 3.3 Incrementi di capacità di una corsia di una smart road al variare della percentuale di veicoli a guida autonoma (AVs e CAVs) rispetto al totale

3.5 Il metodo HCM per valutare l'effetto dei CAVs sulla capacità e sui LOS

3.5.1 Strade a flusso ininterrotto

Il manuale HCM [7] propone una procedura convenzionale tramite la quale si possono stimare i livelli di servizio (LOS – levels of service) delle autostrade e di altri tipi di strade in caso di presenza di CAVs. Si ritiene, pertanto, che questo metodo possa trovare applicazione anche per le smart road interessate da flussi veicolari composti da diverse aliquote di veicoli a guida autonoma.

Come è ben noto il *livello di servizio* costituisce una misura della qualità della circolazione stradale. I LOS si stimano tramite informazioni tecniche di vario tipo, tra le quali si annoverano la geometria della strada, le portate veicolari, la composizione dei flussi (veicoli leggeri, pesanti a guida tradizionale ed autonoma), le condizioni ambientali, ecc.

Per le smart road a flusso ininterrotto, le condizioni di circolazione che caratterizzano i diversi livelli di servizio sono le seguenti (cfr. Fig. 3.4):

- *LOS A*: condizioni di flusso libero con assenza pressoché totale di condizionamenti tra i veicoli e comfort di marcia molto elevato;
- *LOS B*: flusso stabile con densità veicolare bassa; le condizioni di circolazione risultano buone;
- *LOS C*: la maggiore densità veicolare dei precedenti casi crea condizionamenti tra i veicoli ma il comfort di marcia è ancora accettabile;
- *LOS D*: si contraddistingue da una elevata densità veicolare e da una ridotta libertà di manovra con conseguente comfort di marcia scadente;
- *LOS E*: la portata veicolare si avvicina alla capacità, la densità veicolare è molto alta e di conseguenza il comfort di marcia risulta estremamente scadente;

Figura 3.4 Immagini esemplificative dei diversi livelli di servizio [7]

- *LOS F*: la densità raggiunge il valore massimo possibile, i veicoli marciano accodati in condizioni di stop and go e pertanto si riscontrano le peggiori condizioni di deflusso.

Per le smart road assimilabili per geometria e funzione trasportistica alle odierne autostrade e strade extraurbane principali, i livelli di servizio sono correlabili alla sola variabile del deflusso "*densità veicolare D*" (espressa in passenger cars all'ora per corsia, pc/h/corsia). I valori caratteristici che definiscono ciascun LOS sono riportati in Tab. 3.1.

Il manuale HCM fornisce anche i valori di capacità delle corsie (Tab. 3.2) relative alle cosiddette "*condizioni di base*" nelle quali viene raggiunta la massima capacità possibile di ogni corsia. Si tratta di *condizioni ideali* che si presentano quando simultaneamente tutte le seguenti condizioni vengono soddisfatte: buone condizioni meteorologiche, buona visibilità, nessun incidente o cantiere, pavimentazione stradale priva di particolari anomalie, assenza di veicoli pesanti, utenti abituali (cioè che hanno familiarità con la strada), larghezza delle corsie di almeno 3,66 m, adeguata ampiezza delle banchine e delle corsie di emergenza.

Tabella 3.1 Intervalli di densità veicolare associati ai LOS

Livello di servizio (LOS)	Densità D [pc/km/corsia]
A	0–7
B	> 7–11
C	> 11–16
D	> 16–22
E	> 22–28
F	La domanda eccede la capacità, oppure D > 28

Tabella 3.2 Capacità di una corsia in condizioni ideali in funzione della velocità di flusso libero

FFS [km/h]	C – Capacità di una corsia in condizioni base [pc/h]
121	2400
113	2400
105	2350
97	2300
89	2250
80	Non definita
72	Non definita

La capacità C delle corsie è funzione della velocità di flusso libero FFS (free-flow speed). Si precisa che i valori di capacità di Tab. 3.2 sono quelli riferiti ad intervalli di 15 minuti (cioè i valori massimi di portata riscontrabili in intervalli temporali di un quarto d'ora) riportati, poi, in valori di portata oraria equivalente. Ciò significa che la capacità stimata in intervalli di 1 ora assume valori generalmente inferiori di quelli di Tab. 3.2.

Per stimare la capacità delle corsie nelle reali condizioni d'uso dell'infrastruttura, se queste differiscono da quelle ideali prima specificate, si utilizza la relazione:

$$C_{adj} = C \cdot CAF_s \tag{3.14}$$

in cui:

- C_{adj} = capacità della corsia corretta per tenere conto delle reali caratteristiche dell'infrastruttura [pc/h];
- C = capacità della corsia nelle condizioni di base [pc/h];
- CAF_s = fattori di correzione della capacità.

Tra i vari fattori di correzione della capacità (CAF_s), per le finalità del presente documento, qui si annovera il solo CAF_{CAV} che permette di valutare l'effetto sulla capacità di una corsia dovuto alla presenza dei CAVs in base alla loro incidenza percentuale sull'intero flusso (Tab. 3.3).

I valori dei CAF_{CAV} sono sempre maggiori di uno e crescono all'aumentare della percentuale di CAVs nella corrente veicolare. Ciò, in quanto al crescere di detta

Tabella 3.3 Valori dei CAF_{CAV}

Percentuale di CAVs nella corrente veicolare in esame [%]	Valore del fattore di correzione CAF_{CAV} per presenza di veicoli a guida autonoma (CAVs)		
	C = 2400 pc/h	C = 2100 pc/h	C = 1800 pc/h
0	1,00	1,00	1,00
20	1,02	1,02	1,15
40	1,07	1,10	1,27
60	1,13	1,25	1,40
80	1,22	1,37	1,60
100	1,33	1,52	1,78

percentuale diminuisce il distanziamento temporale medio τ_m tra coppie di veicoli. τ_m si può calcolare con la relazione:

$$\tau_m = \frac{3600}{C_{adj}} = \frac{3600}{C \cdot CAF_s} \tag{3.15}$$

Ad esempio, per C = 2400 pc/h (prima colonna di Tab. 3.3) e percentuale di CAVs dello 0% (CAF_{CAV} = 1), con la (3.15) si ottiene τ_m = 1,5 s, mentre per percentuale di CAVs del 100% (CAF_{CAV} = 1,33) si ha τ_m = 1,13 s. In definitiva, come già chiarito in precedenza, la capacità delle corsie di una smart road cresce con l'introduzione dei CAVs perché i ridotti tempi di reazione dei sistemi di guida autonoma consentono di attuare distanziamenti veicolari molto più piccoli di quelli conseguibili con i veicoli convenzionali.

3.5.2 Rotatorie

L'ultima edizione del manuale HCM [7] propone una specifica procedura di analisi per valutare l'effetto dei CAVs sulla capacità, sui ritardi e sulle code delle intersezioni a rotatoria. In particolare, la capacità c_i dell'ingresso i-esimo di una rotatoria di tipo "single-lane" (una corsia di immissione ed una corsia anulare) si può calcolare con la relazione:

$$c_i = f_A \cdot A \cdot e^{-f_B \cdot B \cdot q_{c,i}} \tag{3.16}$$

con

$$A = \frac{3600}{t_f} \tag{3.17}$$

$$B = \frac{t_c - \frac{t_f}{2}}{3600} \tag{3.18}$$

in cui:

- c_i = capacità dell'ingresso i-esimo [pc/h];
- $q_{c,i}$ = flusso circolante di fronte l'ingresso i-esimo [pc/h];
- t_c = intervallo critico [s];
- t_f = follow-up time [s];
- f_A, f_B coefficienti Tab.ti in funzione della percentuale di CAVs nei flussi veicolari (ad es. f_A = 1,00 e f_B = 1,00 per flussi composti da veicoli tutti a guida manuale, f_A = 1,35 e f_B = 0,85 per flussi composti solo da CAVs).

Ad esempio, assumendo i valori t_c = 4,967 s e t_f = 2,609 s, si ottiene A = 1380 e B = 0,00102, quindi:

- per flussi composti da veicoli a guida manuale (0% di CAVs):

$$c_i = 1 \cdot 1380 \cdot e^{-1 \cdot 0,00102 \cdot q_{c,i}} = 1380 \cdot e^{-0,00102 \cdot q_{c,i}} \tag{3.19}$$

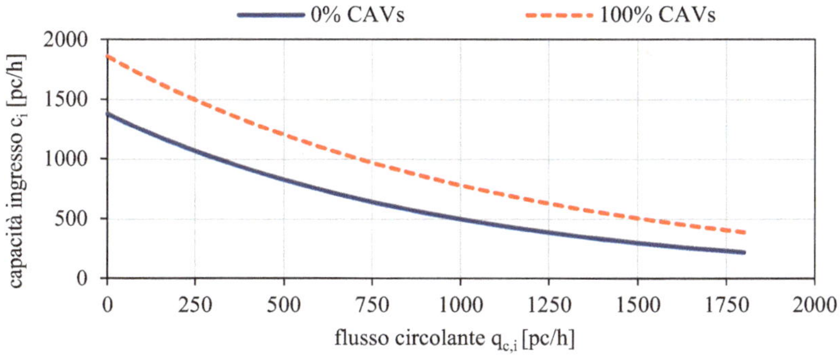

Figura 3.5 Valori di capacità dell'ingresso per CAVs = 0% e CAVs = 100%

- per flussi composti da veicoli a guida automatica (100% di CAVs):

$$c_i = 1{,}35 \cdot 1380 \cdot e^{-0{,}85 \cdot 0{,}00102 \cdot q_{c,i}} = 1863 \cdot e^{-0{,}000867 \cdot q_{c,i}} \qquad (3.20)$$

I valori di capacità ottenuti con le precedenti due relazioni sono riportati in Fig. 3.5. Si nota immediatamente che, a parità di flusso circolante, la presenza di CAVs genera un considerevole incremento di capacità.

Analoghe procedure sono applicabili al caso di rotatorie di tipo "multi-lane" e turbo-rotatorie [7, 8].

Riferimenti bibliografici

1. Carbaugh J, Godbole DN, Sengupta R (1998) Safety and capacity analysis of automated and manual highway systems. Transp Res Part C: Emerg Technol 6(1–2):69–99
2. Ioannou A et al (1997) Automated highway systems. Springer
3. Elefteriadou L (2024) An introduction to traffic flow. Springer
4. Guerrieri M, Mauro R (2021) A concise introduction to traffic engineering. Theoretical fundamentals and case studies. Springer
5. Guerrieri M (2021) Smart roads geometric design criteria and capacity estimation based on AV and CAV emerging technologies. A case study in the Trans-European transport network. Int J Intell Transp Syst Res 19(2):429–440
6. Friedrich B (2016) The effect of autonomous vehicles on traffic. In: Maurer M, Gerdes J, Lenz B, Winner H (eds) Autonomous driving. Springer,
7. HCM 7th Edition – Highway Capacity Manual, 7th Edition (2022): A Guide for Multimodal Mobility Analysis, TRB.
8. Guerrieri M (2024) A theoretical model for evaluating the impact of connected and autonomous vehicles on the operational performance of turbo roundabouts. Int J Transp Sci Technol 14:202–218. https://doi.org/10.1016/j.ijtst.2023.05.001

Capitolo 4
Contesto normativo dei veicoli a guida autonoma. Analisi e confronto internazionale

Abstract Il presente capitolo si propone di fornire un quadro comparativo delle principali esperienze internazionali sulla evoluzione e sviluppo della guida autonoma, analizzando i relativi punti di forza e criticità nel contesto regolatorio internazionale.

In particolare, l'attenzione è rivolta ai Paesi con consolidata esperienza, quali UE, USA, Cina e Giappone. Si esaminano altresì le esperienze consolidate e le condizioni che ne hanno permesso l'applicazione sperimentale, oltre agli ostacoli che ne frenano lo sviluppo globale.

Le attività già svolte sottendono la necessità di definire potenziali best practice utili a supportare gli organi decisionali internazionali per promuovere l'adozione della guida autonoma di livelli superiori sia per uso pubblico sia per uso privato.

Di seguito, viene presentata una sintesi delle misure adottate da ciascuna giurisdizione, con un confronto tra normative, procedure di test e certificazione, best practice, lacune regolatorie e ostacoli all'implementazione globale.

4.1 Infrastrutture per la guida autonoma

A livello europeo, le istituzioni sostengono lo sviluppo di infrastrutture digitali e fisiche per veicoli connessi e autonomi. La Commissione Europea ha lanciato l'iniziativa C-ITS (Cooperative Intelligent Transport Systems) [1] e finanziato corridoi stradali pilota (ad es. tra Germania, Austria e Italia) dove i veicoli interagiscono con infrastrutture e tra loro.

Strumenti finanziari comunitari come il Connecting Europe Facility for Transport (CEF) [2] assegnano fondi per l'installazione di sensori, sistemi di comunicazione V2X (vehicle-to-everything) e segnaletica intelligente lungo le arterie principali.

Nel 2023, con l'agenda "Europe on the Move", l'UE ha evidenziato l'importanza di infrastrutture interoperabili per garantire l'integrazione sicura dei veicoli autonomi [3].

F. Autelitano et al., *Le SMART ROAD - Stato dell'arte e scenari futuri*,
https://doi.org/10.1007/978-3-031-96144-1_4

Sono previste linee guida relative agli standard per la segnaletica orizzontale e verticale, affinché risulti leggibile dai sistemi ottici dei veicoli, la creazione di mappe digitali ad alta definizione condivise e l'utilizzo di reti 5G lungo i corridoi TEN-T.

Va però notato che l'implementazione fisica di queste infrastrutture è demandata ai singoli Stati membri e, in molti casi, agli enti locali, determinando così notevoli differenze nel livello di preparazione infrastrutturale tra i Paesi. Ad esempio, la Germania ha già avviato zone pilota con semafori connessi e sistemi di parcheggio automatizzato, mentre la Francia sta adattando alcune città per sperimentazioni su strade urbane, e altri Paesi risultano meno avanzati.

L'UE promuove altresì l'installazione di colonnine per lo scambio dati e la ricarica, in quanto numerosi veicoli autonomi (AV) saranno elettrici e connessi.

In sintesi, le infrastrutture necessarie sono riconosciute come parte integrante del piano UE per la guida autonoma ma l'eterogeneità nell'adeguamento delle strade costituisce un ostacolo: in assenza di investimenti coordinati, l'esperienza d'uso di un veicolo autonomo potrebbe variare significativamente tra le nazioni.

L'Italia, tramite il progetto Smart Road, sta procedendo all'adeguamento di alcune tratte stradali e autostradali, in particolare quelle gestite da ANAS, mediante tecnologie V2I (vehicle-to-infrastructure) volte a supportare veicoli connessi e autonomi. Sono previste infrastrutture digitali per lo scambio di dati sul traffico, sensori e segnaletica intelligente.

Tuttavia, al di fuori delle iniziative pilota, gran parte della rete stradale resta ancora priva della tecnologia necessaria per interagire con veicoli privi di conducente.

Un ulteriore elemento riguarda la disponibilità di reti 5G affidabili, indispensabili per comunicazioni a bassa latenza e ad alto throughput tra veicoli e infrastrutture/cloud: in Italia il 5G è in espansione, sebbene la copertura non sia ancora uniforme su tutto il territorio.

4.2 Livello 5 e requisiti di omologazione

A livello internazionale, la SAE (Society of Automotive Engineers), ha definito una tassonomia [4] dei livelli di automazione dei veicoli, specificando funzioni, requisiti tecnici e responsabilità, rappresentando uno standard fondamentale per la guida autonoma.

In tale tassonomia, sono distinti 6 livelli di automazione nella guida e precisamente:

- Livello 0: Nessuna automazione; il conducente gestisce tutte le funzioni.
- Livello 1: Assistenza parziale, ad esempio il cruise control.
- Livello 2: Automazione parziale con controllo simultaneo di sterzo e accelerazione/decelerazione, sempre sotto supervisione.
- Livello 3: Automazione condizionale, in cui il sistema gestisce il compito dinamico, richiedendo intervento solo in situazioni specifiche.

- Livello 4: Automazione elevata in condizioni definite, con possibilità limitata di intervento umano.
- Livello 5: Automazione completa in ogni condizione, senza necessità di intervento umano.

Il **Livello 5 SAE, quindi,** indica la guida **completamente autonoma** e l'omologazione di un veicolo di Livello 5 comporta il superamento di rigorosi requisiti normativi, tecnici e di sicurezza, che, tuttavia, variano notevolmente tra le diverse giurisdizioni.

In assenza di un quadro normativo globale unificato, UE, USA, Cina e Giappone hanno adottato approcci che, pur divergendo nelle modalità operative, **convergono su principi fondamentali**.

In generale:

- **Sicurezza**: ciascun ordinamento impone elevati standard di sicurezza, integrando nuove procedure di prova e sistemi protettivi per occupanti e utenti della strada.
- **Quadro normativo**: l'UE utilizza un sistema armonizzato di omologazione **(Type Approval)** vincolante per tutti gli Stati membri, mentre negli USA prevalgono standard federali **(Federal Motor Vehicle Safety Standards – FMVSS)** [5] integrati da normative statali; Cina e Giappone adottano approcci nazionali centralizzati.
- **Flessibilità e uniformità**: l'UE predilige regole uniformi e dettagliate per garantire certezza regolatoria; gli USA optano per una maggiore flessibilità a favore dell'innovazione; la Cina procede con fasi di test controllati e pianificazione top-down; il Giappone introduce permessi specifici e attua progressivamente livelli crescenti di autonomia.

4.3 Unione Europea – "*sandbox regolatoria*"

L'UE ha aggiornato il proprio quadro normativo per includere i veicoli autonomi oltre il Livello 3, definendo *un quadro normativo armonizzato e omologazione centralizzata.*

In particolare, l'UE ha emanato i seguenti regolamenti e direttive:

- Regolamento (UE) 2018/858 [6]: istituisce il nuovo quadro di omologazione UE per veicoli e sistemi, sostituendo la Direttiva 2007/46/CE, e funge da base per la sorveglianza del mercato, assegnando responsabilità specifiche agli operatori del settore.
- Regolamento (UE) 2019/2144 [7] (General Safety Regulation 2): adottato a novembre 2019, impone l'obbligo di integrare sistemi ADAS (Advanced Driver Assistance System, ovvero sistemi avanzati di assistenza alla guida) su tutti i nuovi veicoli da luglio 2022 e definisce il quadro legale per l'omologazione di veicoli "automatizzati e completamente senza conducente" (Livello 3 e superiori), includendo sistemi come l'Intelligent Speed Assistance (ISA, Livello 2) a partire dal 6 luglio 2022.

- Regolamento (UE) 2022/1426 [8]: entrato in vigore il 5 agosto 2022, definisce procedure uniformi e specifiche tecniche per l'omologazione dei sistemi di guida automatizzata (ADS, Automated Driving System) in veicoli completamente automatizzati, fornendo linee guida per tre casi d'uso: "robotaxi", "hub-to-hub" e "valet parking" autonomo, *rappresentando la prima legislazione mondiale per l'omologazione di sistemi ADS di Livello 4/5 in scenari specifici.*
- Regolamento (UE) 2022/2236 [9]: adottato a giugno 2022, stabilisce requisiti tecnici specifici per veicoli automatizzati, inclusi quelli prodotti in piccola serie e per aggiornamenti software OTA, modificando i requisiti relativi a sicurezza passiva ed emissioni per adeguarli a veicoli senza conducente. Vengono identificate tre architetture: dual-mode, completamente automatizzati con occupanti (senza posto guida) e completamente automatizzati privi di posto guida e occupanti.

In merito alle procedure di prova e certificazione, l'omologazione UE richiede al costruttore di dimostrare la conformità a requisiti tecnici dettagliati e di superare una valutazione complessiva di sicurezza, prima dell'immissione sul mercato.

Gli aspetti fondamentali riguardano:

- Test di sicurezza e scenario-based: L'UE impone procedure di test che coprano l'intero spettro di situazioni previste nell'Operational Design Domain, ODD, ovvero nell'ambito di impiego specifico del sistema automatizzato. I regolamenti UE stabiliscono prove su pista e in simulazione per verificare che il sistema di guida automatizzata ADS possa gestire in sicurezza situazioni normali e di emergenza, conformi ai regolamenti delegati e agli standard fissati dalla Commissione economica per l'Europa delle Nazioni Unite (UNECE).
- Cybersecurity e aggiornamenti software: Con l'avvento di veicoli connessi/autonomi, l'UE ha reso obbligatoria l'applicazione dei regolamenti ONU UNECE sulla cybersecurity (UN R155 [10]) e aggiornamenti software (UN R156 [11]). Dal luglio 2022, attraverso il General Safety Regulation, ogni nuovo tipo di veicolo deve dimostrare conformità a requisiti stringenti di gestione del rischio informatico e aggiornamenti sicuri, garantendo la sicurezza della guida autonoma.
- Data recording e incident reporting: I veicoli automatizzati omologati in UE devono essere dotati di "event data recorders" per registrare dati rilevanti. Inoltre, la normativa prevede obblighi di monitoraggio post-vendita, richiedendo ai costruttori di comunicare prestazioni di sicurezza e incidenti alle autorità, la cui analisi garanatirà un continuo miglioramento normativo.
- Valutazione del sistema ADS: L'omologazione prevede una valutazione globale dell'ADS in termini di maturità e sicurezza. Ciò comprende l'analisi del *safety case* del costruttore, verifiche funzionali e conformità a standard tecnici (es. ISO 26262 [12] e ISO 21448 SOTIF [13], secondo i requisiti del Regolamento 2022/1426 [8]).

4.3.1 Best Practice nel contesto UE

La strategia europea evidenzia alcune *best practice* di esplicito valore in ambito internazionale e che pongono la UE fra i più evoluti contesti con approccio aperto alla innovazione e all'applicazione in vera grandezza. Fra questi si devono elencare:

- **Approccio armonizzato e vincolante**: l'omologazione in un singolo Stato membro (con marchio CE) consente la circolazione del veicolo autonomo in tutto il Mercato Unico, eliminando la frammentazione normativa e garantendo standard di sicurezza uniformi.
- **Gradualità (sandbox regolatoria)**: con tale strumento si definisce un perimetro protetto, ovvero un'area – sia virtuale che reale – destinata alla sperimentazione temporanea di soluzioni tecnologicamente innovative, in deroga alle normative correnti. Questo ambiente permette ai ricercatori di analizzare in maniera approfondita ed efficiente i progetti, fornendo dati utili a guidare eventuali aggiornamenti o revisioni della regolamentazione di settore. In particolare, per il caso in esame, l'UE prevede omologazioni iniziali limitate per piccole flotte sperimentali con requisiti specifici, favorendo una sperimentazione controllata e la raccolta dati prima di autorizzare produzioni su scala più ampia.
- **Aggiornamento normativo continuo**: nell'ambito del Forum Mondiale UNECE per l'Armonizzazione delle Normative sui Veicoli (WP.29) [14], forum regolamentare unico a livello globale, inserito nel quadro istituzionale del Comitato per il Trasporto Interno dell'UNECE, l'UE collabora e si coordina a livello internazionale per aggiornare costantemente le norme tecniche, in linea con l'evoluzione tecnologica, allineando ad esempio le regole di Livello 3 agli standard ONU (Regolamento UN R157 [15] su Automated Lane Keeping Systems) e contribuendo allo sviluppo di requisiti armonizzati, per livelli superiori.
- **Liability e quadro etico**: nell'Unione Europea, le modifiche alla Convenzione di Vienna [16] sulla circolazione stradale hanno introdotto il principio secondo cui, quando attivo, un sistema di automazione assume il controllo del veicolo e la relativa responsabilità operativa. Alcuni Stati membri, come Francia e Germania, hanno già adottato normative specifiche che escludono la responsabilità penale di passeggeri e proprietari in caso di incidente durante l'utilizzo di un veicolo autonomo, trasferendola invece al produttore o al sistema di guida automatizzata. Questo approccio riflette l'evoluzione del quadro giuridico volto ad adeguarsi alle sfide poste dall'introduzione di veicoli a elevata automazione.

4.3.2 Lacune e sfide in UE

Sebbene l'Unione Europea abbia sviluppato un quadro normativo avanzato per la guida autonoma, permangono criticità e sfide ancora irrisolte, in particolare:

- **Omologazione dei veicoli di Livello 5** (veicolo autonomo in qualsiasi condizione stradale): attualmente, la regolamentazione si concentra su casi d'uso specifici assimilabili al Livello 4, come navette urbane o percorsi predefiniti. Non esiste ancora un quadro normativo completo per la guida autonoma di Livello 5 in scenari open-world, con Operational Design Domain (ODD) illimitato. La definizione di tali standard richiederà criteri di sicurezza più avanzati e approcci di verifica e validazione ancora più rigorosi.

- **Interoperabilità transfrontaliera**: La diversità infrastrutturale tra gli Stati membri (es. segnaletica, mappe digitali ad alta definizione) rappresenta una sfida per l'integrazione armonizzata dei veicoli autonomi. L'UE sta sviluppando standard per i Cooperative Intelligent Transport Systems (C-ITS) [1] e la comunicazione V2X (Vehicle-to-Everything) per garantire un'infrastruttura interoperabile tra i vari paesi, ma l'implementazione pratica e le relative normative sono ancora in fase di definizione.
- **Adattabilità normativa e aggiornamenti regolatori**: Sarà essenziale predisporre meccanismi flessibili per l'aggiornamento delle normative tecniche, in risposta alle evidenze emergenti dai test su strada. L'approccio adattivo dell'UE, che prevede il monitoraggio post-omologazione e la possibilità di revocare l'approvazione in caso di criticità sulla sicurezza, dovrà essere armonizzato con le evoluzioni dell'intelligenza artificiale e dei sistemi di apprendimento automatico, che influenzano direttamente il comportamento dei veicoli autonomi.

4.4 USA: approccio flessibile, standard federali e patchwork statale

Negli Stati Uniti, l'approccio normativo per l'impiego e l'omologazione dei veicoli a guida autonoma oltre il livello 3 si basa su una combinazione di linee guida federali flessibili e una varietà di regolamentazioni a livello statale, creando un quadro normativo eterogeneo.

Le linee guida, finora emesse, riflettono i principi statunitensi tesi a favorire l'innovazione e evitare di limitare lo sviluppo tecnologico con norme troppo rigide che ne ostacolerebbero la diffusione ed applicazione sperimentale. Tuttavia, essendo volontarie, non garantiscono uniformità nell'implementazione.

In USA le case automobilistiche autocertificano che i veicoli rispettino i Federal Motor Vehicle Safety Standards (FMVSS [5]) minimi; non esiste un'omologazione centralizzata come in UE, e la regolamentazione dei veicoli autonomi è ancora in via di definizione.

Le caratteristiche peculiari del quadro normativo USA sono sintetizzabili come segue:

- **Assenza di normativa federale specifica per Livello 5**: Attualmente, non esiste una legge federale onnicomprensiva che disciplini i veicoli autonomi di Livello 5. Tentativi legislativi come il *SELF DRIVE Act* (US Congress, 2017–18) [17] e l'*AV START Act* (US Senate, 2017–18) [18] non sono stati completamente approvati, portando a una mancanza di un quadro normativo unificato. Al 2022,

38 Stati hanno emanato proprie leggi o ordini esecutivi che consentono test o utilizzo di veicoli autonomi, creando un vero e proprio mosaico regolatorio.

- **Linee guida federali volontarie**: In assenza di leggi vincolanti, il Dipartimento dei Trasporti degli Stati Uniti (USDOT) e la National Highway Traffic Safety Administration (NHTSA) hanno emesso linee guida federali non obbligatorie:
  - *Federal Automated Vehicles Policy* (2016) [19] – prime linee guida su come gli ADS devono gestire guasti, privacy, sicurezza in caso di incidente. Tuttavia, queste linee guida non garantiscono uniformità nell'implementazione a livello nazionale;
  - *Automated Driving Systems 2.0: A Vision for Safety* (2017) [20] – linee guida volontarie per la sicurezza dei sistemi di guida autonoma. Incoraggia le aziende a presentare *Safety Self-Assessments* e identifica 12 elementi chiave, tra cui cybersecurity, validazione, interfaccia uomo-macchina ed etica. Promuove trasparenza e collaborazione tra industria e autorità per garantire un'evoluzione sicura delle tecnologie di guida autonoma;
  - *Preparing for the Future of Transportation: AV 3.0* (2018) [21] ed *Ensuring American Leadership in AV Tech: AV 4.0* (2020) [22] – si tratta di due distinti documenti che adottano un approccio neutrale rispetto alla tecnologia, evitando regolamentazioni eccessivamente prescrittive. *AV 3.0* si concentra su tre aree chiave: promuovere la sicurezza multimodale, ridurre l'incertezza normativa e stabilire un processo di collaborazione con lo USDOT. *AV 4.0* amplia questa prospettiva, stabilendo principi federali per lo sviluppo e l'integrazione dei veicoli autonomi, con un'attenzione particolare alla sicurezza, all'innovazione e a un approccio normativo coerente. Inoltre, *AV 4.0* fornisce una panoramica delle attività governative in corso per sostenere la crescita e la leadership tecnologica nel settore dei veicoli autonomi, evidenziando le opportunità di collaborazione tra settore pubblico e privato;
- **Adeguamento degli FMVSS** [5]: il principale ostacolo all'omologazione di veicoli senza conducente negli USA era rappresentato dagli standard di sicurezza federali che imponevano la presenza di un guidatore umano e comandi tradizionali (inclusi volante, pedali e sedile conducente per conformarsi a normative tecniche specifiche come i crash test). Nel marzo 2022, la National Highway Traffic Safety Administration (NHTSA) ha aggiornato ha provveduto all'aggiornamento dei Federal Motor Vehicle Safety Standards (FMVSS [5]) relativi alla protezione degli occupanti, eliminando l'obbligo di comandi manuali per veicoli progettati esclusivamente per guida autonoma. La nuova norma chiarisce che un veicolo senza volante e pedali può essere conforme purché assicuri lo stesso livello di protezione in caso di incidente. Questo aggiornamento ha rimosso un importante ostacolo normativo, permettendo ai costruttori di produrre navette senza volante. Questo aggiornamento ha consentito alle aziende specializzate nella guida autonoma, tra cui Nuro (veicolo di consegna senza posti umani) o GM Cruise, di accelerare l'iter sperimentale non essendo più necessario richiedere esenzioni e casi speciali per l'eliminazione del volante. La legge federale, infatti, permette che NHTSA esenti un certo numero di veicoli che non soddisfa-

no pienamente gli FMVSS [5], purché venga dimostrato un livello di sicurezza equivalente.

- **Norme statali variegate**: nell'ambito del quadro normativo frammentato degli Stati Uniti, alcuni Stati hanno adottato legislazioni più avanzate:
  - la **California** ha implementato un processo per fasi: inizialmente, viene rilasciato un permesso per la sperimentazione con safety driver, poi un permesso per la sperimentazione senza safety driver, infine un permesso per l'immissione sul mercato.
  - la **Florida** dal 2019 autorizza l'operatività senza conducente di sicurezza a bordo, purché il veicolo soddisfi le leggi federali e sia dotato di idonea assicurazione civile e penale a tutela dei passeggeri e degli utenti esterni.
  - in **Arizona** ha adottato un sistema di autorizzazioni caso per caso, avviando numerose sperimentazioni con limitate prescrizioni in termini di sicurezza e regolamentazione operativa a tutela degli utenti.

La mancanza di uniformità tra le normative statali comporta, tuttavia, un'ampia varietà di sperimentazioni senza criteri di validazione standardizzati né un riconoscimento reciproco tra Stati. Di conseguenza, un veicolo autorizzato in una giurisdizione potrebbe non essere legalmente operativo in un'altra.

4.4.1 Procedure di test e certificazione

Negli USA, fatta eccezione per l'osservanza **degli FMVSS** [5], la strategia privilegia a test privati e iter graduali piuttosto che certificazioni governative ex ante:

- **Autocertificazione e responsabilità del costruttore**: Un costruttore che intende vendere un veicolo a guida autonoma di Livello 5 deve garantire il rispetto di tutti gli standard di sicurezza applicabili. Con l'aggiornamento NHTSA del 2022, è obbligatorio garantire sicurezza degli occupanti anche in assenza di controlli manuali. Le prove di sicurezza (crash test, test dei sistemi) sono generalmente condotte internamente o da laboratori indipendenti, e la NHTSA può effettuare controlli a campione ed esercitare il potere di richiamo (*recall*) qualora emergano difetti di sicurezza;
- **Testing graduale su strada**: per ottenere autorizzazioni a test su strade pubbliche, le autorità statali solitamente richiedono una dimostrazione preliminare della validità e sicurezza del veicolo in ambienti chiusi con presenza di un conducente di sicurezza durante i test iniziali. Ad esempio, la California richiede che le aziende presentino rapporti annuali sui "disengagements" (interventi umani) durante i test, considerati un indicatore della maturità del sistema;
- **Assenza di certificazione formale di Livello 5**: Non esiste un sistema di certificazione ufficiale rilasciato dal governo per guida autonoma. Tuttavia, la NHTSA monitora attivamente i test e le implementazioni: nel 2021 ha emesso un'ordinanza generale permanente che obbliga le aziende a segnalare qualsiasi incidente

che coinvolga sistemi ADS sottoposti a test o in fase operativa, al fine di raccogliere dati di sicurezza reali per la emanazione di eventuali futuri regolamenti.
- **Standard tecnici volontari**: Molti sviluppatori seguono standard SAE, e best practice come la norma UL 4600 [23] (standard volontario per valutare la sicurezza dei veicoli autonomi attraverso un "safety case", ovvero un dossier di sicurezza completo). Inoltre, l'Institute of Electrical and Electronics Engineers (IEEE) e altre importanti associazioni di ricerca tecnologica stanno definendo protocolli di test basati su scenari, ma nulla di questo è obbligatorio a livello federale.

Una legge federale unica potrebbe armonizzare le definizioni normative, chiarire le autorità della NHTSA riguardo omologazione/recall degli ADS e prevalere sulle leggi statali tra loro confliggenti, facilitando un'implementazione più coerente in tutto il Paese come risultato dell'osservazione delle numerose sperimentazioni già effettuate e tuttora in corso nei vari Stati.

4.4.2 Best Practice nel contesto USA

La principale Best Practice di settore negli USA consiste nella grande flessibilità e incentivi all'innovazione, con un numero ridotto di vincoli regolatori iniziali. Ciò ha favorito molte sperimentazioni (Waymo, Cruise, etc.) che hanno maturato milioni di miglia di test.

L'approccio performance-based ha permesso di aggiornare requisiti di sicurezza come FMVSS [9] senza prescrivere metodi tecnici specifici per il loro raggiungimento, e ha evitato vincoli a tecnologie specifiche consentendo le numerose sperimentazioni e la creazione di una banca dati di osservazione sperimentale utile all'aggiornamento normativo. La nuova regola NHTSA stabilisce che un ADS debba garantire protezione equivalente a un'auto tradizionale negli incidenti, ma lascia ai costruttori la scelta delle soluzioni tecniche.

I dati e le analisi delle numerose applicazioni statunitensi su scala reale nelle varie condizioni di esercizio (es. infrastrutture urbane ed extraurbane, tipologie di utenti coinvolti, diversi livelli di automazione e sicurezza), rappresentano la più completa e importante banca dati sperimentale oggi disponibile, che possa rappresentare un utile strumento di valutazione per la definizione della normativa tecnica e regolatoria prodromica alla diffusione dei veicoli a guida autonoma di Livello 5.

4.4.3 Lacune e sfide in USA

La mancanza di uniformità e l'eterogeneità giuridico-amministrativa rappresenta però il principale limite allo sviluppo regolamentato dell'impiego dei veicoli a guida autonoma di Livello 5.

Ogni Stato può basarsi su definizioni divergenti di "veicolo autonomo" e requisiti di test, con un quadro frammentato che di fatto ne rallenta l'implementazione su scala nazionale.

Inoltre, l'assenza di un meccanismo di omologazione di tipo significa che la fiducia del pubblico deve basarsi sulla affidabilità e capacità comunicativa della singola azienda costruttrice e gestore del servizio nonché sulla vigilanza successiva all'immissione sul mercato da parte del NHTSA, piuttosto che su una certificazione pubblica ex ante.

Permane irrisolta anche la questione della responsabilità civile affidata alla legislazione statale e al diritto comune.

Anche in tema di Sicurezza informatica e privacy, a differenza dell'UE, negli USA non vi sono requisiti vincolanti specifici su cybersecurity per veicoli autonomi. Le linee guida NHTSA raccomandano piani di sicurezza informatica, ma non esiste l'equivalente di UNECE R155 [5] obbligatorio, non affrontando il reale rischio di attacchi ai sistemi driverless.

4.5 Cina – strategia nazionale pianificata e sperimentazione graduale

La Cina guarda ai veicoli a guida autonoma come parte della propria strategia industriale "Made in China 2025" e della successiva roadmap 2035 e sta sviluppando un quadro normativo graduale:

- Adesione alla Convenzione di Vienna [16]: la Cina è firmataria della Convenzione di Vienna del 1968 che, pur essendo stata emendata nel 2016 per consentire l'automazione, impone la presenza di un conducente. Di fatto, la legislazione cinese in materia di traffico stradale non ha ancora recepito appieno la guida autonoma e si basa su un sistema di regolamenti ministeriali e linee guida;
- **Prime regolamentazioni sui test**: nel 2018 la Cina ha emanato le prime regole per autorizzare test di veicoli autonomi e ha definito tre categorie di automazione corrispondenti a Livello 3, 4 e 5, e graduali condizioni per i test: prima test in zone non pubbliche, poi su strade pubbliche urbane designate e sempre con un pilota di sicurezza a bordo pronto a intervenire;
- Piano di sviluppo nazionale: a febbraio 2020, un consorzio interministeriale sotto la guida della National Development and Reform Commission (NDRC) [24] ha pubblicato la *Strategy for Innovation and Development of Intelligent Vehicles*, un piano fino al 2025. Gli obiettivi chiave includono l'aggiornamento della legge sulla sicurezza stradale, lo sviluppo di standard per mappe digitali ad alta definizione e infrastrutture intelligenti, nonché la commercializzazione di veicoli di Livello 4 a partire dal 2025. Parallelamente, il MIIT (Ministero dell'Industria e della Tecnologia dell'Informazione) ha proposto nel 2020 una classificazione nazionale a sei livelli per l'automazione (allineata ai livelli SAE [4]) e sta elaborando standard su funzioni di assistenza alla guida e guida autonoma per definire i requisiti di omologazione.

4.5.1 Aggiornamenti normativi recenti

- *Marzo 2021*: il Ministero della Pubblica Sicurezza (MPS) ha proposto emendamenti alla legge stradale al fine di includere anche i veicoli autonomi;
- *Agosto 2021*: l'Autorità per il Cyberspazio (CAC) e MIIT hanno emesso disposizioni per la sicurezza dei dati automobilistici (in via sperimentale), riconoscendo la necessità di regolamentare i dati generati dai veicoli autonomi (es. telecamere, sensori) per privacy e sicurezza nazionale;
- *2022*: bozza di misure amministrative sulla sicurezza dei dati nel settore automotive e linee guida per la sicurezza informatica e dei dati nell'Internet of Vehicles. La Cina sta quindi integrando cybersecurity e data governance come parte delle condizioni per l'uso di veicoli autonomi (in linea con la forte enfasi cinese sul controllo dei dati).

4.5.2 Procedure di test e certificazione

La Cina adotta un approccio sperimentale e graduato, con forte coinvolgimento delle autorità locali nelle fasi di test e un'evoluzione verso vere omologazioni:

- **Zone pilota e contesto urbano**: Le sperimentazioni sono concentrate in zone pilota (ad esempio Pechino, Shanghai, Shenzhen, Guangzhou hanno concesso licenze di test a numerose aziende). In queste zone, le amministrazioni locali rilasciano targhe e permessi speciali ai veicoli a guida autonoma che soddisfano i requisiti di base (controlli tecnici sul veicolo, assicurazione, presenza di conducente di sicurezza certificato). Alcune città hanno autorizzato test senza conducente a bordo, ma con teleoperazione remota in certe aree limitate, anticipando il passaggio verso Livello 4 sperimentale.
- **Standard di valutazione**: La China Automotive Technology and Research Center (CATARC), in collaborazione con gli enti locali, ha sviluppato protocolli di prova per valutare le capacità dei sistemi di guida autonoma (ADS) prima di concedere permessi. I veicoli devono superare test in ambienti controllati che simulano scenari complessi (interazione con pedoni, traffico misto, condizioni meteorologiche avverse) e raggiungere un determinato chilometraggio senza incidenti significativi prima di accedere ai test su strada pubblica. Le linee guida del 2018 impongono inoltre la documentazione dettagliata degli incidenti e dei malfunzionamenti registrati durante le sperimentazioni.
- **Omologazione formale**: Attualmente, per la vendita al pubblico di veicoli con funzionalità autonome avanzate, la Cina sfrutta il sistema di omologazione per modelli di produzione gestito dal MIIT (simile al processo di omologazione europeo: ogni nuovo modello deve ottenere una licenza). Attualmente, solo i sistemi di Livello 3 sono disponibili su vetture di serie e vengono approvati come sistemi di assistenza alla guida con limiti operativi precisi. Per i veicoli di Livello 4 e 5, la Cina sta lavorando a un adeguamento normativo, ma nel frat-

tempo ne limita l'utilizzo a progetti pilota e servizi specifici (es. navette a bassa velocità o robotaxi operanti in aree georeferenziate con supervisione remota).
- **Sicurezza e infrastruttura**: un elemento distintivo della strategia cinese è l'enfasi sulla tecnologia *Vehicle-to-Infrastructure* (V2X). I test su veicoli autonomi spesso si svolgono su strade dotate di sensori avanzati e sistemi di comunicazione dedicati, e si prevede che i futuri standard tecnici includano la certificazione congiunta veicolo-infrastruttura. Inoltre, alcuni requisiti cinesi potrebbero prevedere l'uso obbligatorio di mappe digitali certificate e sistemi di posizionamento conformi agli standard nazionali.

4.5.3 Best practice

L'approccio cinese si distingue per una **visione strategica di lungo periodo**, che mira a commercializzare veicoli autonomi di Livello 4 entro il 2025. Questo obiettivo è supportato da un coordinamento centralizzato che integra normativa, standardizzazione e sviluppo infrastrutturale.

Analogamente agli USA, la Cina delega alle grandi città la sperimentazione su strada, consentendo di maturare esperienza operativa in scenari reali. Ad esempio, Pechino ha introdotto un **sistema di valutazione a punteggio** per le aziende di robotaxi, penalizzando le violazioni e prevedendo la revoca delle licenze in caso di inadempienze gravi. Questa flessibilità adattiva rappresenta una best practice che permette di evolvere i requisiti di sicurezza parallelamente ai progressi tecnologici.

Particolare attenzione viene dedicata alla raccolta, gestione e analisi dei dati, un aspetto cruciale nel contesto dei veicoli autonomi, i quali generano informazioni sensibili su ambiente e utenti. Normative come **il Several Provisions on Automotive Data Security (Trial)** del 2021 impongono che dati sensibili (es. volti, targhe, geolocalizzazione) siano conservati e trattati esclusivamente per finalità di sicurezza, riflettendo l'approccio cinese al controllo e alla protezione delle informazioni.

4.5.4 Lacune

L'assenza di un quadro normativo definitivo comporta la mancanza di una legge nazionale sulla circolazione dei veicoli senza conducente, generando incertezze nel riconoscimento reciproco dei permessi tra città e province. Inoltre, l'attenzione normativa si concentra prevalentemente sul Livello 4 (automazione avanzata in condizioni specifiche), mentre il Livello 5 non rientra nelle strategie di breve termine, in attesa di progressi tecnologici e verifiche di sicurezza.

Permangono incertezze in merito alla copertura assicurativa e alla responsabilità civile e penale. La Cina, pur allineandosi ai livelli SAE [4] e monitorando gli sviluppi del WP.29 UNECE [14], potrebbe sviluppare standard proprietari per tecnologie di comunicazione, con possibili divergenze tecniche rispetto a UE e USA (es. protocolli V2X differenti), imponendo adeguamenti ai veicoli destinati all'esportazione.

4.6 Giappone – "approccio prudenziale"

Il Giappone, firmatario della Convenzione di Vienna [16], ha adattato il proprio quadro normativo per consentire livelli progressivi di automazione:

- **Livello 3**: Con l'*Act No. 20 of 2019,* in vigore da aprile 2020, è stata legalizzata la guida autonoma di Livello 3 su strade pubbliche. La normativa (emendamento del Road Traffic Act) definisce gli obblighi per i conducenti che utilizzano sistemi autonomi L3, come la conservazione dei dati registrati dal veicolo (scatola nera) e la ripresa immediata del controllo su richiesta. Parallelamente, il *Road Transport Vehicle Act* è stato aggiornato per stabilire standard tecnici per la certificazione dei veicoli L3;
- **Livello 4**: Nell'aprile 2022 è stato approvato l'Act No. 32 of 2022, in vigore da aprile 2023, che introduce un sistema di permessi per sperimentazioni indipendenti di Livello 4, autorizzando l'esercizio di veicoli senza conducente di sicurezza a bordo in aree limitate e con servizi specifici. Il governo mira a implementare servizi di navette autonome di livello L4 per comunità rurali entro il 2025 (fino a 40 località), sotto controllo remoto umano;
- **Livello 5**: Attualmente non è consentito sulle strade pubbliche.

4.6.1 Procedure di test e certificazione

Il Giappone adotta un ***approccio prudenziale***, con forte coinvolgimento delle autorità sin dalle fasi di test.

I test di navette autonome a bassa velocità vengono condotti tramite autorizzazioni specifiche. Le sperimentazioni L4 richiedono il nulla osta della polizia stradale (NPA) e del ministero dei trasporti (Ministry of Land, Infrastructure, Transport and Tourism, MLIT), previa valutazione dei piani di test, analisi del rischio e rispetto di standard tecnici dettagliati.

I veicoli L4 devono soddisfare i requisiti di sicurezza del Road Transport Vehicle Act [25] (es. sistemi di sterzo automatico ridondanti, protocolli di comunicazione) e disporre di un sistema di monitoraggio remoto (remote assistance) con operatori qualificati. Sono imposte limitazioni di velocità (~50 km/h) e percorsi geofenced predefiniti, vincolando l'operatività del veicolo a specifiche condizioni ambientali.

Sul fronte della certificazione, il Giappone già omologa veicoli con sistemi avanzati L3 e richiede, per gli L4, la conformità agli standard di sicurezza giapponesi (equivalenti UNECE), con obblighi di registrazione dati e indicatori visivi. La NPA ha stabilito linee guida per l'interazione con i sistemi autonomi: nel Livello 3, il conducente deve essere pronto a riprendere il controllo immediatamente, mentre nel Livello 4, senza conducente a bordo, i requisiti si spostano sull'operatore remoto, che deve garantire protocolli d'emergenza e fermo sicuro automatico.

4.6.2 Best Practice

Il Giappone adotta un approccio cauto e orientato ai servizi, privilegiando la guida autonoma per il trasporto pubblico (bus navetta, robot-taxi) rispetto all'uso privato. Questo modello riduce i rischi, poiché i veicoli operano in contesti controllati e con operatori professionali.

A livello normativo, viene assicurata la coerenza tra il Road Traffic Act (codice della strada) e il Road Transport Vehicle Act (standard costruttivi), aggiornati simultaneamente con l'Act No. 32/2022. A livello governativo, sono stati istituiti organi consultivi (Study Group on Automated Driving) che coinvolgono industria, accademia e amministrazioni locali per monitorare l'evoluzione normativa.

4.6.3 Lacune

L'approccio prudenziale, simile a quello UE, rallenta lo sviluppo del Livello 5 e genera certamente un ritardo nell'adozione di veicoli autonomi privati su larga scala.

4.7 Analisi comparativa del contesto internazionale

Con riferimento ai diversi contesti internazionali esaminati, risulta evidente che è sempre richiesto che il veicolo a guida autonoma raggiunga un livello di sicurezza equivalente o superiore a quello dei veicoli tradizionali, prima di poterne autorizzare un utilizzo diffuso.

È evidente la consapevolezza dell'importanza di cybersecurity, grazie ad aggiornamenti software sicuri e gestione dei dati, riflessa ad esempio nei requisiti UE e cinesi, e nelle linee guida USA.

È condiviso anche l'approccio cautelativo di privilegiare l'impiego di veicoli autonomi in ambiti circoscritti (aree geografiche limitate, determinati scenari d'uso) prima di espandersi ovunque, per mitigare i rischi e studiarne la performance.

L'UE e il Giappone hanno adottato un quadro normativo chiaro, con approccio ex ante per il quale la certificazione e i relativi permessi vanno conseguiti prima dell'utilizzo in ambito pubblico, mentre gli USA privilegiano un approccio ex post con sorveglianza e intervento solo in caso di problemi. La Cina combina elementi di entrambi i contesti con regole chiare per i test ed un rigido controllo governativo, privilegiando la sperimentazione locale.

Un'altra differenza emersa a livello internazionale è l'approccio alla standardizzazione. L'UE impone standard tecnici dettagliati (spesso sviluppati in sede UNECE), gli USA lasciano alle aziende la scelta della tecnologia da usare purché sicura, la Cina valuta l'adozione di standard proprietari e il Giappone applica normative internazionali adattandole ai contesti di servizio.

4.7.1 Best Practice internazionali

Dall'analisi condotta fin qui emergono alcune best practice chiave, che potrebbero convergere in un quadro regolatorio globale:

- **armonizzazione internazionale**,
- **sicurezza**,
- **aggiornamento normativo dinamico**.

In particolare, L'UE ha adottato l'approccio di regole comuni transfrontaliere sviluppando regolamenti globali per ADS. Proprio con UNECE WP.29 [14] – Forum mondiale per l'armonizzazione delle regolazioni sui veicoli – nel 2022, è stata aggiornata la Convenzione di Vienna [16] per chiarire l'uso di sistemi automatizzati. La sinergia in ambito UNECE, con il coinvolgimento di gruppi di lavoro FRAV – *Functional Requirements for Automated Vehicles* e VMAD – *Validation Methods for Automated Driving*, mira a definire un regolamento UNECE dedicato al Livello 4/5 per i requisiti tecnici e di prova accettati in molte giurisdizioni, con l'obiettivo di facilitare l'omologazione reciproca.

Quanto al tema sicurezza, una best practice è sicuramente rappresentata dalla imposizione di "Safety Case" robusto da parte del produttore (documentazione che spiega perché il veicolo è sicuro, con evidenze da simulazioni, test e analisi) e al contempo dati di guida reale per validare modelli e assunzione utili alla omologazione dei veicoli. La combinazione dell'approccio europeo di *comprehensive safety assessment* e quello americano di raccolta dati dai test reali rappresentano una valida soluzione, in tal senso.

Infine, relativamente alla normativa, è evidente che è necessario che sia aggiornata con continuità, in maniera dinamica, per seguire la rapida evoluzione della guida autonoma e delle tecnologie coinvolte. Normative troppo rigide rischiano di diventare obsolete e di frenare le innovazioni. Gli USA enfatizzano la neutralità tecnologica, mentre l'UE prevede deleghe alla Commissione per aggiornare requisiti tecnici rapidamente.

Una best practice è adottare ***norme "dinamiche e agili"***, dove le autorità possono aggiornare liste di scenari di test, requisiti di software, ecc., man mano che emergono nuove conoscenze ed applicazioni. Ciò andrebbe affiancato da comitati consultivi con esperti industriali e accademici per rivedere periodicamente le regole.

L'esperienza dei quattro mercati analizzati e delle sperimentazioni limitate, mediante autorizzazioni speciali in UE, test state-by-state in USA, zone pilota in Cina e servizi dimostrativi in Giappone, riassumibile nel principio di Sandbox e progetti pilota rappresenta certamente una Best Practice. L'approccio *sandbox*, che prevede sperimentazioni regolamentate con deroghe temporanee, si dimostra infatti, una best practice efficace per testare innovazioni in sicurezza.

Infine, la trasparenza e il coinvolgimento pubblico risultano essenziali per costruire fiducia negli utenti, facilitando l'adozione diffusa della guida autonoma. La consultazione pubblica e la pubblicazione di report degli incidenti: aiutano a costruire fiducia nell'utilizzatore quale presupposto fondamentale per la diffusione dei veicoli a guida autonoma.

4.7.2 Lacune regolatorie e ostacoli all'implementazione globale

Nonostante i progressi, emergono chiare lacune comuni da colmare per arrivare ad un'implementazione su scala globale del Livello 5 ed alla sua diffusione nel breve termine:

- disomogeneità normativa
- standard tecnico incompleto
- responsabilità dell'assicurazione
- infrastruttura ed interoperablità
- etica e accettazione
- Aggiornamenti software e compliance continua

La Disomogeneità normativa e L'assenza di un quadro federale USA, per esempio, comporta che un costruttore deve adeguarsi Stato per Stato, mentre in UE basta l'omologazione unica. A livello globale, non vi è ancora mutuo riconoscimento: un veicolo omologato UE non può automaticamente circolare negli USA o Cina senza ri-valutazione, e viceversa. Questo frena la scalabilità commerciale e aumenta i costi di testing e modifiche.

Un veicolo Livello 5 imparerà e migliorerà nel tempo con aggiornamenti (anche di machine learning). Normative tradizionali statiche faticano a gestire un prodotto che cambia dopo l'omologazione. L'UE ha iniziato a occuparsene richiedendo un sistema di update approvato e poteri di ritiro se un update compromette la sicurezza, mentre in altri contesti la situazione è differente.

Risulta necessario creare processi regolati per la ricertificazione dopo aggiornamenti software critici e per la condivisione delle scoperte da dati sul campo.

L'obiettivo del Livello 5 porta sfide nuove con la gestione di situazioni estremamente complesse, la interazione con esseri umani non prevedibili, decisioni etiche in casi di incidente.

Le attuali normative trattano in buona parte scenari strutturati (es. autostrada per L3, parcheggi per valet), ma occorre sviluppare standard di prova per edge cases, metriche di sicurezza (ad es. tasso di incidenti per milione di km) condivisi globalmente evitando che ogni Paese possa richiedere test differenti.

Lo Standard tecnico risulta incompleto e manca un consenso su come provare che un L5 è abbastanza sicuro.

In termini tecnici, un Livello 5 globale richiede infrastrutture capaci di supportarlo, dalla cartografia ad alta definizione, alla connettività 5G e satellitare per aggiornamenti e comunicazioni. Un veicolo L5 deve integrarsi con vari sistemi ed in assenza di standard minimi di infrastruttura stradale, la interoperabilità infrastruttura-veicolo risulta di difficile attuazione.

Un ulteriore ostacolo alla diffusione dei veicoli L5 riguarda la Responsabilità e assicurazione.

Molte giurisdizioni non hanno ancora adattato le leggi assicurative e non hanno espresso chiarezza su rischi e premi.

L'UE sta esplorando una revisione della Product Liability Directive per tenere conto dell'AI ed, almeno nella prima fase, i legislatori dovranno forse creare fondi o schemi assicurativi ad hoc per la transizione come fatto per danni da veicoli non assicurati. Un ostacolo correlato è la responsabilità penale e la certezza del diritto: se un L5 sbaglia, c'è un problema di fondo nel tradurre concetti legali di "colpa" o "dolo" a una macchina.

In sintesi, si è prima descritto come l'evoluzione e l'armonizzazione del contesto normativo internazionale impatti sull'implementazione su scala globale dei veicoli a guida totalmente autonoma, con alcuni punti di rilievo che possono essere ben sintetizzati da una analisi di tipo SWOT: si tratta in generale di strumento di analisi mutuato dalle tecniche gestionali di contesti aziendali, utile per la pianificazione strategica poiché permette identificare i punti di forza, le debolezze, le opportunità e le minacce che caratterizzano l'oggetto di analisi, fornendo così una visione chiara dei fattori interni ed esterni che influenzano il successo. Applicata a quanto prima dettagliato in questo capitolo, l'analisi porta ai risultati forniti in Tab. 4.1.

Tabella 4.1 Analisi SWOT sull'impatto dell'evoluzione sul contesto normativo internazionale sui veicoli a guida autonoma

Positivo	***Negativo***
Fattori interni	
Strengths/Punti di Forza	*Weaknesses/Debolezze*
– Esperienze internazionali consolidate (UE, USA, Cina, Giappone) – Iniziative finanziate per sviluppare infrastrutture (C-ITS, Connecting Europe Facility) – Normative ben definite (tassonomia SAE dei livelli di automazione)	– Disparità nella preparazione infrastrutturale tra paesi – Eterogeneità nell'adeguamento delle strade per la guida autonoma – Necessità di investimenti coordinati per garantire un'implementazione efficace
Fattori esterni	
Opportunities/Opportunità	*Threats/Minacce*
– Potenziale di adottare best practice a livello internazionale – Espansione della rete 5G per comunicazioni affidabili e veloce – Integrazione sicura dei veicoli autonomi nelle infrastrutture già esistenti	– Ostacoli normativi e lacune che frenano lo sviluppo globale – Resistenze locali all'implementazione di tecnologie innovative – Rischi legati alla sicurezza e alla privacy dei dati in un sistema interconnesso

Riferimenti bibliografici

1. C-ITS Platform (2016) Platform for the deployment of cooperative intelligent transport systems in the EU (E03188). C-ITS Platform Final Report, DG MOVE – DG Mobility and Transport, Brussels
2. European Commission (2020) Connecting European Facility (CEF) Transport grants 2014 – 2020. https://ec.europa.eu/inea/connecting-europe-facility/cef-transport/projects-by-country
3. Europe on the MOVE. Factsheet Connected & automated mobility: for a more competitive Europe. https://ec.europa.eu/commission/presscorner/detail/en/ip_18_3708
4. Society of Automotive Engineers (SAE) (2018) Taxonomy and definitions for terms related to driving automation systems for on-road motor vehicles (SAE J3016)
5. Linee guida e norme USA: USDOT Federal AV Policy (201c), NHTSA ADS 2.0-4.0 (2017–2020); Aggiornamento FMVSS Occupant Protection (2022); Reuters/NHTSA release.
6. Regolamento (UE) 2018/858 del Parlamento Europeo e del Consiglio, del 30 maggio 2018, relativo all'omologazione dei veicoli a motore e dei loro rimorchi.
7. Regolamento (UE) 2019/2144 del Parlamento Europeo e del Consiglio, del 27 novembre 2019, relativo ai requisiti di sicurezza generali per i veicoli a motore.
8. Regolamento (UE) 2022/1426 della Commissione Europea, del 5 agosto 2022, relativo alle specifiche tecniche per i sistemi di guida automatizzata (ADS).
9. Regolamento (UE) 2022/2236 della Commissione Europea, del 13 dicembre 2022, che stabilisce requisiti tecnici per veicoli automatizzati.
10. Regolamento UNECE UN R155, relativo alla cybersecurity nei veicoli connessi.
11. Regolamento UNECE UN R156, relativo agli aggiornamenti software nei veicoli autonomi.
12. International Organization for Standardization (ISO) (2018) Road vehicles – Functional safety (ISO 26262)
13. International Organization for Standardization (ISO) (2021) Safety of the Intended Functionality (SOTIF) (ISO 21448)
14. UNECE WP.29 GRVA initiative: Revised Framework document on automated/autonomous vehicles. https://docs.un.org/en/ECE/TRANS/WP.29/2019/34/REV.2
15. Regolamento UNECE UN R157, relativo ai sistemi di mantenimento della corsia automatizzati (Automated Lane Keeping Systems, ALKS).
16. Convenzione di Vienna sulla circolazione stradale, 8 novembre 1968e ss.mm.ii. (art 34-bis introdotto 14 luglio 2022)
17. H.R.3388 – Self Drive Act 115th Congress (2017–2018). To amend title 49, United States Code, regarding the authority of the National Highway Traffic Safety Administration over highly automated vehicles, to provide safety measures for such vehicles, and for other purposes. Available at https://www.congress.gov/bill/115th-congress/house-bill/3388/text
18. S. 1885 – AV START Act 115th Congress S. 1885 [Report No. 115–187] To support the development of highly automated vehicle safety technologies, and for other purposes, (2017–2018). https://www.congress.gov/bill/115th-congress/senate-bill/1885/text
19. USDOT. Federal Automated Vehicles Policy – September 2016. https://www.transportation.gov/AV/federal-automated-vehicles-policy-september-2016
20. (2017) USDOT. Automated Driving Systems 2.0: A Vision for Safety. https://www.transportation.gov/policy-initiatives/automated-vehicles/automated-driving-systems-vision-safety
21. (2018) USDOT. Preparing for the Future of Transportation: AV 3.0. https://www.transportation.gov/av/3
22. (2020) USDOT. Ensuring American Leadership in AV Tech: AV 4.0. https://www.transportation.gov/av/4
23. ANSI/UL 4600:2020. Standard for Evaluation of Autonomous Products (2020)
24. Normative Cina: Regole test 2018; Strategia 2020 (NDRC); Agg. legislativi MIIT/MPS 2021–22; Reuters (China lays out self-driving rules, 2018).
25. Normative Giappone: Road Traffic Act Amendments 2019e 2022; NPA Japan summary; Library of Congress report; notizie su entrata in vigore L4 (aprile 2023).

Capitolo 5
L'Operational Design Domain per i sistemi di mantenimento in corsia dei veicoli a guida autonoma

Abstract L'Operational Design Domain (ODD) rappresenta un elemento cruciale per garantire la funzionalità dei sistemi avanzati di assistenza alla guida (ADAS). Questo capitolo presenta il quadro generale della definizione dell'ODD per i veicoli automatici e analizza anche con dati sperimentali i fattori relativi all'infrastruttura, alle condizioni ambientali nell'ambito del ODD per i sistemi ADAS di mantenimento in corsia (Lane Support Systems, LSS).

5.1 L'Operational Design Domain (ODD) per i sistemi avanzati di assistenza alla guida (ADAS)

Il passaggio verso un sistema di guida automatica è guidato dai numerosi benefici potenziali della tecnologia, come ad esempio una maggiore sicurezza, una riduzione della congestione del traffico, una diminuzione delle emissioni e una potenziale maggiore mobilità per coloro con limitazioni alla guida. Per realizzare questi benefici, è essenziale che tale tecnologia sia introdotta in modo efficiente e sicuro. Gli obiettivi UE sono di ridurre del 50% gli incidenti e le relative vittime entro il 2030, arrivando poi al 2050 con zero morti sulle strade anche grazie all'avanzamento tecnologico di cui i veicoli automatici e connessi rappresentano una componente chiave. Secondo studi condotti da ACI e dal Politecnico di Torino, gli ADAS possono infatti prevenire il 60% degli incidenti ed evitare quasi un tamponamento su due.

La classificazione SAE dell'automazione di guida per i veicoli su strada [1], mostrata nella Fig. 5.1, è pensata per chiarire il ruolo di un conducente umano, se presente, durante l'operazione del veicolo. La prima condizione discriminante è il monitoraggio dell'ambiente stradale. Nel caso di nessuna automazione fino all'automazione parziale (livelli 0–2), l'ambiente è monitorato da un conducente umano, mentre per gradi più elevati di automazione (livelli 3–5), il veicolo diventa responsabile di tale monitoraggio.

F. Autelitano et al., *Le SMART ROAD - Stato dell'arte e scenari futuri*,
https://doi.org/10.1007/978-3-031-96144-1_5

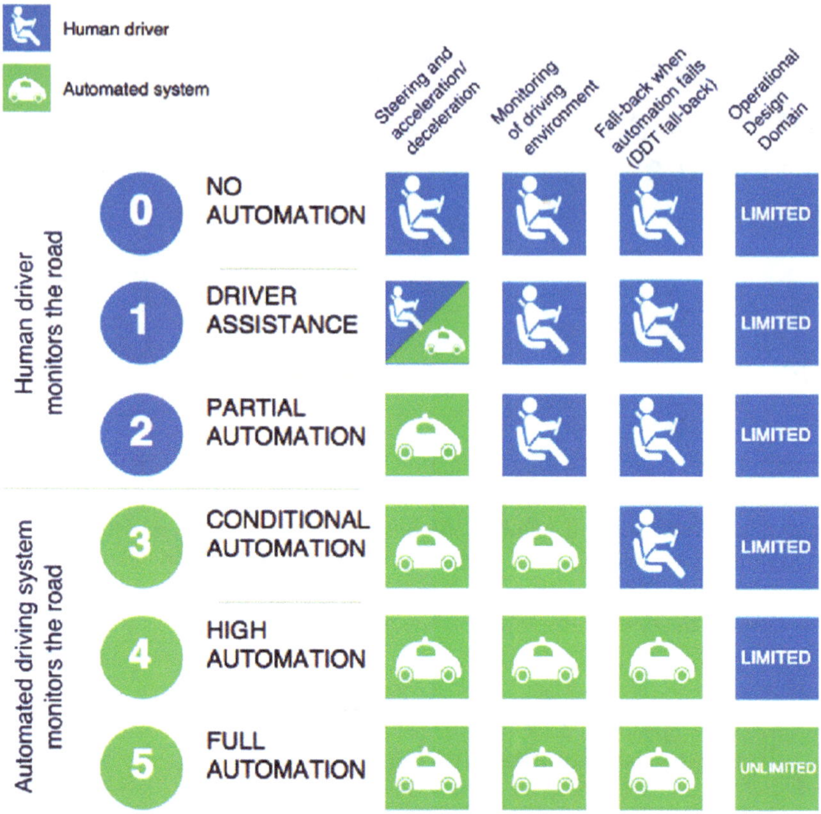

Figura 5.1 SAE J3016 livelli di automazione [1]

La presenza di veicoli di livello 1 e 2 è già una realtà, in quanto a partire dal 7 luglio 2024, tutte le auto di nuova omologazione sono state adeguate al Regolamento UE 2019/2144 [2] che prevede di montare di serie vari dispositivi automatici di assistenza alla guida (ADAS). Inoltre, dal 2025, tutte le auto di nuova immatricolazione dovranno essere dotate dei seguenti ADAS:

1. controllo adattivo della velocità – Adaptive Cruise Control (ACC) – Aumenta o diminuisce la velocità di marcia, garantendo costantemente il mantenimento della distanza di sicurezza del veicolo rispetto a quello che lo precede;
2. sistema anticollisione – Collision Avoidance (CA) – Rileva la presenza di ostacoli ed è in grado di ridurre i possibili danni di un urto o evitarli completamente frenando l'autovettura in modo autonomo;
3. avviso di collisione frontale – Forward Collision Warning (FCW) – Segnala la presenza di un ostacolo davanti all'auto;
4. avviso di deviazione dalla corsia – Lane Departure Warning (LDW) – Avverte il conducente che sta per superare la linea della carreggiata attraverso un segnale

acustico o una vibrazione, nel caso in cui non sia stata attivata la freccia per il cambio corsia;
5. mantenimento di corsia – Lane Keeping System (LKS) – Rileva l'avvicinamento ad una linea di demarcazione della carreggiata o della corsia e, oltre ad avvisare con segnale acustico o vibrazione, corregge la traiettoria qualora l'automobilista non riporti l'auto nella carreggiata corretta;
6. frenata automatica di emergenza – Automatic Emergency Braking (AEB) – Consente di frenare automaticamente quando le telecamere e i sensori rilevano la presenza di ostacoli e una reazione nulla o insufficiente da parte del guidatore;
7. riconoscimento della segnaletica stradale – Traffic Sign Recognition (TSR) – Serve a riconoscere i segnali stradali e segnalarli all'automobilista, nel caso in cui gli fossero sfuggiti;
8. assistenza intelligente alla velocità – Intelligent Speed Adaptation (ISA) – È un sistema che "legge" i cartelli dei limiti di velocità e avverte l'automobilista con un segnale visivo, sonoro o entrambi. L'ISA non interviene sul motore o sui freni, ma lascia al conducente la libertà di scegliere se rallentare o meno. Il sistema può essere comunque disattivato;
9. Alcolock – Sfruttando una serie di sensori, impedisce l'accensione del motore in caso fosse rilevato che il conducente presenti un tasso alcolemico superiore al consentito. Per questo particolare ADAS la normativa non prevede l'obbligo di installazione del dispositivo, ma è obbligatoria la predisposizione del veicolo alla sua possibile installazione;
10. Registratore di dati evento (Scatola nera) – È un dispositivo che serve a raccogliere e conservare i dati relativi agli incidenti stradali e alle condizioni del veicolo prima, durante e dopo un eventuale incidente. Tra i dati registrati ci sono la velocità, la frenata, la posizione e l'orientamento del veicolo, lo stato e l'uso dei sistemi di sicurezza, l'azione del freno e altri parametri rilevanti dei sistemi di bordo;
11. Rilevamento ostacoli in retromarcia – La nuova normativa prevede l'obbligo di montare un sistema di rilevamento ostacoli durante le manovre di retromarcia che viene ad integrare il sistema di rilevamento angoli ciechi aumentando la sicurezza intrinseca dell'autoveicolo;
12. Monitoraggio degli angoli ciechi – Blind Spot Assist – Permette all'automobilista di tenere sotto controllo gli angoli ciechi nella parte anteriore, intorno agli specchietti laterali. Serve a coprire quella porzione di spazio non riflessa dagli specchietti, in cui si crea il rischio di incidente quando si inizia a sorpassare.

Un altro criterio discriminante nella classificazione dei livelli di automazione è la limitazione dell'Operational Design Domain (ODD). L'ODD rappresenta l'ambiente operativo all'interno del quale lo specifico sistema e il veicolo nel suo insieme può eseguire in modo sicuro la task di guida dinamica (DDT). In particolare, dalla Fig. 5.1 si evince che sino al livello 4 è ammessa la possibilità di ODD limitato. Inoltre, in caso di fuoriuscita del veicolo dal suo ODD, ai diversi livelli di automazione cambia la responsabilità per i meccanismi di fallback del DDT. I sistemi di automa-

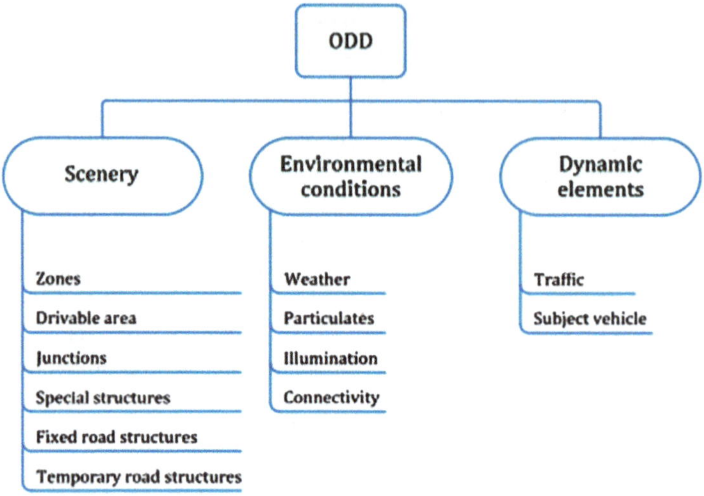

Figura 5.2 Struttura gerarchica degli attributi ODD [3]

zione ai livelli 4–5 prevedono il fallback all'automazione, mentre per i bassi livelli di automazione (livelli 1–3) il conducente umano è completamente responsabile del fallback.

Da tale quadro si evince come un aspetto chiave dell'uso sicuro della tecnologia dei veicoli a guida automatica è la definizione delle sue capacità e limitazioni e la comunicazione chiara di queste all'utente finale, portando a uno stato di "sicurezza informata". Il primo passo è la definizione del Operational Design Domain (ODD) di ogni componente ADAS.

A proposito del ODD, il documento BS ISO 34503:2023 [3] fornisce una tassonomia per la definizione del Dominio di Progettazione Operativa (ODD) dei sistemi di guida automatica, applicabile a quelli di livello 3 e 4, ma concettualmente estensibile anche agli ADAS nei livelli 1 e 2.

La tassonomia ODD si articola in tre attributi principali (Fig. 5.2):

a. Scenery (Ambiente Fisico): include elementi non mobili come strade e semafori.
b. Environmental Conditions (Condizioni Ambientali): includono condizioni meteorologiche e atmosferiche.
c. Dynamic Elements (Elementi Dinamici): includono elementi mobili come traffico e veicoli.

L'***ambiente fisico*** deve essere classificato nei seguenti attributi:

a) zone;
b) area percorribile;
c) intersezioni;
d) strutture speciali;
e) strutture stradali fisse;
f) strutture stradali temporanee.

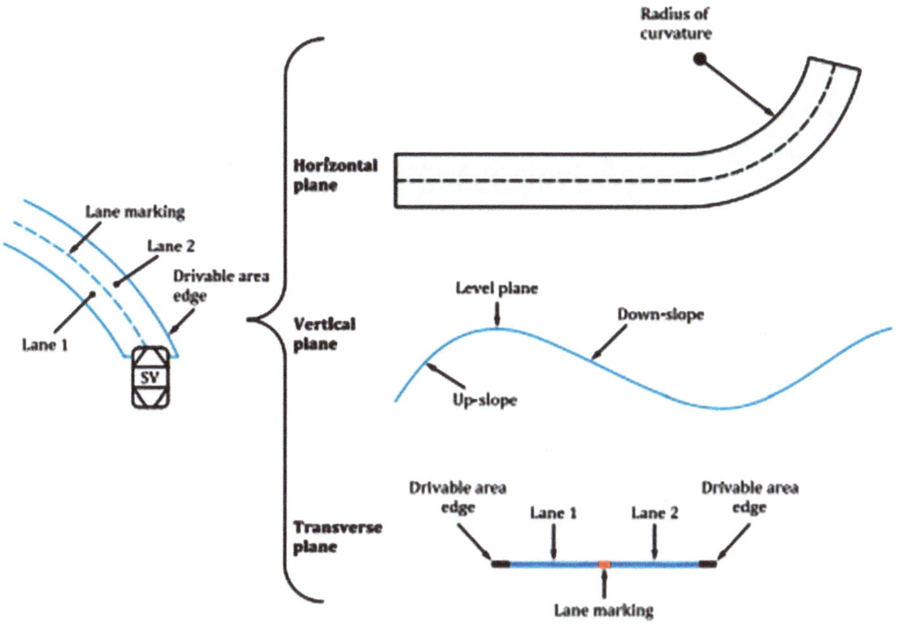

Figura 5.3 Configurazioni geometriche dell'area percorribile [3]

Le *zone* includono configurazioni stradali speciali che possono differire dalle condizioni tipiche di guida, o aree con regolamenti di guida specifici o condizioni ambientali e classificate nei seguenti attributi:

a) aree delimitate geograficamente;
b) zone di gestione del traffico;
c) zone scolastiche;
d) regioni o stati;
e) zone di interferenza, ad esempio fitta vegetazione o perdita del segnale di posizionamento a causa di edifici alti.

L'*area percorribile* deve essere classificata nei seguenti attributi (Fig. 5.3):

a) tipo di area percorribile (autostrade, strade radiali, strade di distribuzione, strade minori, strade di accesso, parcheggi, spazi condivisi).
b) geometria dell'area percorribile (piano orizzontale, piano trasversale, piano longitudinale);
c) specifiche della corsia dell'area percorribile (dimensioni della corsia, segnaletica orizzontale, tipo di corsia, numero di corsie, direzione di marcia);
d) segnalazioni dell'area percorribile (segnaletica di indicazione, di prescrizione e di pericolo);
e) bordo dell'area percorribile (tipologia di linea, banchina asfaltata o ghiaiosa, banchina (erbosa), barriere, tipologia di linea temporanea);
f) superficie dell'area percorribile sia in termini di tipologia (sciolta, segmentata, uniforme) che di condizioni (ghiacciata, allagata, innevata, bagnata).

Le *intersezioni* si distinguono in incroci e rotatorie. Le rotatorie devono essere classificate nei seguenti attributi: normali, compatte, doppie, grandi e mini, specificando la presenza o meno della semaforizzazione [4]. Gli incroci si classificano come: intersezioni a T, sfalsate, a Y, a croce, a livelli separati.

Le *strutture speciali* devono essere classificate in: controllo automatico degli accessi, ponti, attraversamenti pedonali, passaggi a livello ferroviari, gallerie, caselli autostradali.

Le *strutture stradali fisse* devono essere classificate in edifici, illuminazione stradale, arredo urbano e vegetazione mentre le *temporanee* sono le deviazioni per cantieri stradali e la segnaletica temporanea.

Le **condizioni ambientali** si distinguono in condizioni meteo, particolato, illuminazione e connettività.

a) **Condizioni meteorologiche**
La velocità del *vento* deve essere specificata in unità di m/s. Deve essere caratterizzata come una media su un intervallo di tempo specificato (raccomandato da 2 a 10 minuti) e come un valore di raffica in m/s, che rappresenta il valore massimo di una media mobile su 3 secondi della velocità del vento. È possibile utilizzare la scala Beaufort per categorizzare il vento in base alla sua velocità (da calmo a uragano).
L'intensità della *pioggia* deve essere specificata in unità di mm/h (da pioggia leggera con tasso di precipitazione è $< 2{,}5$ mm/h a nubifragio quando il tasso di precipitazione è > 100 mm/h). Devono essere indicati anche l'intervallo temporale e la scala spaziale su cui è stata definita l'intensità. La pioggia può mostrare una significativa variabilità naturale nel tempo (secondi) e nello spazio (da decine a migliaia di metri). Il grado di impatto sui sistemi dei veicoli connessi e autonomi (CAV) potrebbe dipendere anche da come il volume dell'acqua piovana è distribuito tra diverse dimensioni delle gocce di pioggia. Pertanto, la specifica delle soglie di pioggia all'interno della definizione dell'ODD dovrebbe includere informazioni che supportino un'interpretazione appropriata (ad esempio l'intensità media della pioggia misurata da un pluviometro meteorologico su un periodo di un minuto o l'intensità media della pioggia in un pixel di radar meteorologico di dimensioni specificate in km).
L'intensità delle *nevicate* deve essere determinata in base alla visibilità percepita dall'essere umano, dove è chiaro che la visibilità è influenzata esclusivamente dalla neve, e deve essere classificata come neve leggera se la visibilità è superiore a 1 km, neve moderata se le restrizioni alla visibilità sono comprese tra 0,5 km e 1 km, neve intensa se la visibilità è inferiore a 0,5 km.

b) **Particolato**
L'impatto delle piccole particelle sospese nell'aria sulla percezione sensoriale viene comunemente espresso in termini di "visibilità". Poiché la visibilità è correlata alla percezione umana, è applicabile direttamente solo ai sensori che operano a lunghezze d'onda visibili all'occhio umano. Il grado di oscuramento dipenderà dalla quantità di particolato, dalla lunghezza d'onda del senso-

re e anche dalla composizione e distribuzione dimensionale delle particelle in questione.
Il particolato deve essere classificato nei seguenti attributi:

- marino (solo aree costiere);
- gocce d'acqua non precipitanti o cristalli di ghiaccio;
- sabbia e polvere;
- fumo e inquinamento;
- cenere vulcanica.

c) **Illuminazione**
Gli impatti dell'illuminazione possono essere sia benefici (ad esempio migliorando la visibilità degli obiettivi), sia dannosi (ad esempio a causa di rapidi cambiamenti nelle ombre o nell'abbagliamento). L'illuminazione deve essere classificata nei seguenti attributi:

- *Giorno* (illuminamento ambientale è superiore a 2000 lx) in funzione dell'elevazione del sole sopra l'orizzonte (come intervallo in gradi) e della posizione del sole (davanti, dietro, sul lato destro o sinistro);
- *Notte* (illuminamento ambientale è inferiore a 1 lx) o condizioni di scarsa illuminazione ambientale (quando la luce ambientale si trova tra il giorno e la notte);
- *Nuvolosità*, espressa come sereno (nessuna possibilità che le nuvole oscurino completamente o parzialmente il sole), parzialmente nuvoloso (qualche possibilità di un percorso diretto della luce solare verso il veicolo autonomo (CAV) tra le nuvole), coperto (nessuna apertura nel cielo). È possibile classificare la copertura nuvolosa in funzione dell'unità di misura "okta" (sereno: cielo limpido: 0–1 okta; parzialmente nuvoloso: poche nuvole: 1–2 okta; parzialmente nuvoloso: nuvole sparse: 3–4 okta; parzialmente nuvoloso: nuvole frammentate: 5–7 okta; coperto: 8 okta).
- *Illuminazione artificiale.*

d) **Connettività**
La connettività indica la capacità di un veicolo di ricevere dati da e/o trasmettere dati a un sistema esterno per determinare la posizione o comunicare con altri veicoli e con l'infrastruttura più ampia. La connettività è sempre più vista come un elemento chiave per l'autonomia. Ad esempio, alcuni sistemi, per eseguire il loro compito dinamico di guida (DDT), dipendono da segnali di posizionamento o comandi di controllo inviati da un dispatcher tramite comunicazioni I2V (infrastructure-to-vehicle). Per il funzionamento sicuro di tali sistemi, la qualità dei dati e la latenza sono essenziali. Se la connettività è necessaria, gli attributi di connettività devono essere classificati come attributi di comunicazione e posizionamento.
La connettività deve essere classificata nei seguenti attributi:

- *Comunicazione*, che deve essere classificata in:
  comunicazione veicolo-veicolo (V2V);
  comunicazione veicolo-infrastruttura (V2I).

- *Posizionamento*, che deve essere classificato in:
  Galileo;
  Sistema globale di navigazione satellitare (GLONASS);
  Sistema di posizionamento globale (GPS).

Il V2X (che include V2V e V2I) deve essere classificato nei seguenti attributi:

- cellulare, ad esempio 2G, 2.5G, 3G, 4G, 5G;
- satellitare;
- WiFi basato su, ad esempio comunicazioni a corto raggio dedicate (DSRC) o sistemi intelligenti di trasporto (ITS-G5).

Gli **elementi dinamici** si distinguono in traffico e veicolo soggetto. Il traffico, composto da veicoli, ciclomotori e biciclette, deve essere classificato in: densità degli agenti; volume del traffico; tasso di flusso; tipo di agente; presenza di veicoli speciali (ad esempio ambulanze o veicoli della polizia). La velocità del veicolo soggetto deve essere un attributo aggiuntivo dell'ODD (Operational Design Domain) e può includere capacità comportamentali (ad esempio, capacità di cambiare corsia, svoltare a destra, svoltare a sinistra) come parte della definizione del loro ODD.

5.2 Definizione dell'Operational Design Domain (ODD) per i sistemi ADAS di mantenimento in corsia (LSS)

I sistemi avanzati di assistenza alla guida (ADAS) sono essenziali nella transizione verso livelli più elevati di automazione nella guida.

I sistemi di supporto alla corsia (LSS), rientrano tra quelli ormai obbligatori nei veicoli di nuova immatricolazione e forniscono un supporto nel mantenere il controllo laterale, aiutando i veicoli (L2+) o i conducenti (L1) a rimanere trasversalmente all'interno dei confini della corsia seguendone la traiettoria geometrica longitudinale. Questa tecnologia è particolarmente rilevante per le strade extraurbane dove gli incidenti per fuoriuscita dalla corsia (ROR) e gli scontri frontali si verificano più frequentemente per deviazioni involontarie della corsia a causa di affaticamento, distrazione o scarsa visibilità.

L'introduzione dei LSS offre una promettente contromisura tecnologica, funzionando come una banda rumorosa (rumble strip) virtuale rilevando i margini della corsia e avvisando il conducente (Livello 1) o correggendo attivamente lo sterzo (Livello 2 e superiori) in caso di superamento.

Mentre la tecnologia avanza rapidamente, la sua efficacia nel mondo reale dipende fortemente dall'interazione tra veicoli, conducenti e infrastrutture. Tuttavia, gli standard di certificazione esistenti [5, 6], si concentrano su condizioni ideali, come condizioni di luce diurna, pavimentazione asciutta, segnaletica stradale di buona qualità e raggi planimetrici superiori a 250 m.

Questi standard non tengono conto degli scenari reali difficili come segnaletica degradata, curve strette, limitazioni alla visibilità e traffico misto (Tab. 5.1).

Tabella 5.1 Standard di certificazione [5, 6]

ODD	ISO 17361:2017 (International Organization for Standardization, 2017)	EU standard (Commission Regulation (EU), 2012)
Road Surface	Dry and flat surface of asphalt or concrete	Flat, dry asphalt or concrete surface
Temperature	Between 10 °C and 30 °C	Between 0 °C and 45 °C
Visibility	Good horizontal visibility exceeding 1 km. daylight with illumination in excess of 2000 lx and no shadows	Visibility conditions that allow safe driving at the required test speed
Lane marking type	N.D.	According to national standards in EU countries. line width ranging from 10 to 30 cm
Lane marking quality	Good condition, according to the relevant national standard	Good condition and of a material conforming to the standard in the Mernber States
Lane width	N.D.	Greater than 3.5 m
Verge	N.D.	N.D.
Speed	N.D.	$\geq$ 65 km/h
Radius of curve	R $\geq$ 500 m for Class I; R $\geq$ 250 m for Class II	R $\geq$ 250 m

Di conseguenza, cresce la preoccupazione su quanto affidabilmente i LSS possano funzionare in queste condizioni meno ideali.

Nelle presenti e future condizioni di traffico misto, la segnaletica orizzontale dovrebbe essere "leggibile" sia dai conducenti umani che dai sistemi di visione artificiale. In tal senso, l'attenzione è stata posta principalmente sulla qualità della segnaletica, giungendo a raccomandazioni che una buona segnaletica stradale abbia un livello minimo di prestazione di 150 mcd/lux/m^2 in condizioni di asciutto e una larghezza di 150 mm per tutte le strade, mentre dovrebbe essere di 35 mcd/lux/m^2 per condizioni di bagnato. Inoltre, il problema più frequentemente citato dall'industria dei veicoli autonomi riguardo alle opportunità di infrastruttura stradale per supportare il dispiegamento dei veicoli autonomi è la mancanza di implementazione uniforme delle segnaletiche e dei segnali in tutto il mondo. In Europa, ad esempio, le segnaletiche non standard sono citate come un problema importante che affrontano i conducenti attuali e confondono i veicoli autonomi.

Parecchi studi [7–11] hanno comunque evidenziato la necessità di un approccio più ampio e coerente con la complessità dei fattori che possono condizionare l'ODD di un ADAS, come precedentemente descritto.

A tal fine, durante la progettazione della fase di controllo, il framework per il test dei sistemi ADAS può seguire due approcci differenti [7]:

1. Black-box testing: la funzionalità complessiva del sistema viene testata senza conoscere il design interno e l'implementazione di ciascun sottosistema;
2. White-box testing: la struttura interna o il funzionamento di ciascun sottosistema viene testato, anziché la sua funzionalità complessiva.

Il primo approccio consente una comprensione più immediata dei limiti prestazionali di un componente del sistema ADAS ai livelli 1 e 2, mentre il secondo è più adatto come fase iniziale di controllo per sistemi più complessi ai livelli 3 e superiori.

I test su strada aperta, effettuati su strade pubbliche, offrono un "laboratorio reale" per supportare il test e la valutazione di un ADAS, essendo complementari e validando i test su pista chiusa e quelli basati su modellazione e simulazione. Inoltre, espongono i sistemi a una varietà estremamente ampia di condizioni reali legate all'ODD.

Nel seguito si riporta l'approccio sperimentale e i risultati di studi condotti per l'analisi dei fattori contribuenti all'ODD di LSS in condizione reali.

5.3 Analisi sperimentale per la definizione dell'Operational Design Domain (ODD) per i sistemi ADAS di mantenimento in corsia (LSS)

La metodologia adottata per questa ricerca si basa su un'ampia raccolta di dati sperimentali, abbinata a un'analisi statistica robusta per valutare le prestazioni dei sistemi di mantenimento in corsia (LSS) in condizioni stradali e ambientali realistiche.

Pertanto, è stato progettato e condotto uno studio sperimentale su strada aperta per raccogliere un set completo di dati qualitativi finalizzati alla valutazione delle prestazioni del LSS in condizioni di guida reali. L'esperimento rappresenta un'applicazione dell'approccio black-box testing poiché prevede il monitoraggio diretto dell'output del LSS e non delle singole fasi di funzionamento del sistema basato su algoritmi di computer vision e AI. Queste strade sono state selezionate deliberatamente per riflettere varie condizioni, tra cui diversi raggi di curvatura, larghezze delle corsie e livelli di deterioramento della segnaletica e della pavimentazione, per catturare la piena variabilità incontrata negli scenari di guida reali.

Per affrontare le problematiche legate alla controllabilità, replicabilità e ripetibilità nei test su strada aperta, nell'impostazione sperimentale è stato applicato un approccio longitudinale, con misure ripetute in diverse condizioni ambientali e di guida in sezioni designate delle strade in oggetto. Inoltre, per risolvere i vincoli legati alla sicurezza e alle normative legali, durante il test il sistema LSS era operativo ma senza controllo o feedback al conducente.

La raccolta dei dati è stata condotta utilizzando due principali strumenti.

L'Automatic Road Analyzer (ARAN) è stato utilizzato per acquisire misure delle caratteristiche geometriche stradali (sezione trasversale, pendenze, geometria orizzontale e verticale), dati di inventario delle infrastrutture (es. segnaletica, barriere, accessi, ecc.) e irregolarità/deterioramenti del manto stradale (es. fessurazioni longitudinali, trasversali, a pelle di coccodrillo, ormaie, buche). Le larghezze della corsia, della banchina, del ciglio e della segnaletica orizzontale sono state rilevate dalle immagini ad alta definizione delle 3 telecamere con una precisione al centimetro. La curvatura orizzontale (1/R) è stata estratta interpolando la posizione del veicolo, mantenuta il più centrata possibile nella corsia durante il test e georiferita con precisione submetrica grazie a due ricevitori GPS accoppiati a un'unità di misura inerziale.

I dati raccolti dal Laser Cracking Measurement System (LCMS) hanno permesso il rilevamento e la classificazione automatica dei distress presenti sulla pavimentazione. Per questo studio, sono state considerate solo le fessurazioni longitudinali di media/alta gravità con larghezza superiore a 10 mm. La regolarità del manto risultava generalmente buona (Indice di Regolarità Internazionale, IRI = 2,6 m/km) e non sono state riscontrate vibrazioni significative dovute a buche o ondulazioni. Altri deterioramenti come buche, rattoppi e fessure trasversali sono stati rilevati ma non risultavano significativi nel campione.

L'Automatic Road Analyzer (ARAN) [12, 13] è stato utilizzato per raccogliere dati sulle caratteristiche geometriche delle strade, l'inventario delle infrastrutture e le irregolarità del manto stradale. Le misure delle larghezze delle corsie e della segnaletica sono state rilevate con precisione al centimetro tramite immagini ad alta definizione. La curvatura orizzontale è stata calcolata utilizzando la posizione del veicolo, georiferita con precisione submetrica grazie a due ricevitori GPS. Il Laser Cracking Measurement System (LCMS) ha permesso il rilevamento e la classificazione automatica dei distress sulla pavimentazione, concentrandosi sulle fessurazioni longitudinali di media/alta gravità. La regolarità del manto stradale era generalmente buona, con un Indice di Regolarità Internazionale (IRI) di 2,6 m/km, e non sono state riscontrate vibrazioni significative.

L'ARAN è stato integrato con un sistema Mobileye 6.0 [14, 15], dotato di una telecamera installata sul parabrezza (Fig. 5.4), utilizzata da produttori come Audi e Volvo per applicazioni semi-autonome. In modalità Lane Departure Warning (LDW), il sistema genera un allarme visivo/acustico in caso di uscita dalla corsia a velocità superiori a 45 km/h, disattivandosi automaticamente se la segnaletica non è rilevabile o la velocità scende sotto i 35 km/h. Le caratteristiche della segnaletica orizzontale sono state misurate classificandole secondo la norma EN 1436 [16] attraverso:

- Coefficiente di luminanza in condizioni di luce diffusa (Qd): visibilità diurna a 30 m;
- Retroriflettanza a secco (RL): visibilità notturna a 30 m con fari accesi;
- Retroriflettanza a bagnato (RLw): misura effettuata 1 minuto dopo l'irrorazione d'acqua.

Sebbene solo Qd riproduca le condizioni sperimentali (giorno, asciutto), tutti i parametri sono stati inclusi nell'analisi poiché la visione artificiale potrebbe rispondere diversamente rispetto a quella umana.

L'aspetto ambientale è stato esplicitamente incorporato eseguendo test ripetuti in diverse condizioni meteorologiche (asciutto, bagnato, pioggia) e di luce (diurna, notturna). Questo approccio completo ha permesso una valutazione sistematica di come le condizioni meteorologiche e di illuminazione naturale possano influenzare

Figura 5.4 Strumentazione adottata per la raccolta dei dati geometrici e del funzionamento dell'LSS

le prestazioni dei LSS, soprattutto in combinazione con diverse geometrie stradali e qualità della segnaletica.

Una combinazione di tecniche di modellazione statistica è stata applicata per analizzare i dati e catturare le complesse relazioni tra le caratteristiche stradali, le condizioni meteorologiche e la prestazione del LSS. La regressione logistica adattata per eventi rari (Firth penalized maximum-likelihood method) viene utilizzata per stimare la probabilità di errori dei LSS che rappresentano una ridotta percentuale del campione (in media circa 3%), con predittori che includono il raggio di curvatura, la luminanza della segnaletica (Qd), la retro-riflettività (RL e RLw), le fessurazioni presenti nella pavimentazione stradale, in condizioni di luce diurna e strada asciutta [7]. Per tenere conto delle misure ripetute sulle stesse sezioni stradali in diverse condizioni di luce e meteo, è più opportunamente applicabile un modello regressione statistica basato su Equazioni di Stima Generalizzate (GEE), assicurando che l'esistenza di correlazioni nelle misure ripetute sulle stesse sezioni fosse adeguatamente affrontata [8]. Oltre alla modellazione della regressione, è l'analisi degli alberi decisionali per segmentare i dati in gruppi omogenei, che fornisce regole intuitive e interpretabili che evidenziano le combinazioni di fattori più associate agli errori dei LSS [9]. Questo approccio multi-metodo ha permesso una stima quantitativa degli effetti dei singoli fattori e l'identificazione pratica delle condizioni critiche limite dell'ODD per le prestazioni dei LSS.

L'analisi dei risultati evidenzia la forte dipendenza delle prestazioni dei LSS dalla geometria della strada, dalla qualità della segnaletica e dalle condizioni meteorologiche, confermando i risultati di ricerche presenti in letteratura.

Una delle osservazioni più critiche è stata l'aumento significativo della probabilità di errore su sezioni stradali con curve orizzontali strette. Le strade con un raggio di curvatura inferiore a 200 metri hanno evidenziato tassi di fallimento del rilevamento della corsia notevolmente più elevati. Ciò è probabilmente dovuto alla limitazione nel campo di visione della telecamera della segnaletica nelle curve strette, che causa al sistema di visione la perdita del tracciamento della segnaletica. Questo effetto è stato amplificato quando la segnaletica era in cattive condizioni o parzialmente usurata.

La qualità della segnaletica stradale è emersa come un altro fattore cruciale che influenza l'affidabilità dei LSS. Le segnaletiche con coefficienti di luminanza (Qd) inferiori a 100 mcd/lx/m^2 hanno mostrato un chiaro aumento degli errori di rilevamento, in particolare in condizioni ambientali difficili. Ciò conferma l'importanza di mantenere segnaletiche ad alto contrasto e visibili, soprattutto nelle aree extraurbane secondarie e locali dove la manutenzione regolare può essere meno frequente. Quando le segnaletiche offrivano un coefficiente di luminanza superiore a 150 mcd/lx/m^2, le prestazioni dei LSS miglioravano significativamente, anche in curva.

Le condizioni meteorologiche hanno avuto un ulteriore livello di influenza. In condizioni di pavimentazione asciutta, gli errori dei LSS erano relativamente rari quando la segnaletica era in buone condizioni. Tuttavia, la pavimentazione bagnata ha introdotto un grado di incertezza, in particolare se la retro-riflettività in condizioni di bagnato (RLw) scendeva al di sotto di 35 mcd/lx/m^2. Singolarmente, la sola pavimentazione bagnata non ha aumentato drasticamente la probabilità di errore se la segnaletica manteneva una sufficiente retro-riflettività. Ciò evidenzia che non è la presenza di un sottile velo dell'acqua in sé, ma la ridotta visibilità della segnaletica a creare problematiche di rilevamento.

Di contro, la presenza di pioggia ha aumentato sostanzialmente la probabilità di errore. A differenza delle condizioni di tempo sereno anche con pavimentazione bagnata, i tassi di errore aumentavano di 2,75 volte in condizioni di pioggia, anche con segnaletiche in condizioni di manutenzione relativamente buone. Ciò può essere attribuito a una combinazione di fattori, tra cui il ridotto contrasto tra segnaletica e pavimentazione con velo d'acqua di spessore maggiore, gli effetti di abbagliamento causati dall'acqua sulla superficie in condizioni di guida notturna e l'interferenza dei sensori causata dalle gocce di pioggia sul parabrezza della telecamera.

Gli effetti combinati di fattori geometrici, di segnaletica e meteorologici si sono rivelati particolarmente rilevanti nell'analisi degli alberi decisionali. L'analisi ha rivelato che le probabilità di errore più elevate si verificavano in scenari in cui curve strette coincidevano con segnaletiche usurate e pioggia. In questi casi, il tasso di errore superava il 6%, rappresentando un chiaro pericolo per l'affidabilità del sistema. Anche in curve moderate, se era presente pioggia e la segnaletica presentavano solo una luminanza moderata (Qd vicino a 120 mcd/lx/m^2), i tassi di errore si avvicinavano al 5%, indicando la necessità di strategie di rilevamento significativamente più resilienti anche tramite la combinazione di più sensori video e laser.

La regressione lineare è ampiamente utilizzata per la modellazione e l'analisi. Tuttavia, il più delle volte, non funziona molto bene su dati con relazioni altamente non lineari, set di dati ad alta dimensionalità e dati rumorosi. I problemi possono essere gestiti da metodi di apprendimento automatico (Machine Learning). In particolare, modelli di apprendimento profondo (Deep Learning) richiedono un gran numero di dati etichettati, di contro quando i dati sono più limitati, i metodi di ensemble possono essere più efficaci combinando diversi modelli individuali per produrre previsioni più accurate rispetto a un singolo modello. Alcune applicazioni hanno evidenziato la migliore performance del classificatore basato su una struttura assemblata boosting sequenziale (CatBoost), rispetto ad altri metodi basati su strut-

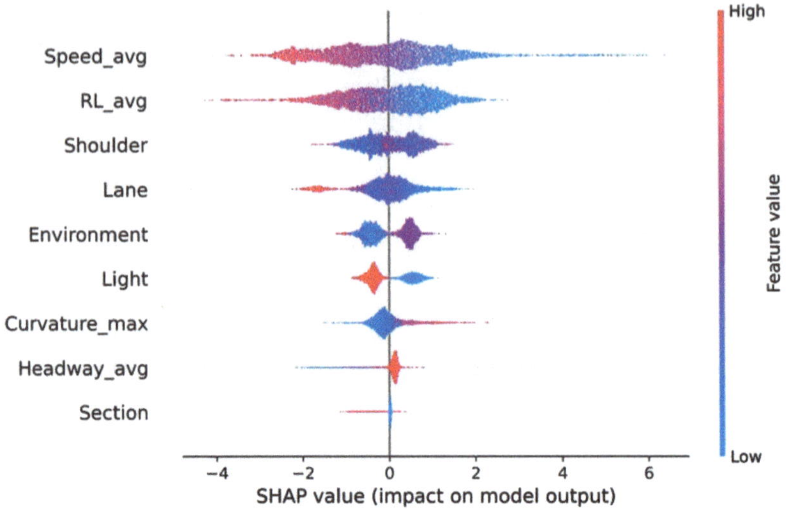

Figura 5.5 Beeswarm Chart Plot

ture parallele, quali Random Forest, grazie alla superiore capacità di gestire dati categorici e della sua robustezza nel mantenere le prestazioni su diverse distribuzioni di dati [17]. L'accuratezza della classificazione è risultata pari a 0,84 nella fase di addestramento e confermata nella validazione con un valore pari a 0,80. Nonostante l'accuratezza più elevata rispetto ai modelli statistici tradizionali, i modelli di machine learning possono apparire come "scatole nere" che non consentono di interpretare il razionale dietro le previsioni, motivo per cui vengono utilizzate le SHapley Additive exPlanations (SHAP). SHAP si basa sui valori di Shapley della teoria dei giochi cooperativi e può essere applicato a qualsiasi modello di machine learning per produrre spiegazioni coerenti. Aiuta a comprendere come le diverse caratteristiche influenzano la previsione del modello, soprattutto quando le caratteristiche interagiscono tra loro. La Fig. 5.5 mostra il SHAP Beeswarm Chart del modello CatBoost di classificazione della segnaletica da parte del sistema LSS, in cui le variabili del modello sono ordinate per importanza.

Il maggiore effetto positivo dei valori SHAP si osserva per valori più bassi di velocità, RL e larghezza della corsia, e per una maggiore curvatura. Si osserva una chiara separazione degli effetti per le condizioni di luce diurna e pioggia.

5.4 Conclusioni

Definire un Dominio di Progettazione Operativa (ODD) realistico e resiliente per i sistemi di mantenimento in corsia (LSS) è essenziale per colmare il divario tra gli ambienti di test normativi e le condizioni stradali reali. La cooperazione tra le industrie e i gestori delle infrastrutture stradali è cruciale per garantire la continuità delle prestazioni dei LSS. Inoltre, la disponibilità e l'analisi dei dati raccolti dai veicoli in circolazione sono fondamentali per condurre studi sperimentali in condizioni reali.

Il raggio di curvatura rappresenta un vincolo geometrico critico, poiché le prestazioni dei LSS si degradano significativamente su curve strette, specialmente in presenza di segnaletica in cattive condizioni di manutenzione e condizioni meteorologiche avverse. La luminanza della segnaletica è un fattore decisivo per l'affidabilità del rilevamento, e la manutenzione regolare è necessaria per preservare la visibilità in tutte le stagioni. Il deterioramento della pavimentazione, in particolare le fessurazioni, complica ulteriormente il rilevamento dei LSS, richiedendo interventi di manutenzione per mantenere le fessurazioni entro limiti accettabili.

Le condizioni meteorologiche introducono una variabilità significativa nelle prestazioni dei LSS, con la pioggia che riduce il contrasto della segnaletica e crea interferenze nei sensori. In questo contesto, le Smart Roads rappresentano un'opportunità trasformativa per migliorare le prestazioni dei LSS in tutte le condizioni. Dotate di sensori incorporati, segnali stradali connessi e segnaletiche attive che regolano la luminanza e la riflettività in base alle condizioni meteorologiche e di luce, le Smart Roads potrebbero estendere notevolmente l'ODD effettivo.

In sintesi, un approccio integrato che combina la definizione di un ODD realistico, la cooperazione tra le parti interessate e l'adozione di tecnologie avanzate come le Smart Roads è fondamentale per garantire il funzionamento affidabile e sicuro dei sistemi di mantenimento in corsia.

Riferimenti bibliografici

1. Driving Automation Systems for On-Road Motor Vehicles J3016, SAE, 2021
2. Regulation (EU) 2019/2144 on type-approval requirements for motor vehicles and their trailers, and systems, components and separate technical units intended for such vehicles, as regards their general safety and the protection of vehicle occupants and vulnerable road users. https://eur-lex.europa.eu/legal-content/EN/TXT/HTML/?uri=LEGISSUM:4434255
3. BSI Standards Publication (2023) Road Vehicles – Test scenarios for automated driving systems – Specification for operational design domain. British Standards Institution
4. Highways England (2020) Design manual for roads and bridges: Road layout design – CD 116: Geometric design of roundabouts. Highways England, London
5. International Organization for Standardization (2017) ISO 17361:2017 Intelligent Transport Systems – Lane Departure Warning Systems – Performance Requirements and Test Procedures. International Organization for Standardization, Geneva
6. Commission Regulation (EU) (2012of) Regulation (EC) No 661/2009 of the European Parliament and of the Council As Regards Type-approval Requirements for the Installation of Lane Departure Warning Systems in Motor Vehicles, No 351/2012 of 23 April 2012. https://op.europa.eu/en/publication-detail/-/publication/59c0adba-4994-4e24-87a9-3601d888d9f3
7. Cafiso S, Pappalardo G (2020) Safety effectiveness and performance of lane support systems. Accid Analysis Prev 148:105791
8. Pappalardo G et al (2022) Assessing the operational design domain of lane support systems. J Traffic Transp Eng 9(4):631–644

9. Pappalardo G et al (2021) Decision tree method to analyze the performance of lane support systems. Sustainability 13(2):846
10. Cafiso S et al (2024) Experimental analysis of road characteristics impact on the performance of lane support system. Adv Transp Stud 63:315–324
11. Tengilimoglu O, Carsten O, Wadud Z (2023) Implications of automated vehicles for physical road environment: a comprehensive review. Transp Res Part E 169:102989
12. Cafiso S, Di Graziano A, D'Agostino C, Delfino E, Pappalardo G (2018) A new perspective in the road asset management with the use of advanced monitoring system and BIM. MATEC Web of Conferences, 16.11.2018. vol 231 (Article Number 01007XII International Road Safety Conference GAMBIT, Road Innovations for Safety, Gdansk University of Technology, 12–13 April 2018)
13. Cafiso S, Di Graziano A, Goulia DG, D'Agostino C (2019) Distress and profile data analysis for condition assessment in pavement management systems. Int J Pavement Res Technol 12(5):527–536
14. Mobileye (2019a) About us. http://www.mobileye.com/about/
15. Mobileye (2019b) Going visual: why recording a collision Isn't the solution. https://static.mobileye.com/website/us/fleets/files/Going%20Visual.pdf
16. EN 1436, 2018. Road Marking Materials – Road Marking Performance for Road Users and Test Methods.
17. Pappalardo G, Ghaderi O, Di Graziano A, Di Mauro A, Farah H, Cafiso S (2025) Interaction of Road, Traffic and Environmental Factors in Operational Design Domain of Lane Support Systems. Accepted for oral presentation at the 7th TRB International Conference on Roundabouts and Geometric Design, Atlanta, June 8–12, 2025

Capitolo 6
I Floating Car Data

Abstract I Big Data sono sempre più utilizzati per studi trasportistici e di ingegneria stradale. Con essi si effettuano, ad esempio, predizioni di traffico nelle strade e valutazione dello stato maunutentivo dell'infrastruttura. In questo ambito si collocano i Floating Car Data (FCD), ovvero dati GPS dei veicoli provenienti dalle unità di bordo (OBU) che contengono informazioni riguardanti posizione, velocità, direzione, stato del motore, progressiva di inizio viaggio e istante temporale. In particolare, i Floating Car Data sono divenuti di fondamentale importanza con il Decreto Ministeriale 70 del 2018 in merito al rilievo dei dati di traffico delle Smart Road.

6.1 Introduzione e contesto di applicazione

Lo strumento di analisi dei Floating Car Data (FCD) rappresenta un approccio innovativo nello studio della mobilità e nella traffic prediction [1] e si inserisce nel più ampio contesto dei Big Data [2]. Questa tecnologia si basa sull'utilizzo dei dati di rilievo satellitare GNSS dei veicoli, finalizzato a comprendere in modo approfondito le dinamiche del traffico, la ripartizione dei flussi sulla rete, l'identificazione di hotspot congestionati e, in ultima analisi, i comportamenti di guida degli utenti della strada. Questi dati, raccolti attraverso dispositivi installati sui veicoli dotati di sensori GNSS, offrono una panoramica dettagliata, periodica e continua delle condizioni del traffico, consentendo di monitorare quanto sopra elencato nel tempo e nello spazio. Attraverso analisi ad-hoc, l'uso di questo strumento mira a migliorare la gestione del traffico, la sicurezza stradale e la pianificazione infrastrutturale, fornendo informazioni preziose per le autorità competenti. Le analisi possono essere focalizzate su aree urbane specifiche o su tratti stradali, includendo sia le arterie principali che le reti secondarie, permettendo così di ottenere un quadro completo della mobilità in contesti diversi. L'integrazione di dati provenienti da fonti esterni, quali ad esempio dati meteorologici ambientali come temperatura, precipitazioni e condizioni atmosferiche, insieme ad altri fattori contestuali, come eventi speciali

F. Autelitano et al., *Le SMART ROAD - Stato dell'arte e scenari futuri*,
https://doi.org/10.1007/978-3-031-96144-1_6

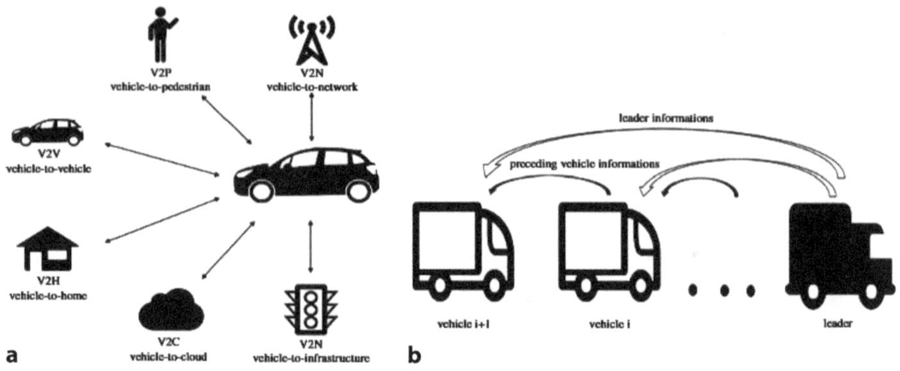

Figura 6.1 **a** Architettura V2X e **b** platooning di veicoli [3]

o lavori stradali, permette di arricchire ulteriormente l'analisi e quindi offrire una visione complessiva e dinamica della mobilità a differenti scale.

L'utilizzo di tecnologie per il monitoraggio dinamico dei flussi in una rete stradale come gli FCD risulta pienamente coerente con gli indirizzi, le policies e la normativa comunitaria ed italiana vigente. In particolare, riguardo il contesto italiano, si fa esplicito riferimento all'uso di FCD nell'allegato A al Decreto Ministeriale 70 del 2018 a proposito del rilievo di dati di tragitto nell'implementazione delle Smart Road, un concetto quest'ultimo che è andato diffondendosi nel corso degli ultimi anni con crescente successo e applicazione [2, 3]. In questo contesto, l'utilizzo di strumenti tecnologici avanzati è da intendersi come condizione *sine qua non* delle Smart Road, per "creare un ecosistema tecnologico favorevole per l'interoperabilità tra infrastrutture e veicoli di nuova generazione, per l'adeguamento delle infrastrutture alle nuove richieste di mobilità da parte dei viaggiatori e per la realizzazione di servizi innovativi per gli utenti della strada e per i gestori stessi, il tutto promuovendo elevati livelli di sicurezza del traffico e delle infrastrutture, anche attraverso una conoscenza continua del loro comportamento." [DM 70/2018, Allegato A]. Quanto sopra descritto implica la realizzazione di sistemi di comunicazione V2X, sia tra infrastruttura e veicoli circolanti (V2I), sia tra veicoli (V2V) [4] secondo lo schema proposto in Fig. 6.1, pertanto risulta fondamentale la definizione degli specifici standard di interoperabilità citati dal Decreto e la corretta implementazione sia da parte dei gestori delle reti stradali che dei produttori di automobili ed in generale di tutta la filiera automotive.

6.2 Processamento dei dati FCD

I dati FCD sono raccolti attraverso dispositivi GNSS installati sui veicoli, registrando in modo preciso ed accurato momenti salienti della marcia come l'accensione e lo spegnimento o particolari comportamenti di guida, nonché la posizione del veicolo. Questa granularità spaziale e temporale (i dati infatti sono raccolti tipicamente ogni pochi secondi) consente di ottenere un tracciamento dettagliato dei movimenti e dei percorsi, fornendo informazioni sugli itinerari seguiti e sulle soste effettuate. Potenzialmente, tutti i veicoli della strada possono essere monitorati tramite FCD, pertanto è possibile produrre anche analisi dettagliate idonee a risolvere particolari problemi locali, ad es., la congestione lungo particolari strade o lo *share* di traffico di mezzi pesanti.

Un aspetto chiave quando si utilizzano Big Data e gli FCD in particolare è relativo alla privacy degli utenti. Infatti, per garantire che tutti i dati dei veicoli rimangano completamente anonimizzati e privi di qualsiasi informazione personale identificabile, è necessario implementare una procedura rigorosa e pienamente conforme alle normative sulla protezione dei dati (ad es.: GPDR). Nel contesto delle analisi basate su FCD, i dati possono essere raccolti e successivamente anonimizzati secondo differenti procedure. Dopo aver rimosso o mascherato le informazioni associabili al singolo utente (come la targa o il numero di identificazione del veicolo, altrimenti definito come Vehicle Identification Number – VIN), si può procedere all'assegnazione di un identificativo univoco (ID) basato sul veicolo oppure sul viaggio. Nel primo caso, il codice ID può essere cambiato a intervalli regolari, garantendo quindi l'anonimato dell'utente, mentre nel secondo caso il codice ID permette il riconoscimento del percorso effettuato. In entrambi i casi, i primi e gli ultimi record di ciascuna sequenza di dati relativi, ad esempio, all'accensione e allo spegnimento del veicolo, possono essere omessi, impedendo quindi la possibilità di identificare numerose volte lo stesso veicolo, sia nel breve che nel lungo periodo.

Una volta completata la fase di anonimizzazione del dato grezzo, è necessario procedere con una specifica e accurata fase di preprocessing del dato, per ripulire il dataset da anomalie che potrebbero distorcere i risultati, ad es., le soste, i transiti in zone difficilmente analizzabili con tecnologia GNSS (ad es., tratte stradali in galleria) o i dati mancanti. Questo *pre-processing* è fondamentale per garantire l'affidabilità delle successive analisi. Come evidenziato dalla Fig. 6.2 una corretta gestione dei dati è funzionale all'utilizzo dei dati provenienti dai veicoli per una corretta concretizzazione degli obiettivi introdotti in precedenza. Queste casistiche sono rintracciabili nei tracciati dei veicoli grazie all'applicazione di opportune tecniche di *map matching* e di verifica dei percorsi. Inoltre, la fase di *pre-processing* del dato grezzo, fondamentale per garantirne l'affidabilità, è necessaria a causa dei possibili errori associati al rilievo. Questi errori possono essere legati all'erronea posizione oppure alla errata identificazione della velocità del veicolo.

Nel primo caso, gli errori di posizione sono generalmente causati da una scarsa qualità del segnale, spesso riscontrata in prossimità di gallerie o zone dove la localizzazione satellitare risulta difficoltosa (ad es.: in caso di pochi satelliti in vista), che porta alla registrazione di coordinate errate. Questo tipo di anomalia è facilmente gestibile rimuovendo tutti i punti in corrispondenza di queste posizioni, verificabili anche attraverso la georeferenziazione dei dati in ambiente GIS. Occasionalmente, un'anomalia può apparire a diversi chilometri di distanza dal percorso effettivo, risultando in un *outlier*. In tali casi, non è possibile filtrare la posizione errata in maniera speditiva, e l'adozione di specifici algoritmi di correzione permette

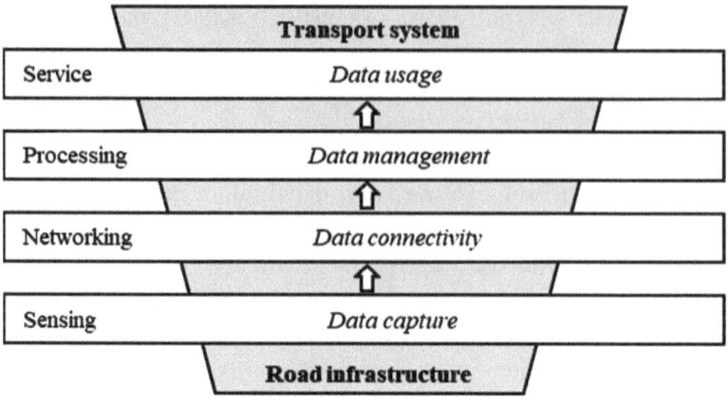

Figura 6.2 Flusso di dati [5]

di verificare che la distanza tra le posizioni consecutive sia ragionevole, sfruttando le misurazioni della velocità. Nel caso degli errori della velocità, questi si verificano quando la velocità puntuale registrata presenta un valore eccessivamente alto ed incoerente con i valori di velocità registrati nei secondi precedenti e successivi. Opportuni algoritmi permettono l'individuazione e l'opportuna correzione.

6.3 Possibili applicazioni dei dati FCD

Grazie alle caratteristiche tecniche introdotte in precedenza, l'analisi dei FCD fornisce informazioni sui tempi di percorrenza, la velocità media dei veicoli e la densità del traffico in diverse fasce orarie, consentendo di mappare i flussi di traffico e le congestioni in modo dettagliato. Per fare questo, a valle delle operazioni di pulizia e consolidamento precedentemente illustrate, è possibile procedere con il processamento dei dati [6]. Per ottenere la mappatura dei veicoli, è fondamentale concatenare i record e, successivamente, i viaggi, determinandone anche la direzione. Questi dati possono essere utilizzati per generare modelli di traffico e per analizzare i pattern di mobilità, offrendo una solida base per ulteriori studi e ricerche nel campo della mobilità e dell'ingegneria dei trasporti. In dettaglio, sono possibili diverse applicazioni in ambiente trasportistico:

- **Analisi dinamiche – Studio dei flussi e dei pattern di viaggio**: la granularità dei dati permessa da questa tecnologia consente di tracciare i movimenti dei veicoli in (*near*) real time. Inoltre, grazie al dettaglio spazio-temporale dei dati FCD, è possibile costruire matrici origine/destinazione modali ricche di dettagli. In particolare, e a titolo di esempio, è possibile verificare il comune di partenza e, allo stesso modo, il comune di destinazione dei veicoli che hanno percorso l'infrastruttura stradale analizzata. Inoltre, filtrando i dati per comune, si possono identificare i punti di accesso e uscita dalla rete stradale utilizzati dagli utenti di ciascuna area. Questa analisi di dettaglio consente di mappare i flussi di traffico, fornendo così informazioni preziose sui percorsi più frequentati e sulle interazioni tra diverse aree. Inoltre, permette di comprendere meglio le dinamiche di mobilità locale e di identificare eventuali criticità nei punti di accesso alla rete stradale. A partire da queste matrici, è possibile quindi generare opportuni report e visualizzazioni, ad es., *heatmap*, atte a rappresentare la distribuzione dei veicoli, consentendo quindi di identificare i tratti di strada più congestionati. Questa visualizzazione offre una panoramica chiara delle aree con il maggior volume di traffico, evidenziando i percorsi più frequentati. Inoltre, è possibile analizzare questa distribuzione filtrando la tipologia di veicoli che entrano da una zona specifica, permettendo di osservare le abitudini di viaggio in base alla provenienza e al punto di ingresso dei veicoli nella rete stradale. Questa analisi dettagliata fornisce informazioni utili per comprendere i flussi di traffico e le dinamiche di mobilità, contribuendo a una migliore gestione delle infrastrutture stradali.

- **Analisi statiche – Soste**: i dati FCD offrono la possibilità di analizzare anche i dati relativi all'inizio e alla fine dei viaggi, fornendo così un quadro dettagliato delle caratteristiche di sosta e dell'utilizzo dei parcheggi situati intorno a punti di interesse (POI) come aeroporti, stazioni ferroviarie e centri commerciali. Questa tipologia di analisi è possibile anche alla luce del processo di anonimizzazione dei dati descritta in precedenza, per cui i primi e gli ultimi record di ciascun viaggio vengono automaticamente scartati dal dataset e omessi dall'analisi, e fornisce informazioni fondamentali per quantificare, ad esempio, la quota di utilizzo dei parcheggi e delle aree di sosta o rifornimento, consentendo quindi di comprendere, la *catchment* area di una specifica destinazione, con evidenti benefici commerciali. A tal proposito, l'analisi dei dati di inizio e fine viaggio permette di identificare i modelli di comportamento degli utenti, come la durata delle soste e la frequenza di utilizzo dei parcheggi, nonché di valutare l'occupazione dei parcheggi in diverse fasce orarie e in relazione a eventi specifici. Inoltre, l'integrazione di questi dati con informazioni contestuali, come eventi locali o variazioni stagionali, consente di ottenere una visione più completa delle dinamiche di mobilità. Queste analisi possono rivelare tendenze significative, come l'aumento della domanda di parcheggio in determinati periodi dell'anno o l'impatto di nuove infrastrutture sulla distribuzione del traffico. Inoltre, la possibilità di monitorare i flussi di veicoli in entrata e in uscita dai parcheggi fornisce indicazioni preziose per la pianificazione urbana e la gestione delle infrastrutture, contribuendo a ottimizzare le politiche relative alla sosta, sia in ambiente che extraurbano.
- **Comportamenti di guida**: Grazie alle numerose informazioni raccolte dai sensori installati sui veicoli come posizione, velocità e accelerazione, è possibile indagare e riconoscere diversi comportamenti di guida in relazione alle varie tratte stradali. Questi dati offrono una panoramica dettagliata delle dinamiche di guida, consentendo di analizzare come i conducenti interagiscono con l'ambiente stradale. Integrando questi indicatori con altre informazioni, come i limiti di velocità e dati storici sull'incidentalità, è possibile sviluppare una mappatura precisa degli stili di guida e della pericolosità delle strade. Di particolare importanza risulta essere anche la possibilità di rilevare i *near-miss accidents* in

relazione alle caratteristiche dell'infrastruttura. A titolo di esempio, l'analisi dei dati di velocità può rivelare comportamenti di guida pericolosi, come accelerazioni brusche o frenate improvvise, che sono spesso associati a un aumento del rischio di incidenti. Inoltre, l'integrazione dei limiti di velocità consente di valutare se i conducenti rispettano le normative vigenti, fornendo indicazioni su eventuali aree di miglioramento nella sicurezza stradale. I dati sull'incidentalità, combinati con le stime dei *near-miss*, offrono ulteriori spunti per identificare i tratti stradali più critici, dove si verificano frequentemente situazioni di pericolo. Questa analisi multidimensionale non solo permette di definire una mappatura degli stili di guida, ma contribuisce anche a identificare le caratteristiche specifiche delle strade che possono influenzare il comportamento degli automobilisti. Ad esempio, tratti stradali con curve strette, incroci complessi o scarsa visibilità possono essere associati a stili di guida più cauti o, al contrario, a comportamenti più rischiosi. In questo modo, l'analisi dei dati raccolti dai sensori non solo fornisce una comprensione approfondita delle dinamiche di guida, ma offre anche strumenti utili per migliorare la sicurezza stradale e ottimizzare la progettazione delle infrastrutture.

6.4 L'integrazione dei dati FCD con altre fonti esterne per una modellazione accurata dei trasporti

L'integrazione dei dati FCD con altre fonti dati esterne arricchisce ulteriormente l'analisi, consentendo la realizzazione di modelli più complessi in grado di rappresentare al meglio l'effettiva domanda di trasporto. Come descritto in precedenza, gli studi condotti attraverso l'analisi dei FCD permettono di analizzare con estremo dettaglio la rete stradale, ed in particolare individuare i segmenti stradali con elevati livelli di congestione e zone in cui si verificano frequentemente situazioni di *near-miss accidents*, contribuendo a identificare i punti critici della rete stradale. Questi dati forniscono anche indicatori di qualità della rete, come la velocità media dei veicoli, il tempo di percorrenza e la densità del traffico, che sono fondamentali per valutare l'efficienza del sistema di trasporto e molti aspetti legati alla sicurezza stradale [7]. Le analisi origine-destinazione, che tracciano i percorsi degli utenti dalla partenza all'arrivo, e l'identificazione di pattern ricorrenti nei comportamenti di guida, offrono ulteriori spunti per comprendere le abitudini di mobilità della popolazione.

Tuttavia, nonostante l'elevata granularità spaziale e temporale di questa tipologia di dati, i dati FCD hanno alcune limitazioni. Tra queste, oltre ai già citati problemi di privacy, è necessario tener conto di altri fattori. In particolare, la distribuzione del campione di veicoli monitorati (penetration rate) in un dato contesto di analisi potrebbe non essere sufficientemente rappresentativa, mentre l'utilizzo dei soli dati FCD preclude la realizzazione di modelli trasportistici complessi, ad esempio multimodali. A tal proposito quindi, l'integrazione dei dati FCD con informazioni provenienti da altre fonti, quali ad esempio i dati della telefonia mobile consente di rilevare in modo più preciso l'effettiva domanda di trasporto, specialmente per quanto riguarda la dimensione del campione [8] e la possibilità di costruire matrici origine-destinazione che tengono conto di tutti gli spostamenti. Questa combinazione tra dati di diverse fonti, altrimenti definita *data fusion* [1, 9], permette di ottenere un'analisi completa e dettagliata dei flussi di mobilità e, in ultima battuta, anche delle interazioni con le infrastrutture stradali. In questo modo, l'analisi dei FCD può contribuire a raggiungere gli obiettivi di sostenibilità legati ai trasporti e rappresenta anche un passo concreto verso la piena attuazione della definizione definizione di *smartness* di una città [10], in grado di rispondere in modo proattivo alle sfide della mobilità odierna sollecitate, per quanto riguarda la rete stradale, anche dal Decreto Ministeriale 70 del 2018.

Riferimenti bibliografici

1. Ashwini BP, Sumathi R (2020) Data sources for urban traffic prediction: a review on classification, comparison and technologies. In: 2020 3rd International Conference on Intelligent Sustainable Systems (ICISS), pp 628–635 https://doi.org/10.1109/ICISS49785.2020.9316096
2. Pompigna A, Mauro R (2022) Smart roads: a state of the art of highways innovations in the smart age. Eng Sci Technol Int J 25:100986
3. Toh CK, Sanguesa JA, Cano JC, Martinez FJ (2020) Advances in smart roads for future smart cities. Proc Royal Soc A 476(2233):20190439
4. Tartaglia M (2024) Methodological aspects for passenger mobility analysis using big data. https://www.fsitaliane.it/content/dam/fsitaliane/en/Documents/fs-researc/FSRC_ENG_Technical_Papers_2024.pdf
5. Kussl S, Wald A (2023) Smart mobility and its implications for road infrastructure provision: a systematic literature review. Sustainability. https://doi.org/10.3390/su15010210
6. Altintasi O, Tuydes-Yaman H, Tuncay K (2017) Detection of urban traffic patterns from Floating Car Data (FCD). Transp Res Procedia 22:382–391. https://doi.org/10.1016/j.trpro.2017.03.057
7. Astarita V, Festa DC, Giofrè VP (2018) Mobile systems applied to traffic management and safety: a state of the art. Procedia Comput Sci 134:407–414. https://doi.org/10.1016/j.procs.2018.07.191
8. Nalin A, Vignali V, Lantieri C, Cappellari D, Zamengo B, Simone A (2024) Assessing veracity of big data: An in-depth evaluation process from the comparison of Mobile phone traces and groundtruth data in traffic monitoring. J Transp Geogr 118:103930. https://doi.org/10.1016/j.jtrangeo.2024.103930
9. Faouzi N-EE, Leung H, Kurian A (2011) Data fusion in intelligent transportation systems: progress and challenges – A survey. Inf Fusion 12(1):4–10. https://doi.org/10.1016/j.inffus.2010.06.001
10. Bibri SE (2019) The anatomy of the data-driven smart sustainable city: instrumentation, datafication, computerization and related applications. J Big Data. https://doi.org/10.1186/s40537-019-0221-4

Capitolo 7
Pavement Management System: dalle strade convenzionali alle Smart Road

Abstract Questo capitolo è incentrato sull'evoluzione dei sistemi di gestione delle pavimentazioni stradali (pavement management system, PMS) nel passaggio dalle strade convenzionali alle Smart Road. Dopo aver introdotto alcuni concetti base sulle pavimentazioni, vengono prima descritti i PMS tradizionali (con un particolare focus sul monitoraggio della rete) e poi introdotti i principali elementi di novità per i PMS nell'era delle Smart Road.

7.1 Le pavimentazioni stradali

La pavimentazione (o *sovrastruttura stradale*) è uno degli asset più importanti di un'infrastruttura viaria. È costituita da una serie di strati sovrapposti, di materiali e spessori diversi, e deve garantire prestazioni strutturali e funzionali. La principale funzione strutturale (portanza) è quella di sopportare le azioni indotte dal traffico e trasmetterle, opportunamente attenuate, al terreno sottostante (sottofondo) o ad altre strutture (e.g. opere d'arte). Le prestazioni funzionali sono legate essenzialmente all'interazione tra pavimentazione e pneumatici e includono la garanzia di sicurezza e comfort di marcia agli utenti (adeguata aderenza e regolarità) nonché il contenimento del rumore veicolare.

Le pavimentazioni si suddividono principalmente in due categorie, i.e. pavimentazioni flessibili e pavimentazioni rigide. Le pavimentazioni flessibili presentano gli strati legati in conglomerato bituminoso, al di sotto dei quali si trova uno strato di fondazione in misto granulare (Fig. 7.1). Le pavimentazioni rigide, invece, sono costituite principalmente da lastre in calcestruzzo, armato o non armato, poste al di sopra di uno strato di fondazione in misto granulare o misto cementato (Fig. 7.1). Le pavimentazioni flessibili risultano in generale più diffuse in ambito stradale per via di una maggiore facilità di costruzione e manutenzione e di una maggiore versatilità di impiego in contesti diversi. Le pavimentazioni rigide sono in grado di distribuire il carico veicolare su una superficie più ampia grazie alla loro elevata rigidezza. Tuttavia, le fasi di realizzazione e di manutenzione risultano particolarmente onero-

F. Autelitano et al., *Le SMART ROAD - Stato dell'arte e scenari futuri*,
https://doi.org/10.1007/978-3-031-96144-1_7

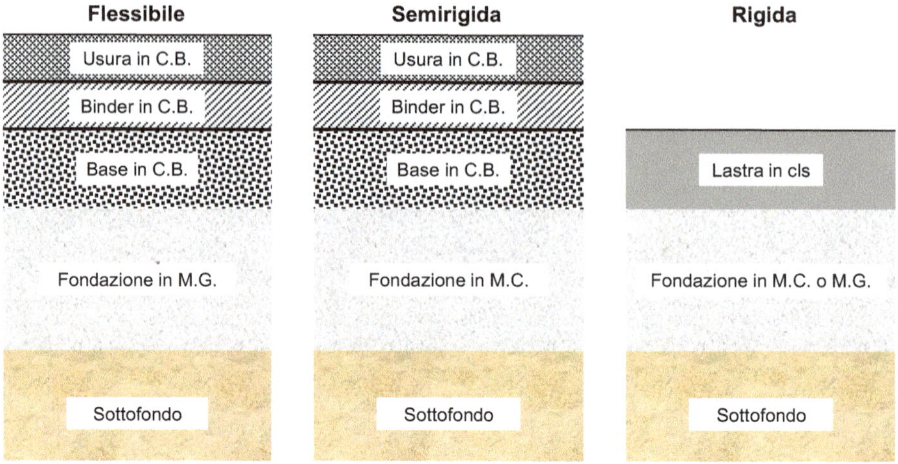

Figura 7.1 Principali tipologie di pavimentazione (C.B. = conglomerato bituminoso; M.G. = misto granulare; M.C. = misto cementato; cls = calcestruzzo)

se. Per tale motivo, vengono impiegate tipicamente in ambito aeroportuale (zone di sosta degli aeromobili) e portuale (zone di stoccaggio container), contesti in cui una pavimentazione flessibile sarebbe soggetta a significativi fenomeni visco-plastici.

A queste due categorie, se ne aggiunge una intermedia, ovvero quella delle pavimentazioni semirigide (Fig. 7.1), che presentano una fondazione (spesso denominata *sotto-base*) legata a cemento (misto cementato) o a bitume e cemento (conglomerato bituminoso riciclato a freddo con bitume schiumato o emulsione bituminosa). La presenza di tale sotto-base garantisce una maggiore portanza (i.e. migliore distribuzione dei carichi) rispetto ad una pavimentazione flessibile. Per tale motivo, le pavimentazioni semirigide sono oggi largamente impiegate in ambito autostradale [1, 2].

Nel caso delle pavimentazioni flessibili e semirigide, la sovrastruttura include tipicamente uno strato di usura, uno strato di binder e uno strato di base (tutti in conglomerato bituminoso), al di sopra di uno strato di fondazione. Le funzioni e gli spessori tipici di ciascuno strato sono riportati in Tab. 7.1 [2].

Tabella 7.1 Strati di una pavimentazione flessibile o semirigida (C.B. = conglomerato bituminoso; M.G. = misto granulare; M.C. = misto cementato)

Strato	Materiale	Funzione	Spessore [cm]
Usura	C.B.	Aderenza, regolarità, controllo rumorosità	3÷5
Binder	C.B.	Collegamento	5÷10
Base	C.B.	Strutturale (portanza)	10÷25
Fondazione	M.G. (flessibile) M.C. (semirigida)	Distribuzione dei carichi	25÷40

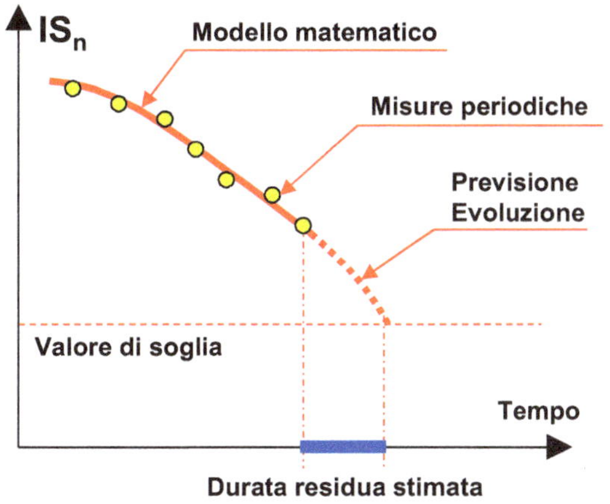

Figura 7.2 Tipica curva di decadimento di un indicatore di stato. (Adattata da [1])

In fase di gestione della rete stradale, occorre monitorare e prevedere l'evoluzione delle prestazioni della pavimentazione nel tempo (portanza, aderenza, regolarità, rumorosità). Tali prestazioni vengono solitamente espresse tramite parametri fisici misurabili, detti *indicatori di stato*. Il monitoraggio periodico di tali indicatori di stato strutturali e funzionali consente la determinazione delle curve di decadimento, da cui estrapolare il trend evolutivo del degrado (Fig. 7.2). In questo modo, è possibile definire le priorità di intervento sulla rete e pianificare le attività di manutenzione. Tale concetto è alla base di ogni sistema di gestione delle pavimentazioni (*pavement management system*, PMS) [1].

7.2 I Pavement Management System tradizionali

I sistemi di gestione delle pavimentazioni stradali (*pavement management system*, PMS), sono strumenti fondamentali per ottimizzare la gestione e la manutenzione delle infrastrutture viarie. Essi si basano su processi strutturati per raccogliere, analizzare e interpretare dati relativi allo stato delle pavimentazioni, consentendo di pianificare interventi di manutenzione in modo efficace ed economicamente sostenibile [1, 2].

La tipica struttura di un PMS si basa sulle seguenti fasi:

1. Monitoraggio della rete stradale: raccolta periodica (e.g. 1 o 2 volte all'anno) di dati sulle condizioni della pavimentazione tramite rilievi visivi e strumentali.
2. Pianificazione a livello di rete: definizione degli obiettivi di manutenzione, allocazione delle risorse economiche e selezione delle strategie di intervento.
3. Programmazione degli interventi: individuazione delle priorità di manutenzione basata su indicatori di stato.
4. Progettazione degli interventi: selezione delle tecniche di ripristino più adeguate in base alle condizioni della pavimentazione e ai vincoli di budget.

5. Attuazione del piano di manutenzione: esecuzione degli interventi previsti, con monitoraggio continuo delle prestazioni.
6. Valutazione dei risultati: analisi degli effetti delle azioni di manutenzione per migliorare le strategie future.

Nel seguito ci si concentrerà principalmente sul monitoraggio della rete, aspetto per il quale si prevedono significativi cambiamenti nel passaggio dalle strade di tipo convenzionale alle *smart road*.

7.2.1 Monitoraggio periodico della rete stradale

Portanza Per il monitoraggio delle prestazioni strutturali (portanza) della pavimentazione, si impiegano tipicamente tecniche non distruttive che valutano la deflessione superficiale (*nondestructive deflection testing*, NDT). Le apparecchiature impiegate possono essere classificate in apparecchiature statiche, vibranti, impulsive e dinamiche mobili, in funzione della modalità di carico.

Le apparecchiature statiche misurano la portanza di una pavimentazione sottoposta all'applicazione di un carico statico oppure in lento movimento. I principali dispositivi che ricadono in tale categoria sono la *Trave Benkelman*, il Deflettografo *Lacroix* e il *Curviameter*, che eseguono la misura della deflessione prodotta dall'azione del carico trasferito dalle ruote di un autocarro.

Le apparecchiature vibranti prevedono l'applicazione sulla pavimentazione di una forza sinusoidale stazionaria (azionata da un generatore di forza dinamico) in aggiunta ad un precarico statico. Alcuni esempi di apparecchiature vibranti sono il *Dynaflect* e il *Road Rater*.

La principale apparecchiatura impulsiva, invece, è denominata *Falling Weight Deflectometer* (FWD) o *Deflettometro a Massa Battente* e prevede l'applicazione di un carico impulsivo generato da una massa nota lasciata cadere da una altezza prestabilita al disopra di una piastra di carico circolare (D = 300 mm) a contatto con la pavimentazione (Fig. 7.3). L'altezza di caduta e la massa battente possono essere variate in modo da ottenere una deflessione commisurata al tipo di pavimentazione. L'applicazione del carico genera un *bacino di deflessione* che può essere valutato attraverso una serie di trasduttori di spostamento (*geofoni*) posizionanti a distanze prestabilite rispetto al centro della piastra di carico. Tali bacini vengono poi utilizzati per risalire a parametri sintetici (e.g. *Surface Curvature Index, Area parameter*) oppure per la stima delle proprietà meccaniche (moduli elastici) degli strati della pavimentazione tramite la procedura di *back-calculation*.

Per effettuare la misura, le apparecchiature descritte in precedenza devono stazionare per un certo tempo in corrispondenza del punto di indagine. Ne deriva la necessità di chiudere al traffico la corsia in esame.

Le apparecchiature dinamiche mobili consentono di ovviare a tali problemi, in quanto sono in grado di effettuare misure di portanza a velocità confrontabili con quelle del traffico in esercizio. Inoltre, la risposta della pavimentazione misurata

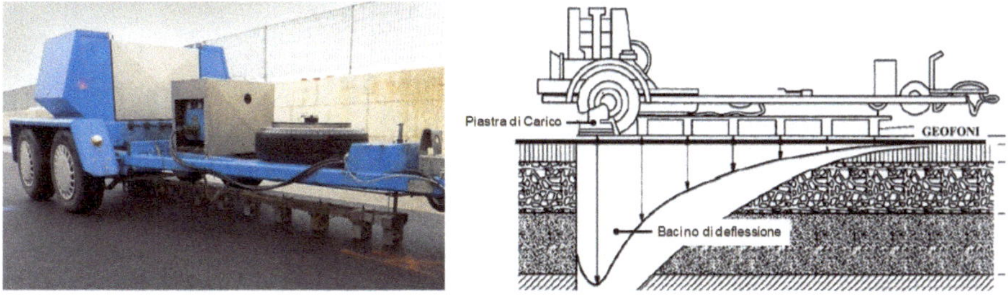

Figura 7.3 Falling Weight Deflectometer FWD. (Adattata da [1])

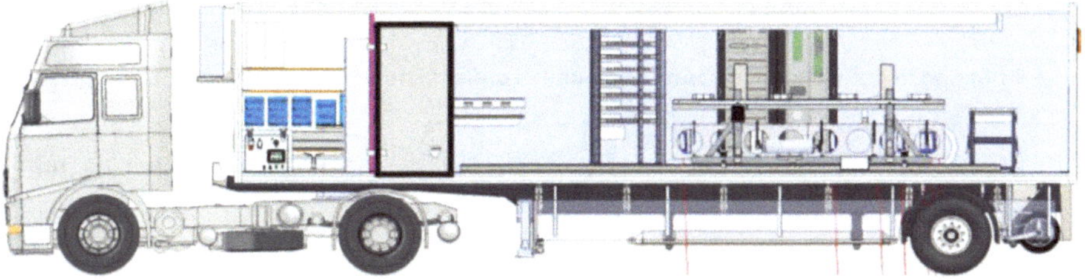

Figura 7.4 Traffic Speed Deflectometer (TSD)

mediante l'impiego di tali apparecchiature è analoga a quella realmente generata dal passaggio dei mezzi pesanti in esercizio. L'apparecchiatura più diffusa è il *Traffic Speed Deflectometer* (TSD), che si avvale di almeno 4 sensori laser doppler per ricostruire il bacino di deflessione (Fig. 7.4). Nello specifico, il TSD consente di misurare la velocità di deflessione in corrispondenza di ciascun sensore laser doppler e quindi di calcolare la pendenza del bacino nei punti di misura come rapporto tra la velocità di deflessione e la velocità di avanzamento del TSD. In questo modo è possibile determinare i parametri caratteristici della funzione di interpolazione e infine risalire in ciascuna posizione alla deflessione, integrando la funzione che descrive la pendenza del bacino (Fig. 7.5). In questo caso, l'indicatore di stato più utilizzato è il *Surface Curvature Index* $SCI_{300} = d_0 - d_{300}$ (d_0 è la deflessione in corrispondenza dell'asse di carico, d_{300} è la deflessione a 300 mm dall'asse di carico).

Ad oggi, vengono impiegate quasi esclusivamente apparecchiature dinamiche mobili, che rendono il rilievo a livello di rete molto più efficiente e minimizzano il disturbo arrecato al traffico (con benefici, dunque, anche in termini di sicurezza).

Alle misure di portanza si associa tipicamente la valutazione degli spessori della pavimentazione tramite monitoraggio non distruttivo ad alto rendimento con l'apparecchiatura denominata *Ground Penetrating Radar* (GPR), il cui funzionamento si basa sull'analisi della propagazione di onde elettromagnetiche attraverso materiali con proprietà dielettriche diverse [1, 3, 4].

Regolarità Il rilievo del profilo delle pavimentazioni stradali può essere effettuato con metodi basati sulla misurazione diretta del profilo superficiale o sulla risposta

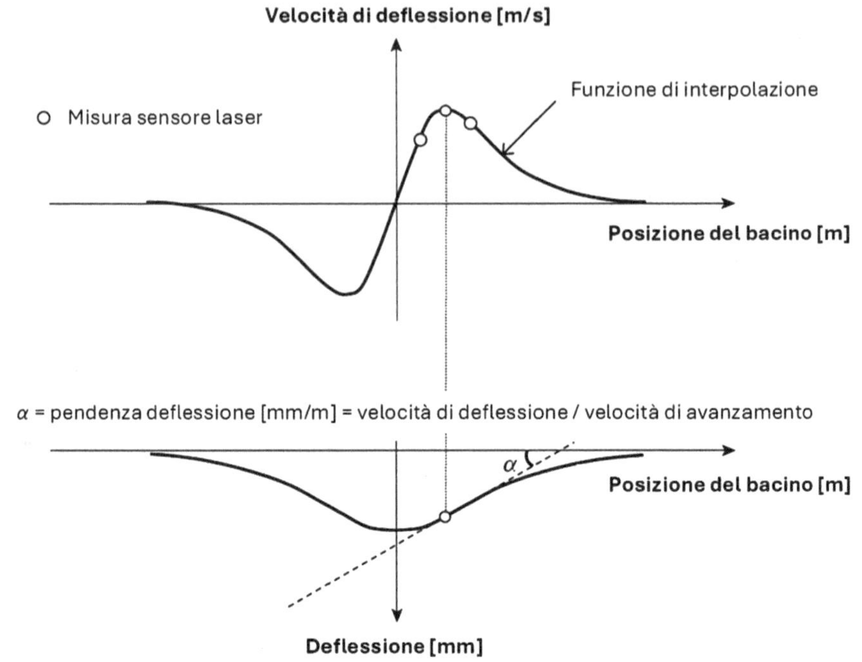

Figura 7.5 Determinazione del bacino di deflessione da misure TSD. (Adattata da [1])

di veicoli strumentati. Poiché quest'ultimo metodo non sempre garantisce la ripetibilità delle misurazioni, si tende a preferire il rilievo diretto del profilo, a cui fa seguito una opportuna modellazione matematica.

Per il rilievo del profilo (longitudinale) di una pavimentazione si possono impiegare metodi manuali (come la *stadia* e il *livello* o il *Dipstick*, impiegato negli USA) oppure profilometri inerziali, che garantiscono un rilievo più efficiente poiché operano a velocità confrontabili con quelle del traffico. Tali apparecchiature sono dotate di accelerometri (che permettono di determinare gli spostamenti verticali del veicolo), combinati a sensori ottici, laser oppure a ultrasuoni (che misurano la distanza tra il veicolo e la superficie stradale). I dati ottenuti vengono associati alla posizione longitudinale, restituendo il profilo della pavimentazione, che viene a sua volta analizzato allo scopo di ricavare indici rappresentativi della regolarità superficiale. Rientrano nella categoria dei profilometri inerziali apparecchiature come l'*Analizzatore del profilo longitudinale* (APL), sviluppato in Francia, il *Road Surface Tester* (RST), sviluppato in Svezia, il profilometro laser sviluppato dal *Transport and Road Research Laboratory* (TRRL) in Inghilterra, e l'*Automatic Road Analyzer* (ARAN), concepito in Canada. Quest'ultimo, oggi largamente impiegato in Italia, è in grado di rilevare non solo il profilo longitudinale (grazie all'impiego di due accelerometri) ma anche la geometria della strada e i dissesti presenti sulla superficie della pavimentazione (Fig. 7.6) [4].

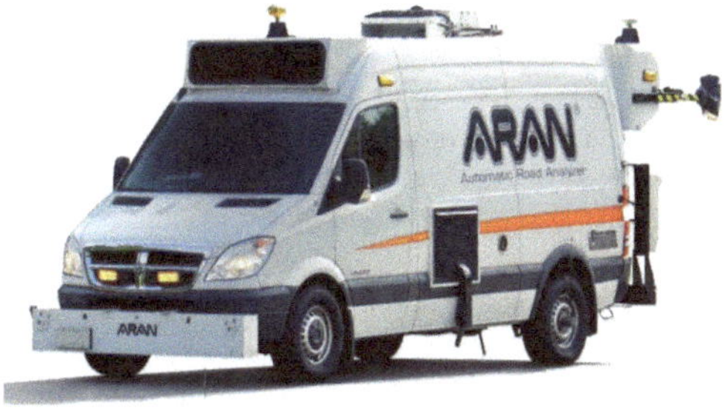

Figura 7.6 Automatic Road Analyzer (ARAN)

Occorre precisare che un profilometro è considerato valido quando consente di ottenere un profilo caratterizzato da una ben definita correlazione con il profilo realmente posseduto dalla pavimentazione. In particolare, tale correlazione si traduce nel possesso dei medesimi valori statistici rappresentati, ad esempio, dal parametro denominato *International Roughness Index* (IRI), di cui si parlerà più dettagliatamente nel seguito. Pertanto, i risultati ottenuti con apparecchiature ritenute valide non richiedono conversioni.

L'analisi del profilo superficiale ottenuto prevede inizialmente l'applicazione di un filtro di smussamento a media mobile, con il quale si tiene conto che l'azione delle sospensioni di un veicolo tende a mitigare sui passeggeri gli effetti delle accelerazioni derivanti dal profilo superficiale (i.e. il veicolo stesso funge da filtro meccanico). Il profilo smussato viene quindi filtrato utilizzando un modello denominato *Quarter-Car Simulation* (QCS), che considera una velocità simulata pari a 80 km/h. Dividendo la sommatoria dei movimenti (in valore assoluto) della sospensione schematizzata nel modello QCS per la lunghezza del profilo, si ricava il parametro IRI, introdotto dalla World Bank nel 1986 per risolvere i problemi di riproducibilità e di stabilità connessi alla misura della regolarità superficiale di una pavimentazione stradale (unità di misura: m/km oppure mm/m). La Fig. 7.7 mostra i valori di IRI tipici per diversi tipi di pavimentazione [1].

Aderenza Per la misura dell'aderenza, vista la complessità del fenomeno, tutti i metodi si basano su alcuni principi comuni: 1. il moto relativo pneumatico-pavimentazione (e.g. frenata di emergenza, moto in curva) è rappresentato dalla velocità di scorrimento S; 2. lo pneumatico impiegato per la misura ha caratteristiche standardizzate; 3. la misura avviene in condizioni di pavimentazione bagnata, fissando il valore dello spessore del velo idrico.

I principali metodi e apparecchiature impiegati per le misure di aderenza sono riportati in Fig. 7.8 e possono essere suddivisi in due categorie dal punto di vista pratico, i.e., metodi in assenza di traffico e metodi che consentono di operare a velocità compatibili con quelle del traffico. I primi risultano essere puntuali, facili da impiegare e hanno costi contenuti, mentre i secondi sono più complessi e costosi ma sicuramente più efficienti.

Tra le apparecchiature in assenza di traffico, ricadono il *British Pendulum Tester* (BPT) e il *Dynamic Friction Tester* (DFT), che misurano l'aderenza valutando la

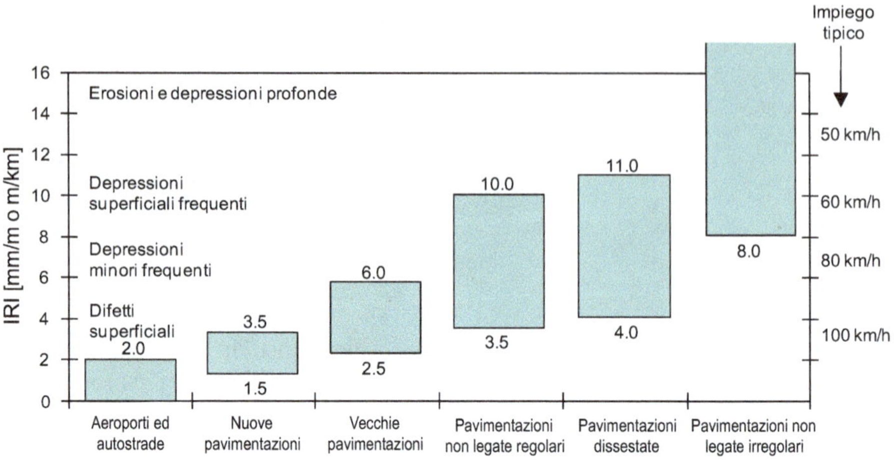

Figura 7.7 Valori tipici dell'IRI per lunghezza di riferimento per il profilo di 320 m. (Adattata da [1])

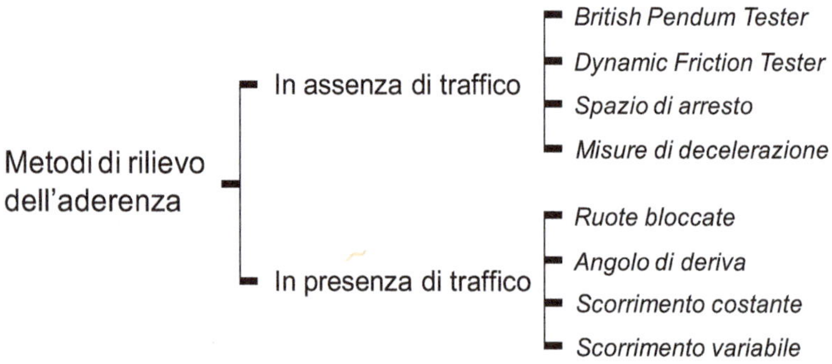

Figura 7.8 Metodi di rilievo dell'aderenza. (Adattata da [1])

perdita di energia per attrito. In particolare, il BPT utilizza un pendolo con pattino in gomma, mentre il DFT impiega un piatto rotante con tre elementi in gomma.

Tra le apparecchiature impiegabili in presenza di traffico, troviamo:

1. *carrelli trainati a ruote bloccate*, che riproducono le condizioni tipiche di un veicolo privo di dispositivi ABS impegnato in una frenata di emergenza a ruote bloccate (velocità di scorrimento S = velocità di avanzamento del veicolo V);
2. *carrelli trainati con ruote libere di ruotare nel proprio piano e angolo di deriva*, che riproducono le condizioni di equilibrio trasversale riscontrabili in un veicolo impegnato a percorrere una traiettoria in curva (S = 0 nella direzione di rotolamento dello pneumatico). L'apparecchiatura impiegata è denominata *SCRIM* (*Sideway-force Coefficient Routine Investigation Machine*), presenta un angolo di deriva costante $\theta = 20°$ (Fig. 7.9) e permette di ricavare il *coefficiente di ade-*

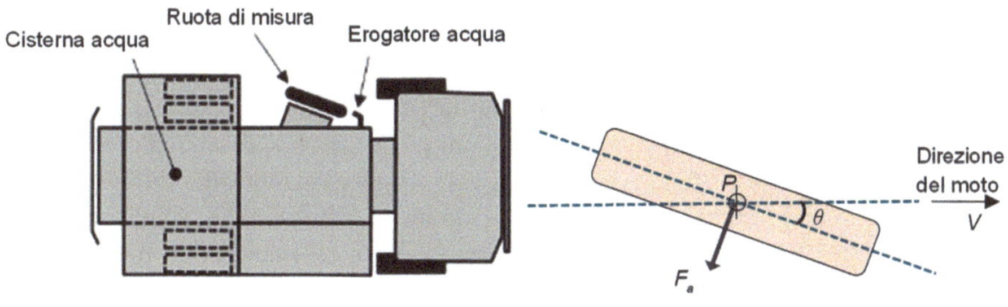

Figura 7.9 Apparecchiatura SCRIM. (Adattata da [1])

renza trasversale (CAT). Attualmente, lo SCRIM è molto impiegato in Italia per la valutazione dell'aderenza.

3. *apparecchiature a scorrimento costante*, come lo *skiddometer* (S = 0,17V) e il *griptester* (S = 0,145V), che valutano l'aderenza applicando una frenatura parziale alle ruote di misura [1, 4].

Alle misure di aderenza si affiancano tipicamente misure della tessitura superficiale della pavimentazione. In particolare, la *microtessitura*, associabile alle caratteristiche dei singoli aggregati presenti sulla superficie della pavimentazione, viene solitamente valutata con metodi indiretti, che consistono nell'eseguire prove di aderenza a bassa velocità, ad esempio con il BPT e il DFT.

Invece, la *macrotessitura*, associabile alle asperità intergranulari determinate dalle proprietà geometriche degli aggregati impiegati nello strato di usura, può essere valutata con metodi volumetrici, profilometrici o prestazionali. I metodi volumetrici prevedono misure puntuali (i.e. necessaria la chiusura al traffico), in cui si impiega un volume noto di materiale che viene distribuito sulla superficie stradale su un'area circolare. In tale modo si risale alla profondità media della tessitura MTD (*Mean Texture Depth*), nota anche come *altezza in sabbia*. I metodi profilometrici prevedono di norma l'acquisizione del profilo superficiale bidimensionale con apparecchiature analoghe a quelle impiegate per la valutazione della regolarità e consentono quindi di determinare la profondità media del profilo MPD (*Mean Profile Depth*). I metodi prestazionali, infine, valutano parametri "prestazionali" (e.g. rumore di rotolamento, capacità drenante) della pavimentazione invece che una caratteristica geometrica della tessitura. Pertanto, risultano poco impiegati.

L'indicatore di stato più utilizzato in termini di aderenza è l'*International Friction Index* (IFI), introdotto a valle di una sperimentazione condotta dall'Associazione Mondiale della Strada (AIPCR), finalizzata ad armonizzare i metodi di misura dell'aderenza e della tessitura superficiale. In particolare, l'IFI è definito da una coppia di valori (F60, S_p), dove F60 rappresenta la stima armonizzata dell'aderenza a una velocità di scorrimento di 60 km/h e S_p rappresenta una misura di macrotessitura armonizzata. Nell'ambito della gestione e della manutenzione di una rete stradale, l'IFI viene utilizzato stabilendo soglie minime per i parametri F60 e S_p [1].

Rumorosità Per la valutazione del rumore stradale, si possono individuare tre principali approcci [1]:

1. Misura del livello sonoro globale del traffico con microfoni posizionati a bordo strada: metodo *statistical pass-by* (SPB) in presenza di traffico reale o metodo *controlled pass-by* (CPB) in presenza di veicoli selezionati a velocità controllata.
2. Metodo *close-proximity* (CPX), con il quale si determina il solo rumore di rotolamento tramite microfoni installati vicino all'interfaccia pneumatico-pavimentazione (su veicoli di prova o carrelli trainati). Tale metodo, che risulta essere il metodo di riferimento proposto nei CAM Strade di recente emanazione, consente misure rapide su tratte lunghe senza interruzione del traffico, ma esclude gli effetti del rumore aerodinamico e meccanico.
3. Misure di fonoassorbimento, che valutano le capacità di assorbimento acustico delle pavimentazioni attraverso prove di laboratorio (e.g. *tubo di impedenza di Kundt*) o in sito.

Degradazioni superficiali Le degradazioni superficiali presenti sulla pavimentazione sono indicative dello stato di salute complessivo della pavimentazione stessa. Tali degradazioni possono essere raggruppate in quattro categorie principali, i.e., fessurazioni, distorsioni, disintegrazioni e perdite di aderenza. Il rilievo di tali dissesti può essere visivo (secondo procedure standardizzate che garantiscono una valutazione oggettiva) o strumentale (automatizzato). In particolare, il rilievo automatizzato avviene per mezzo di veicoli strumentati che acquisiscono immagini digitali della superficie stradale (Fig. 7.10) e/o dati sul profilo longitudinale e trasversale per mezzo di appositi sensori (laser, acustici o a infrarossi). Tali veicoli, inoltre, sono generalmente dotati di sistemi di georeferenziazione della posizione in modo tale da poter riferire le immagini acquisite con la loro relativa ubicazione. I rilievi automatizzati garantiscono migliori condizioni di sicurezza nelle operazioni di rilievo, una maggiore efficienza e una maggiore oggettività e coerenza dei dati raccolti.

Dall'analisi delle degradazioni superficiali si ricava infine un indice sintetico, che "quantifica" lo stato di salute complessivo della pavimentazione, il più diffuso dei quali è il *Pavement Condition Index* (PCI) introdotto dallo U.S. Army Corps

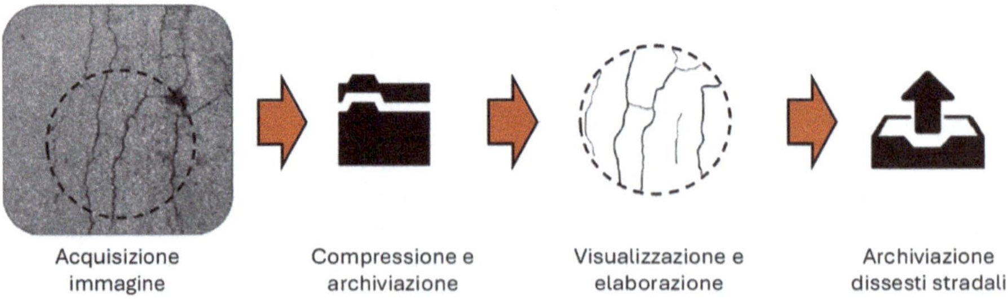

Figura 7.10 Rilievo automatizzato: acquisizione ed elaborazione di dissesti stradali. (Adattata da [1])

of Engineers. Tale indice tiene conto della tipologia di dissesti presenti sulla pavimentazione, della loro estensione e della loro severità, e assume valori compresi tra 100 (pavimentazione perfettamente integra) a 0 (pavimentazione completamente degradata) [1, 3, 4].

7.3 I Pavement Management System nell'era delle Smart Road

I *pavement management system* tradizionali si basano su processi manuali e su raccolte dati periodiche (e.g. 1 o 2 volte all'anno), spesso con costi elevati e tempi lunghi di elaborazione. Tuttavia, con l'avvento delle Smart Road e delle nuove tecnologie digitali, il paradigma della gestione delle pavimentazioni sta evolvendo rapidamente, consentendo un monitoraggio continuo (i.e. in tempo reale) dell'infrastruttura e dunque decisioni più informate e un'ottimizzazione degli interventi di manutenzione.

7.3.1 Monitoraggio continuo della rete stradale

In una Smart Road, il monitoraggio continuo dello stato di salute della pavimentazione può essere garantito mediante (Fig. 7.11) [5–12]:

1. Sensori IoT (*Internet of Things*) integrati nella pavimentazione (anche detti sensori *embedded*), che raccolgono dati sullo stato di salute della pavimentazione, sulle condizioni ambientali e sul traffico e li trasmettono in tempo reale in modalità *wireless*. I sensori *embedded* possono essere sulla superficie della pavimentazione (e.g. microfoni e registratori che rilevano vibrazioni, rumore e variazioni termiche, correlabili con le proprietà funzionali della pavimentazione) oppure interni alla pavimentazione (e.g. per il monitoraggio dello stato tenso-deformativo, della temperatura, dell'umidità, e di tutti quei parametri che influiscono sulla portanza). Alcuni esempi di sensori impiegabili per il monitoraggio delle pavimentazioni sono mostrati in Fig. 7.12.

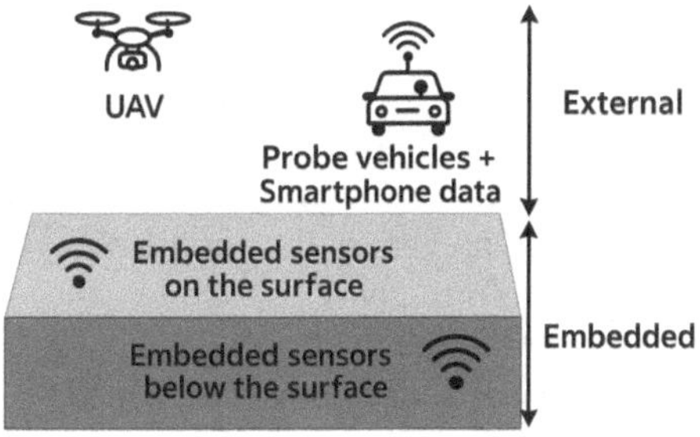

Figura 7.11 Sistemi di raccolta dati sulla pavimentazione in una Smart Road. (Adattata da [5, 6])

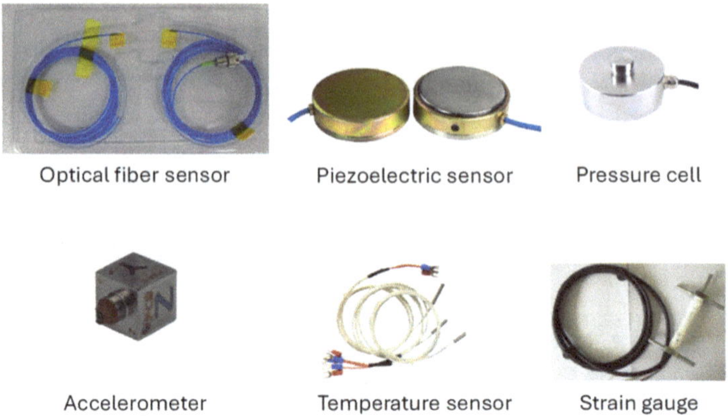

Figura 7.12 Sensori impiegabili per il monitoraggio della pavimentazione. (Adattata da [10])

Figura 7.13 Pneumatici *smart* o *smart tyres*. (Adattata da [9])

2. Veicoli connessi, che raccolgono costantemente informazioni su aspetti come la regolarità, l'aderenza e la presenza di dissesti grazie ai sensori e alle tecnologie di cui dispongono (e.g. telecamere, LiDAR, accelerometri, pneumatici *smart* (Fig. 7.13)). Tali informazioni possono essere trasferite in tempo reale all'ente gestore della rete stradale sfruttando la *connettività V2I* (vehicle to infrastructure).
3. Materiali *smart*, con capacità di auto-diagnosi (*self-sensing*) e di auto-riparazione (*self-healing*). Tali materiali, impiegabili all'interno di tipiche miscele bituminose, hanno proprietà piezoresistive o conduttive tali da rispondere attivamente ai cambiamenti delle condizioni al contorno (e.g. temperatura, carico, stato tenso-deformativo).
4. Droni (o *unmanned aerial vehicles*, UAV), in grado di fornire ispezioni rapide e dettagliate senza interferire con il traffico. I droni possono essere impiegati per

rilevare in tempi brevi situazioni di criticità (e.g. incidenti stradali) e per il rilievo dei dissesti stradali superficiali.
5. Dati *remote sensing* (e.g. satellitari), che possono essere 2D (immagini ottiche e immagini SAR (*synthetic aperture radar*)) oppure 3D (nuvole di punti LiDAR), impiegabili per rilevare potenziali degradazioni o cambiamenti nella pavimentazione (o nell'infrastruttura viaria in generale) e nell'ambiente circostante.

7.3.2 PMS e Digital Twin

L'adozione dei cosiddetti *Digital Twin* (DT) nel campo delle infrastrutture viarie rappresenta una delle più significative evoluzioni nel campo della gestione e manutenzione stradale [10, 13–18]. Un DT è un gemello digitale dinamico di un'entità fisica (e.g. un'infrastruttura) che utilizza dati in tempo reale per simulare, analizzare e ottimizzare le prestazioni dell'entità fisica stessa. In generale, quindi, un DT è costituito da tre elementi fondamentali, i.e. l'entità fisica (e.g. infrastruttura), l'entità virtuale (il modello digitale generato grazie ai dati raccolti) e le connessioni bidirezionali (i.e. il flusso di dati) tra queste due entità (Fig. 7.14). In particolare, la costruzione del gemello digitale può avvalersi o svilupparsi a partire da modelli BIM (*Building Information Modeling*) dell'entità fisica già esistenti. Di recente è stato introdotto il concetto di DT 5D, che aggiunge ai tre elementi fondamentali sopra citati (entità fisica, entità virtuale, flusso di dati) altre due dimensioni, ovve-

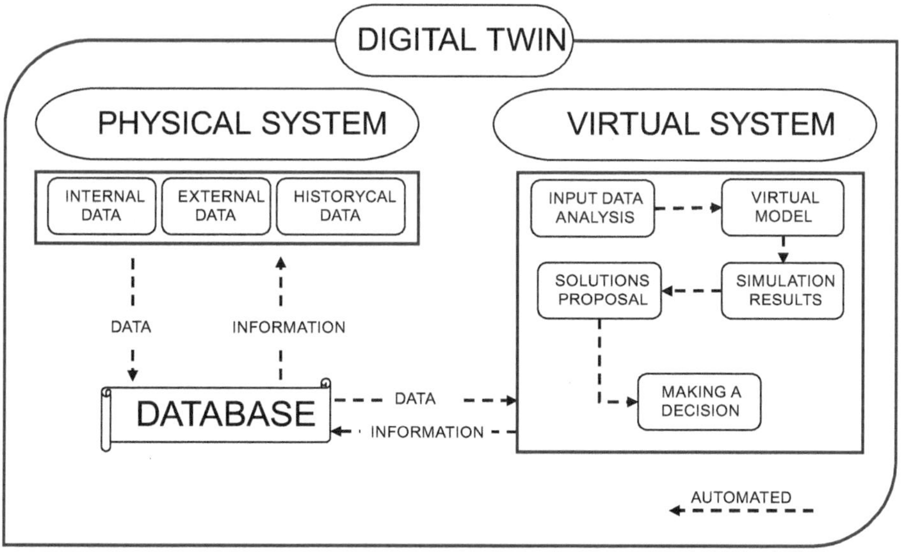

Figura 7.14 Caratteristiche principali di un Digital Twin. (Adattata da [13])

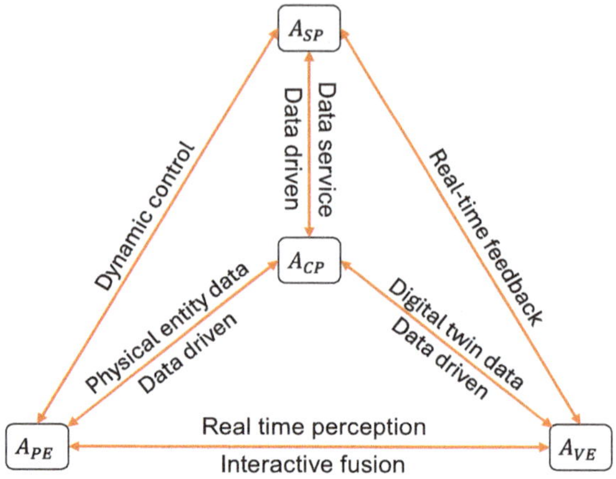

Figura 7.15 Schematizzazione di un Digital Twin di una pavimentazione: A_{PE} = entità fisica, A_{VE} = entità virtuale, A_{CP} = piattaforma dati, A_{SP} = piattaforma "di servizio". (Adattata da [10])

ro una piattaforma dove convergono tutti i dati e una piattaforma "di servizio" che rappresenta l'insieme delle simulazioni, dei servizi e delle automazioni.

Nel caso di un DT applicato alla gestione delle pavimentazioni, i dati con i quali il DT viene aggiornato in tempo reale sono quelli raccolti dai sistemi descritti in precedenza (sensori *embedded*, veicoli connessi, materiali *smart*, droni, dati *remote sensing*). La schematizzazione di un DT 5D relativo ad una pavimentazione è mostrata in Fig. 7.15.

L'uso dell'*intelligenza artificiale* (AI) e di algoritmi di *machine learning* all'interno dei DT può consentire di analizzare le enormi quantità di dati derivanti dal monitoraggio continuo (*Big Data*) e prevedere il degrado delle pavimentazioni (prestazioni strutturali e funzionali, quadro complessivo dei dissesti) con maggiore affidabilità.

Ne consegue non solo un'ottimizzazione degli interventi di manutenzione e degli investimenti infrastrutturali, ma anche una certa automazione dei processi decisionali nei sistemi di gestione, resa possibile anche dalla capacità dei DT di testare strategie di manutenzione differenti prima della loro effettiva implementazione sul campo (simulazione di diversi scenari manutentivi). In questo modo, diventa possibile il passaggio da una manutenzione di tipo *reattivo* o *correttivo* (tipica dei PMS tradizionali, nei quali si interviene solo dopo aver individuato il problema nell'ambito del monitoraggio periodico della rete) ad una manutenzione di tipo *proattivo* o *migliorativo* [10, 13, 15–18]. Le soluzioni più "futuristiche" prevedono addirittura l'automazione degli interventi manutentivi attraverso l'impiego di sistemi robotici [14].

7.4 Considerazioni conclusive

In definitiva, è possibile ipotizzare numerosi vantaggi per i PMS moderni rispetto a quelli tradizionali, tra cui una maggiore accuratezza nella valutazione delle condizioni della pavimentazione grazie alle informazioni trasmesse in tempo reale dai sensori *embedded* e dai veicoli connessi, una riduzione dei costi di manutenzione grazie a strategie predittive basate su analisi dati avanzate (AI), un miglioramento della sicurezza stradale grazie alla tempestività di intervento in condizioni di criticità e al ridotto rischio di incidenti dovuti a pavimentazioni fortemente degradate, una maggiore sostenibilità complessiva grazie all'adozione di strategie di manutenzione efficienti.

Le maggiori sfide da affrontare relativamente all'implementazione dei PMS moderni riguardano principalmente l'integrazione e la standardizzazione dei dati (la raccolta di informazioni da diverse fonti richiede protocolli unificati), i costi iniziali elevati da fronteggiare in termini di hardware e software, la durabilità e affidabilità dei sensori (devono resistere alle condizioni ambientali, anche estreme, e garantire dati affidabili nel tempo), la protezione dei dati personali e la cybersecurity (per evitare attacchi informatici ai sistemi di gestione stradale).

Riferimenti bibliografici

1. Santagata FA (2016) Strade: teoria e tecnica delle costruzioni stradali. Pearson
2. Grilli A (2023) Volume unico per la gestione e la manutenzione delle pavimentazioni stradali. Bookstones Edizioni, Rimini
3. Peraka NSP, Biligiri K (2020) Pavement asset management systems and technologies: a review. Autom Constr 119:103336
4. Zhang AA et al (2024) Intelligent pavement condition survey: overview of current researches and practices. J Road Eng 4(3):257–281
5. Karbalaei Mohammad Hossein A, Golroo A, Akhoundzadeh M (2024) Smart embedded technologies and materials for enhanced pavement management. Autom Constr 168:105865
6. Amândio M, Parente M, Neves J, Fonseca P (2021) Integration of smart pavement data with decision support systems: A systematic review. Buildings 11(12):579
7. Abdollahi C, Mollajafari M, Golroo A, Moridpour S, Wang H (2024) A review on pavement data acquisition and analytics tools using autonomous vehicles. Road Mater Pavement Des 25(5):914–940
8. Samie M, Golroo A, Tavakoli D, Fahmani M (2024) Potential applications of connected vehicles in pavement condition evaluation: a brief review. Road Mater Pavement Des 25(5):889–913
9. Pomoni C (2022) Exploring smart tires as a tool to assist safe driving and monitor tire – road friction. Vehicles 4:744–765
10. Wang X, Zhang Y, Li H, Wang C, Feng P (2024) Applications and challenges of digital twin intelligent sensing technologies for asphalt pavements. Autom Constr 164:105480
11. Levenberg E, Skar A, Pour SM, Kindler E, Pettinari M, Bajic M, Alstrøm TS, Schlotz U (2021) Live road condition assessment with internal vehicle sensors. Transp Res Rec 2675(10):1442–1452
12. Chen Z et al (2022) Road extraction in remote sensing data: a survey. Int J Appl Earth Obs Geoinformation 112:102833

13. Werbińska-Wojciechowska S, Giel R, Winiarska K (2024) Digital twin approach for operation and maintenance of transportation system – systematic review. Sensors 24(18):6069
14. Xu J et al (2024) Highway digital twin-enabled autonomous maintenance plant: a perspective. Data-centric Eng 5:e24
15. Sun Z, Jayasinghe S, Sidiq A, Shahrivar F, Mahmoodian M, Setunge S (2025) Approach towards the development of digital twin for structural health monitoring of civil infrastructure: a comprehensive review. Sensors 25(1):59
16. Yan Y, Ni L, Sun L, Wang Y, Zhou J (2025) Digital twin enabling technologies for advancing road engineering and Lifecycle applications. Engineering 44:184–206
17. Wu D, Zheng A, Yu W, Cao H, Ling Q, Liu J, Zhou D (2025) Digital twin technology in transportation infrastructure: a comprehensive survey of current applications, challenges, and future directions. Appl Sci 15(4):1911
18. Talaghat MA, Golroo A, Kharbouch A, Rasti M, Heikkilä R, Jurva R (2024) Digital twin technology for road pavement. Autom Constr 168:105826

Capitolo 8
Le Smart Road e l'innovazione sensoristica: monitoraggio termico delle pavimentazioni stradali

Abstract L'evoluzione delle infrastrutture stradali in ottica di Smart Road ha introdotto nuove metodologie di monitoraggio basate su sensoristica avanzata, con l'obiettivo di migliorare la sicurezza, l'efficienza e la sostenibilità delle reti viarie. In particolare, il regime termico della pavimentazione assume un ruolo centrale nella progettazione e manutenzione stradale, influenzando la durabilità dei materiali e le condizioni di sicurezza della circolazione. Le Smart Road, attraverso l'integrazione di sensori avanzati e sistemi IoT, consentono una gestione proattiva del degrado termico, permettendo interventi manutentivi mirati e ottimizzando i costi operativi. Questo capitolo analizza le tecnologie impiegate per il monitoraggio termico delle pavimentazioni, con particolare attenzione all'applicazione di RTD, termoresistori e termocoppie, e al loro impatto sulla gestione della rete stradale. Si approfondiscono, inoltre, le implicazioni normative e tecniche in conformità con il Decreto Smat Road, ponendo l'accento sulle prospettive di sviluppo nell'ambito della digitalizzazione infrastrutturale.

Le Smart Road rappresentano una indiscussa trasformazione digitale delle infrastrutture stradali, che si inserisce nel più ampio quadro della mobilità sostenibile, consentendo una gestione avanzata del traffico e una riduzione degli impatti ambientali: grazie alla tecnologia IoT e ai Big Data, infatti, la molteplicità delle informazioni raccolte dai sensori possono essere elaborate in tempo reale per consentire agli Enti gestori e proprietari delle infrastrutture di pianificare al meglio gli interventi di manutenzione sulla rete, per garantire le condizioni di funzionalità della stessa adeguate alle istanze di sicurezza della circolazione in qualsiasi tempo e condizione climatica.

La sensoristica avanzata applicata alla pavimentazione consente di raccogliere dati fondamentali per la valutazione dello stato prestazionale delle strade, inclusi parametri termici, meccanici e ambientali.

L'avvento della tecnologia a servizio delle "Smart Road" ha rivoluzionato il modo in cui le infrastrutture stradali vengono monitorate e mantenute. Grazie al-

F. Autelitano et al., *Le SMART ROAD - Stato dell'arte e scenari futuri*,
https://doi.org/10.1007/978-3-031-96144-1_8

l'integrazione di sensori, le Smart Road possono valutare continuamente le loro prestazioni in termini di integrità meccanica, termica e strutturale [1]. Questo approccio proattivo migliora la durata, la sicurezza e l'economicità della manutenzione stradale. Tra i vari aspetti monitorati, la temperatura svolge un ruolo cruciale nella comprensione del comportamento della pavimentazione e nella previsione di potenziali cedimenti. Le pavimentazioni intelligenti sono dotate di tecnologie di rilevamento avanzate in grado di acquisire dati in tempo reale sulle sollecitazioni, le deformazioni, la temperatura e i fattori ambientali che influenzano le superfici stradali. Questi sistemi utilizzano reti Internet of Things (IoT), analisi dei dati e algoritmi di apprendimento automatico per prevedere il deterioramento della pavimentazione, ottimizzare i programmi di manutenzione e migliorare la sicurezza stradale [2–4].

Si intuisce come, per quanto maggiormente rileva per gli enti proprietari e/o i gestori delle infrastrutture stradali, l'integrazione di sensori nelle infrastrutture di pavimentazione e l'uso dei dati monitorati per fini di manutenzione programmata consenta di migliorare significativamente la durabilità dell'infrastruttura, consentendo la pianificazione di interventi di manutenzione efficaci e tempestivi, grazie alle capacità predittive migliorate dalla calibrazione tramite i dati rilevati in sito.

In questo contesto, il regime termico della pavimentazione stradale negli ultimi decenni ha assunto un interesse centrale nella fase di progettazione, sia per la doverosa considerazione dei principi della sostenibilità ambientale, strettamente legata ai cambiamenti climatici e ai correlati aumentati rischi di condizioni estreme, sia dal punto di vista più squisitamente tecnico, data la necessità di prevedere prestazioni meccaniche adeguate a sostenere i carichi di traffico, sempre crescenti.

Quando si parla di regime termico ci si riferisce, in particolare, al comportamento termico dei materiali costituenti gli strati delle pavimentazioni stradali, e dunque alla loro risposta alle variazioni di temperatura nell'ambiente circostante. Questo fenomeno è influenzato da molteplici fattori, come l'irraggiamento solare, le condizioni climatiche dell'ambiente di inserimento dell'infrastruttura e, ovviamente, le proprietà termiche dei materiali stessi.

La temperatura della pavimentazione ha un'influenza diretta sulle proprietà meccaniche: le variazioni di temperatura condizionano la risposta ai carichi dei materiali suscettibili, in particolare nelle pavimentazioni in conglomerato bituminoso, dove le sollecitazioni termiche possono portare alla formazione di deformazioni permanenti (ormaie) nei climi caldi e alla fessurazione da fatica termica, nei climi più rigidi. Temperature estreme possono causare, quindi, invecchiamento precoce, fessurazioni e deformazioni, compromettendo l'integrità della strada. Inoltre, le variazioni di temperatura influiscono sull'adesione di interfaccia tra gli strati della pavimentazione, influenzandone la durata complessiva [5].

Il monitoraggio continuo della temperatura permette di correlare i dati termici con le prestazioni meccaniche, consentendo così la definizione di strategie di manutenzione predittiva per ridurre i degradi prima che diventino critici [6]. Inoltre, i dati sulla temperatura aiutano a progettare materiali di pavimentazione più resistenti, in grado di resistere a condizioni meteorologiche estreme, che è una delle precise istanze poste dalla necessità di garantire della resilienza al *climate change*.

In tal senso, le Smart Road rappresentano una fondamentale trasformazione digitale delle infrastrutture stradali, in linea con le direttive europee sulla mobilità intelligente e con il Decreto SMARTROAD del Ministero delle Infrastrutture e dei Trasporti [7]. Questa digitalizzazione si inserisce nel quadro della mobilità sostenibile, migliorando la gestione del traffico e riducendo gli impatti ambientali. Grazie alla tecnologia IoT e ai Big Data, le informazioni raccolte dai sensori possono essere elaborate in tempo reale e quindi usate, come detto, per ottimizzare la manutenzione e garantire maggiore sicurezza.

8.1 Tecniche e sensori per il monitoraggio della temperatura

Nelle pavimentazioni intelligenti vengono impiegate diverse tecniche di rilevamento della temperatura per misurare e analizzare le condizioni termiche. Questi sensori variano per precisione, portata e idoneità all'applicazione. I sensori di temperatura più utilizzati sono i rilevatori di temperatura con resistenza (Resistance Temperature Detectors RTDs), le resistenze termiche, e le termocoppie [2, 3, 8]. Certamente, la previsione di tali sensori presenta diverse sfide operative che possono influenzare la loro affidabilità e accuratezza. Alcuni problemi principali da considerare in fase di definizione del piano di installazione riguardano:

1. il possibile danneggiamento durante le fasi di posa in opera
   - durante le operazioni di stesa dei conglomerati a caldo, i sensori sono esposti ad alte temperature (oltre 150 °C) che possono compromettere il corretto funzionamento della componentistica elettronica;
   - la compattazione degli strati può portare al danneggiamento o disallineamento dei sensori.
2. il possibile deterioramento nel tempo
   - l'esposizione alle ripetizioni delle sollecitazioni meccaniche (soprattutto ai carichi indotti dal traffico pesante) può danneggiare i cavi o la struttura del sensore.
   - l'infiltrazione di acqua e di eventuali sostanze chimiche sversate in superficie può deteriorare i componenti interni.
3. eventuali interferenze ambientali
   - è il caso di variazioni di temperatura estreme tra giorno e notte, che possono generare errori di lettura o sfasamenti nei dati.
   - l'accumulo di detriti e polveri sulla superficie può alterare le misurazioni.
   - l'errata calibrazione o installazione
   - il verificarsi di condizioni di ombreggiamento impreviste in fase di scelta dei siti di installazione, per esempio per la mancata manutenzione del verde prossimo al sito di installazione o per costruzioni successive, che alterano le misure effettuate.

8.1.1 Rilevatori di Temperatura con Resistenza (RTDs)

I rilevatori di temperatura a resistenza (RTD) sono sensori di temperatura di precisione costituiti da fili sottili di platino, rame o nichel, avvolti intorno a un nucleo di ceramica. La resistenza di questi fili cambia in modo prevedibile con le variazioni di temperatura, permettendo una misurazione termica accurata. [9].

La scelta del materiale costituente dei cavi determina il range delle temperature operative e la precisione del sensore stesso. Rispetto ad altri sensori, gli RTD offrono un'elevata precisione, tipicamente compresa tra 0,1 e 1 °C, che li rende ideali per analisi termiche dettagliate nelle pavimentazioni. La loro durata e stabilità nel tempo li rende adatti ad applicazioni di monitoraggio a lungo termine della pavimentazione. Lo schema tipico di un RTD con componenti (fili e resistenze) al platino, prevede una protezione adeguata della componentistica, svolta da un nucleo cilindrico con guarnizione.

8.1.2 Sensore con Resistore Termico

I sensori a resistore operano secondo il principio della variazione della resistenza in funzione della temperatura, per cui il loro valore resistivo subisce cambiamenti significativi al variare della temperatura. Grazie alla loro elevata sensibilità, questi sensori sono in grado di fornire misurazioni estremamente precise, con un margine di accuratezza fino a 0,05 °C. Sebbene l'intervallo di temperatura operativa sia più ristretto rispetto a quello delle RTD o delle termocoppie, la loro superiore accuratezza li rende preziosi per valutazioni termiche di alta precisione nelle strutture delle pavimentazioni [9, 10]. I termoresistori sono adatti alla misura di temperatura in tempo reale.

8.1.3 Termocoppie

Le termocoppie sono ampiamente utilizzate per il monitoraggio della temperatura grazie alla loro semplicità e all'ampio intervallo di temperatura di esercizio. Tali Termocoppie funzionano generando una tensione proporzionale alla differenza di temperatura tra due giunzioni di metalli differenti. La loro struttura robusta li rende adatti a condizioni ambientali estreme, anche se la loro precisione è in genere inferiore a quella di RTD e termoresistori. Le termocoppie sono comunemente utilizzate negli studi sulle pavimentazioni per monitorare i gradienti di temperatura, soprattutto nelle strutture multistrato dove le variazioni di temperatura possono avere un impatto significativo sulle prestazioni. [3, 9].

8.1.4 Strumenti di misura alternativi per le pavimentazioni intelligenti

Oltre alla temperatura, le pavimentazioni intelligenti sono progettate per monitorare una serie di parametri fondamentali al fine di valutarne le prestazioni strutturali, la durabilità e la risposta ai carichi operativi. Il monitoraggio continuo di questi parametri consente di ottimizzare le strategie di manutenzione predittiva e migliorare la resilienza delle infrastrutture stradali. Numerosi studi in letteratura [2, 3, 11] hanno evidenziato l'importanza di diversi sensori integrati nelle pavimentazioni smart, tra i quali si distinguono:

- **Sensori di deformazione e sollecitazione**: fondamentali per la misura delle deformazioni indotte dai carichi veicolari e dalle sollecitazioni ambientali, questi sensori forniscono dati essenziali per la valutazione dell'affaticamento strutturale della pavimentazione e per la previsione del suo degrado nel tempo. Tecnologie come gli estensimetri e i sensori a fibra ottica sono comunemente impiegate per rilevare le variazioni di sforzo negli strati profondi della pavimentazione.
- **Sensori di umidità**: le variazioni del contenuto idrico all'interno della pavimentazione possono influenzare significativamente le proprietà meccaniche dei materiali costituenti, in particolare negli strati non asfaltati. Un eccessivo accumulo di umidità può ridurre la capacità portante della fondazione stradale, accelerando il degrado prematuro e favorendo la formazione di fenomeni di pumping e stripping nei conglomerati bituminosi.
- **Sensori di carico del traffico**: questi dispositivi consentono di rilevare in tempo reale i carichi trasmessi dagli assi dei veicoli, nonché la frequenza e l'intensità delle sollecitazioni applicate alla pavimentazione. Le informazioni raccolte risultano fondamentali per calibrare modelli di previsione del deterioramento e per la progettazione di strategie di manutenzione basate sulle reali condizioni operative della strada.
- **Sensori di deflessione**: misurano la risposta della pavimentazione ai carichi veicolari, fornendo dati cruciali per la valutazione della capacità strutturale del manto stradale. La deflessione sotto carico è un indicatore diretto del grado di deterioramento della pavimentazione e viene spesso impiegata per calibrare modelli meccanico-empirici di previsione delle prestazioni stradali. Tecnologie avanzate, come i geofoni e le celle di pressione, vengono integrate per garantire misurazioni affidabili anche in condizioni di traffico intenso.

Come detto in introduzione, l'integrazione di questi sensori nelle pavimentazioni intelligenti rappresenta un passo significativo verso lo sviluppo di infrastrutture stradali più resilienti e sostenibili. Tra l'altro, la naturale evoluzione della tecnologia delle pavimentazioni intelligenti, lo sviluppo di sensori sempre più sofisticati e di strumenti di analisi dei dati sempre più affidabili consentiranno, nel prossimo futuro, di migliorare ulteriormente la semplicità di installazione e l'affidabilità dei sensori, nonché di ridurne i costi e superare alcuni dei problemi prima ricordati [4, 12–14].

8.2 Progetto dimostratore "SMARTEP Parking"

Per valutare le potenzialità di un sistema integrato di sensoristica utile a costituire la base per la definizione di piani di monitoraggio delle pavimentazioni stradali, è stato appositamente sviluppato, nell'ambito del progetto di ricerca dell'Università degli Studi di Palermo denominato "SMARTEP, ovvero S.M.A.R.T. (Sustainable Model and Renewable Thinking) Energy Parking", un primo dimostratore di parcheggio di nuova concezione per sperimentare a scala reale, tecnologie costruttive che adottassero materiali sostenibili, specifiche applicazioni energetiche, ICT e gestionali innovativi, immediatamente esportabili e scalabili, anche in ambito urbano [15]. Si tratta, infatti, di una tipologia di struttura innovativa caratterizzata da modularità, facilmente scalabile in relazione alle dimensioni delle aree da strumentare, comprese quelle destinate a parcheggio come quella in esame. Per facilità di monitoraggio e tempestività di intervento per tutto il periodo di funzionamento del dimostratore, si è scelto infatti di strumentare un'area all'interno del Campus dell'Università degli Studi di Palermo di superficie complessiva di circa 2590 mq, suddivisa in tre zone distinte per materiali della pavimentazione e sensoristica implementata, con una dotazione di 55 stalli di dimensioni standard.

Dal punto di vista di sviluppo tecnologico della pavimentazione stradale sono stati messi a punto conglomerati bituminosi innovativi ottimizzati in ottica di economia circolare, meccanicamente ed energicamente valorizzati. In particolare, le zone oggetto dello studio di monitoraggio sono state realizzate con due pavimentazioni stradali differenti in superficie.

La Zona 1 è stata realizzata con uno strato superficiale in conglomerato bituminoso drenante, la Zona 2 è stata realizzata con uno strato superficiale in conglomerato bituminoso tradizionale chiuso come da Capitolato ANAS di Tipo A. Gli strati sottostanti, di base e binder, di pari spessore per entrambe le pavimentazioni, sono stati realizzati rispettosi dei requisiti di mix design specificati nel Capitolato ANAS per la rispettiva destinazione d'uso e, per entrambe le zone, con contenuto del 25% di materiale fresato. La Fig. 8.1 fornisce l'inquadramento planimetrico generale del parcheggio SMARTEP all'interno del Campus Universitario, lo schema delle installazioni dei diversi sensori scelti per il monitoraggio delle caratteristiche fisico-meccaniche e termiche dei materiali in opera.

La Fig. 8.2 riporta la vista del dimostratore completo e realizzato.

L'area è complessivamente dotata di sensoristica avanzata per il rilievo delle caratteristiche termo-meccaniche e funzionali durante la vita di servizio dei materiali in opera: le condizioni climatiche ambientali complete sono state monitorate tramite apposita stazione meteo, mentre nei diversi strati delle pavimentazioni realizzate sono stati allocati sensori di temperatura, di deformazione e celle di pressione. Per le distinte zone realizzate con pavimentazioni tipologicamente diverse, sono stati infine predisposti anche sensori per la misura delle portate delle acque defluite [6] e dispositivi per il campionamento delle acque infiltrate, per successive analisi di qualità delle stesse, come sinteticamente schematizzato in Fig. 8.3.

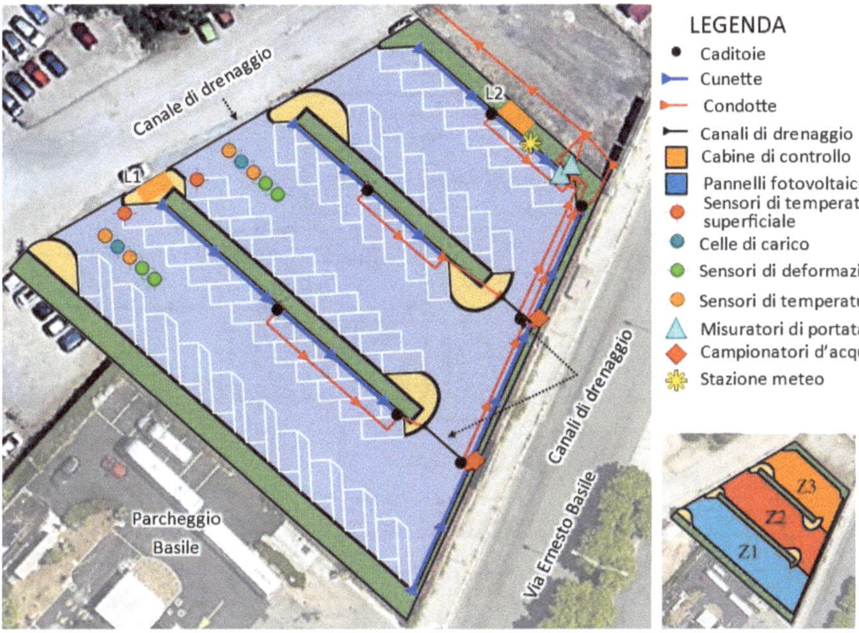

Figura 8.1 Parcheggio SMARTEP: schema delle installazioni per area

Figura 8.2 Parcheggio SMARTEP a conclusione dei lavori, vista satellitare

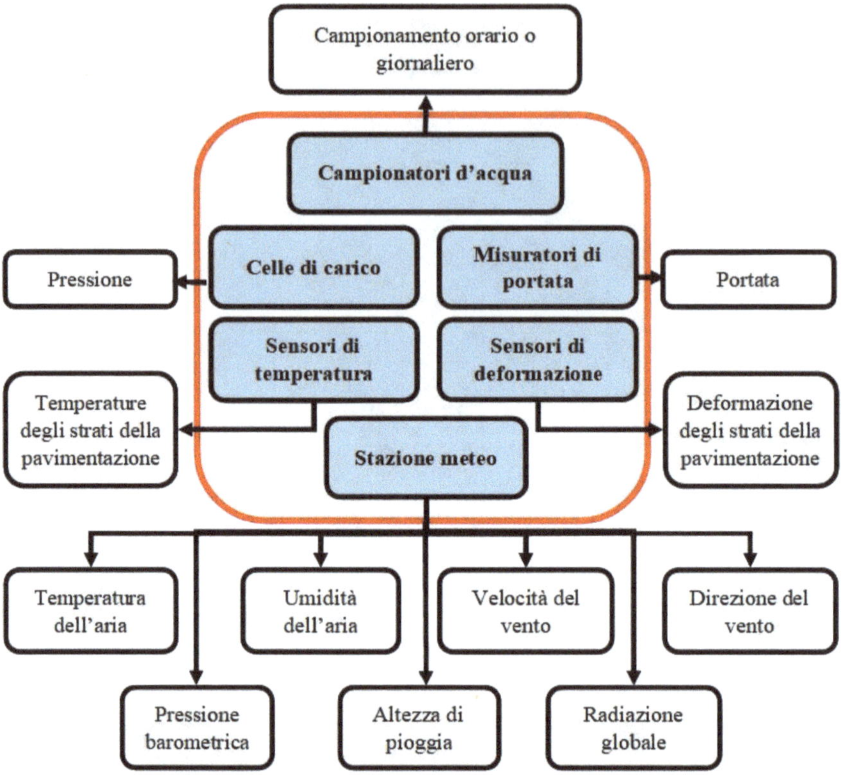

Figura 8.3 Schema dei sensori installati e dei dati misurati

8.2.1 Strumentazioni applicate per il monitoraggio

In dettaglio, per le finalità del monitoraggio specifico delle condizioni strutturali e meccaniche degli strati delle pavimentazioni, è stata prevista la seguente strumentazione di acquisizione:

- Termocoppie per il monitoraggio delle temperature per ognuno degli strati di conglomerato steso in opera (Base, Binder, Usura);
- Estensimetri per la misurazione delle deformazioni annegati anch'essi all'interno di ogni singolo strato;
- Celle di pressione per monitorare i carichi trasmessi dalla pavimentazione al sottofondo in terreno naturale.

Per una analisi comparativa tra il comportamento delle diverse pavimentazioni realizzate, la strumentazione è stata installata sia nella Zona 1 (Z1) con superficie in conglomerato drenante, sia nella Zona 2 (Z2) con strato superficiale "chiuso". I sensori sono stati installati in corrispondenza della linea mediana di ciascuna area,

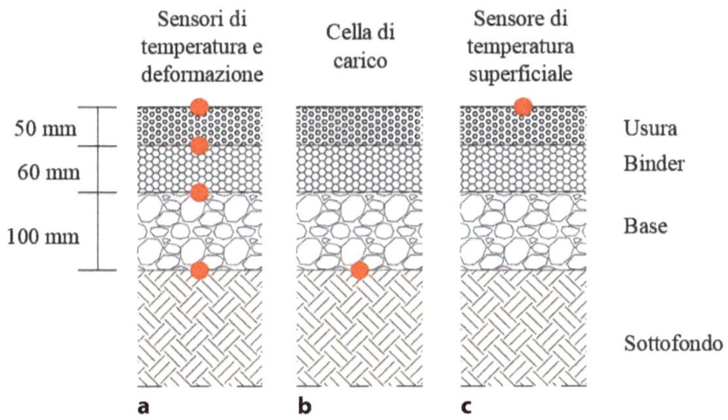

Figura 8.4 Sezione delle pavimentazioni realizzate e posizionamento dei sensori

con duplicazione delle sezioni di acquisizione per ciascuna verticale di misura, alle posizioni riportate in Fig. 8.4.

In particolare, focalizzando l'attenzione sulla sensoristica utilizzata per il monitoraggio delle temperature, sono state utilizzate termocoppie del tipo rappresentato in Fig. 8.5, collegate tramite cavo di connessione resistente alle alte temperature (per evitare problemi durante le fasi di posa in opera degli strati a caldo), a un sistema di acquisizione dati, con frequenza di acquisizione fissata in dieci minuti. Le caratteristiche tecniche sono specifiche per questo tipo di utilizzo, con temperature di esercizio dei sensori da −100 a 200 °C.

Particolare cura è stata posta a protezione dei sensori durante le operazioni di posa in opera degli strati in conglomerato bituminoso, per ridurre il rischio di danneggiamento dei sensori stessi.

Figura 8.5 Termocoppia installata

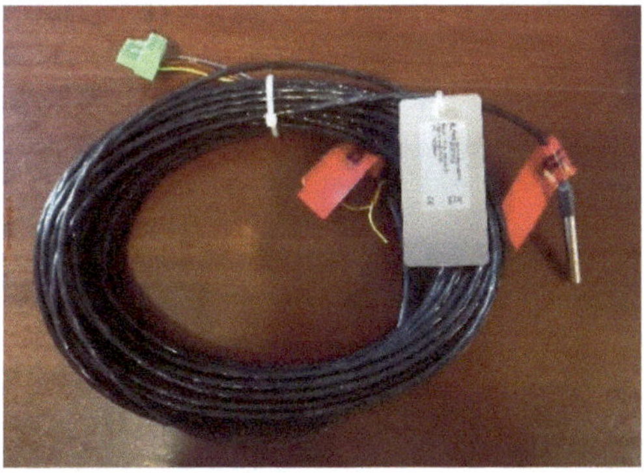

8.2.2 Sistema di acquisizione dati

Il sistema acquisizione dati connesso ai sensori installati è composto da data logger che consentono lo storage di dati per l'intervallo di acquisizione impostato e pari a dieci minuti. L'acquisizione dei dati in tempo reale è gestita tramite software di gestione di database Navicat. Oltre ai dati di temperatura all'interno della pavimentazione, vengono anche acquisiti dati dalla stazione meteorologica installata anch'essa all'interno del parcheggio. Si riporta di seguito, in Fig. 8.6, la strumentazione utilizzata per l'acquisizione dei dati.

Prima dell'installazione, ogni singolo sensore è stato sottoposto a un periodo di monitoraggio della durata di due settimane, durante il quale le letture sono state verificate quotidianamente. Dopo l'installazione e l'integrazione nella pavimentazione, i sensori sono stati monitorati in tempo reale in modo continuativo: il display presente all'interno dei box è stato, inoltre, particolarmente utile per i controlli di integrità durante l'installazione del sensore all'interno della pavimentazione. Questo ha permesso di eliminare possibili difetti di funzionamento o evidenziare danneggiamenti subiti dalle termocoppie, in tempo reale, durante l'installazione, e dunque procedere alla sostituzione o al recupero del difetto evidenziato, prima della conclusione dei lavori. Il sistema di acquisizione è stato alimentato direttamente da rete elettrica ed è stato implementato di apposito sistema di allerta, per eventuali anomalie. In caso di calo di tensione o interruzione dell'energia elettrica, i sensori sono dotati di una batteria di emergenza, assicurando così un funzionamento ininterrotto.

In Tab. 8.1 si riportano le caratteristiche tecniche del sistema di acquisizione dati e dei componenti installati.

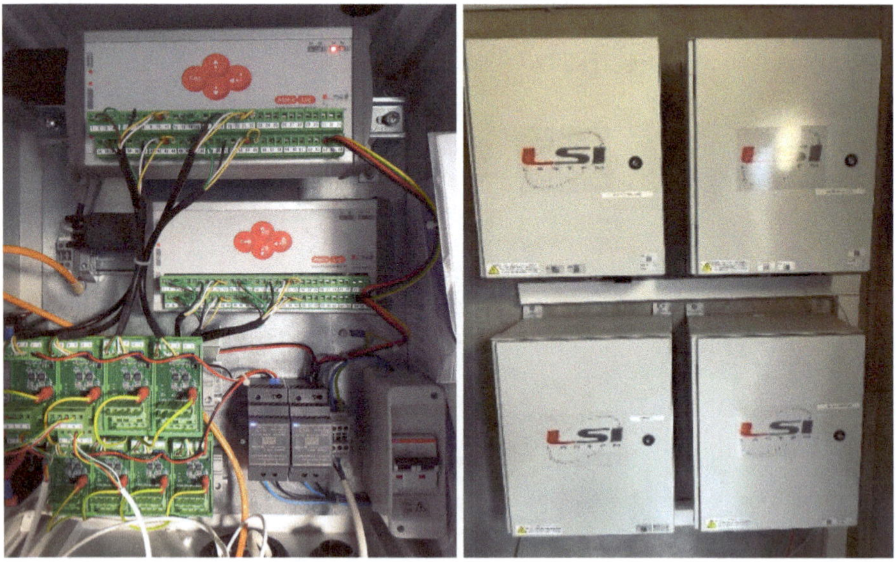

Figura 8.6 Sistema di acquisizione dati

Tabella 8.1 Caratteristiche sonde termometriche e Sistema di acquisizione

Zone 1 e 2	Descrizione tipologia e caratteristiche	N°
Termocoppie e Data Logger per acquisizione dati	Alpha-Log/400MB/n.2 RS232/n.1 RS485/n.2 USB/n.1 Ethernet	1
	ALIEM/Extension/input/N.8Analog+4Digital/RS232-Modbus	2
Sistema trasmissione dati	ROUTER 4G LTE cat. 4 Global, Wi-Fi, 1 Ethernet, antenne, alim. 9...30 Vcc, montaggio DIN rail Router 4G LTE, 9...30 Vcc	1
Box protettivi	Box/IP66/50x40x16cm/230V->13,8V/50W/batt .2Ah	1
	Box/IP66/50x40x16cm/Contenimento Moduli Slave	1

8.2.3 Risultati dell'analisi termica

La elevata numerosità di dati acquisiti ha permesso di poter osservare e valutare diversi aspetti legati alle proprietà fisiche (conducibilità e diffusività termica) degli strati di pavimentazione in funzione della profondità e dei materiali impiegati.

Si è scelto di gestire il database complessivamente acquisito tramite il software NAVICAT, dotato di una interfaccia semplice e intuitiva, come mostrato in Fig. 8.7.

Prima di poter essere utilizzati, i dati estratti hanno richiesto una preliminare attività di elaborazione e "pulizia": allo scopo sono state impiegate tabelle pivot di Excel, insieme a filtri e script, al fine di isolare specifici sensori e/o periodi temporali di interesse. Questo processo ha consentito di ottenere dataset strutturati, tra cui le temperature medie giornaliere, mensili e annuali, nonché i valori medi delle temperature massime e minime giornaliere, fornendo così un insieme di dati funzionale all'analisi. Successivamente, è stato utilizzato il software di simulazione TRAN-

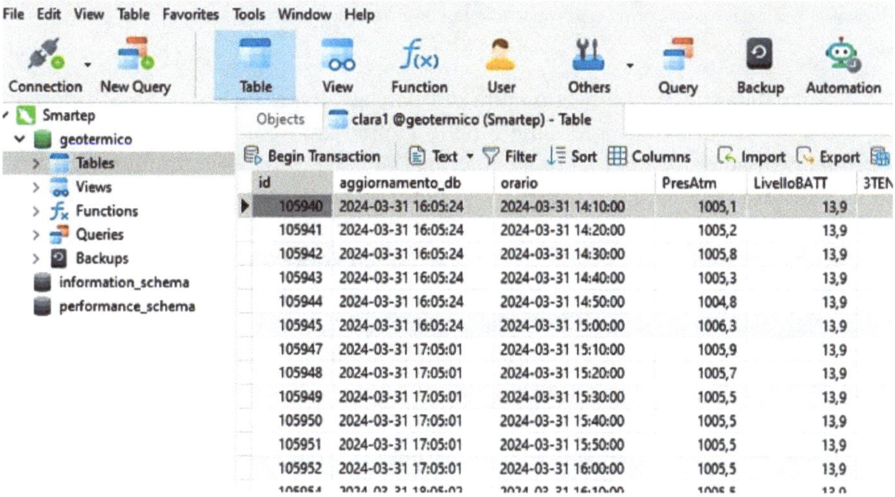

Figura 8.7 Interfaccia per la gestione database offerta da NAVICAT

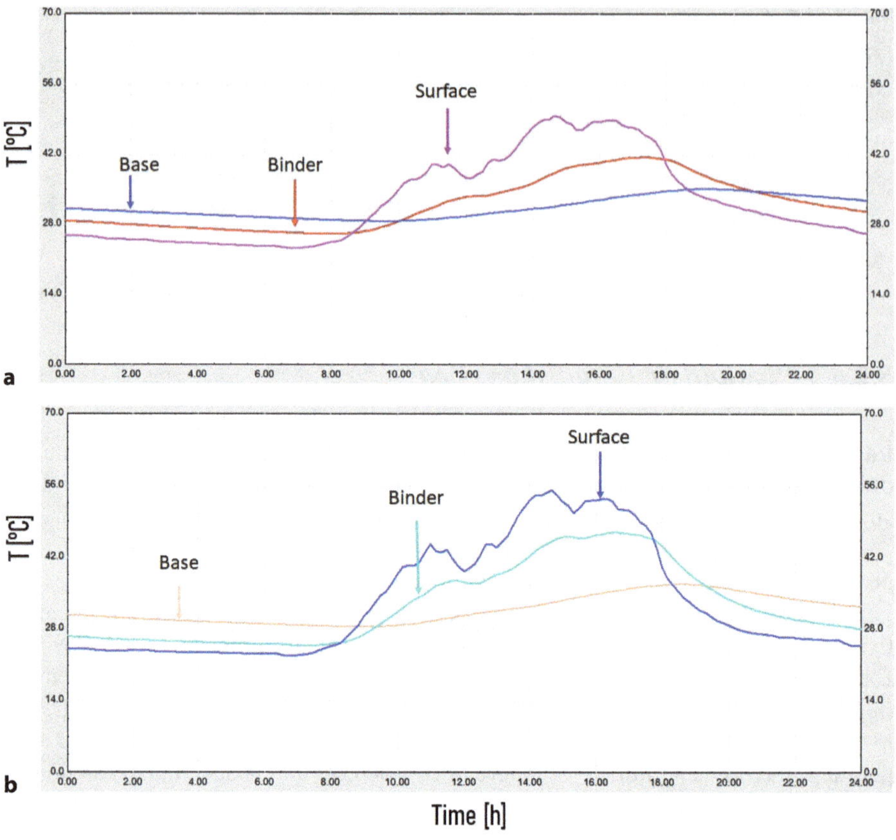

Figura 8.8 Andamento giornaliero delle temperature **a** Z1 pavimentazione con superficie drenante; **b** Z2 pavimentazione con superficie in conglomerato chiuso

SYS per validare e valutare la qualità dei dati acquisiti. In Fig. 8.8a, è riportato un esempio di variazione giornaliera della temperatura nei tre diversi strati della pavimentazione della zona Z1, con superficie in conglomerato bituminoso drenante, mentre in Fig. 8.8b è rappresentata la fluttuazione giornaliera della temperatura nella pavimentazione Z2, caratterizzata da strato superficiale chiuso.

In Fig. 8.9 è illustrato il confronto tra le fluttuazioni giornaliere (Fig. 8.9a) della temperatura nei due diversi strati superficiali, chiuso e drenante, e delle relative variazioni settimanali (Fig. 8.9b). Dall'analisi dei dati emerge chiaramente che il picco massimo di temperatura giornaliero rilevato nello strato drenante risulta ben inferiore rispetto a quello dell'usura chiusa. Inoltre, osservando l'andamento settimanale, si evidenzia come l'usura drenante sia in grado di assorbire una minore quantità di energia o, in alternativa, di regolare in modo più rapido ed efficiente i flussi energetici a cui è sottoposta.

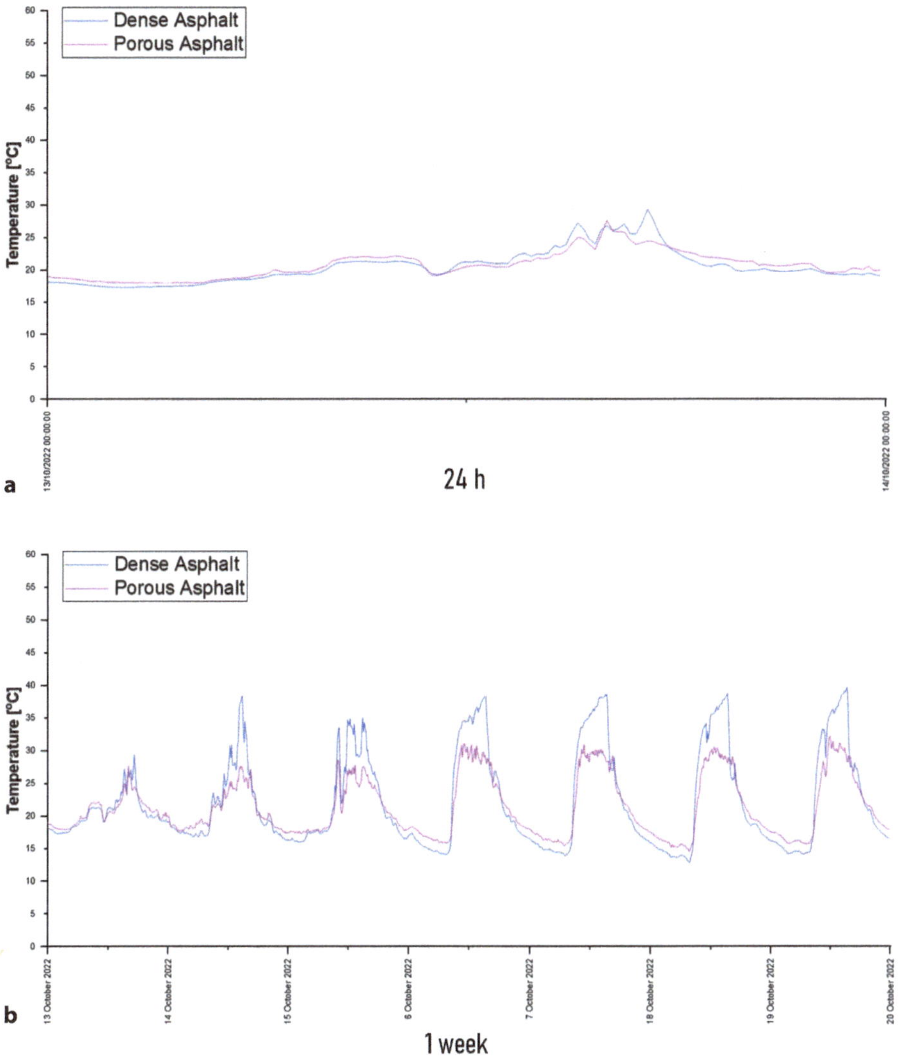

Figura 8.9 Confronto tra le temperature registrate nelle pavimentazioni oggetto di studio **a** andamento giornaliero **b** andamento settimanale

Continuando l’analisi, è interessante esaminare le evidenze fornite dai trend annuali delle temperature medie mensili delle due diverse tipologie di pavimentazione. In particolare, sono riportate le medie delle temperature massime, minime e medie delle superfici in conglomerato drenante e chiuso.

Dai dati rappresentati in Fig. 8.10, è evidente la differenza tra la temperatura massima superficiale dell’usura drenante e quella dell’usura chiusa. che risulta inferiore di circa 15 °C nel primo caso. Inoltre, sebbene le temperature medie annuali

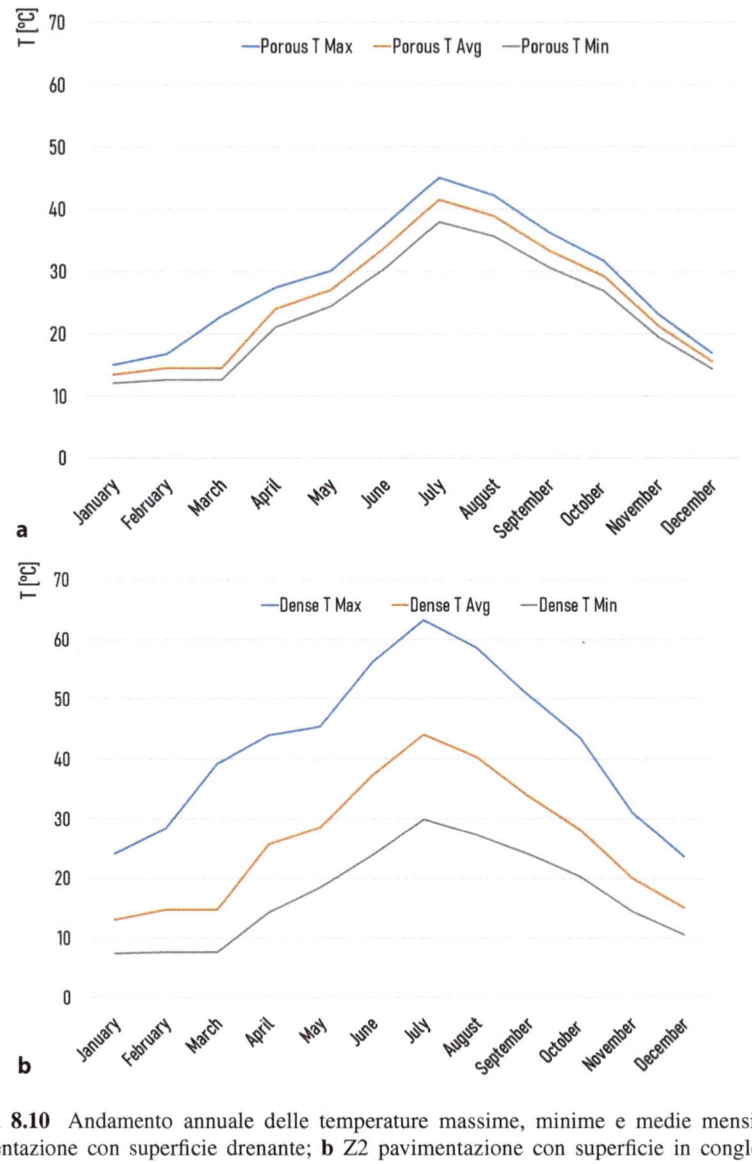

Figura 8.10 Andamento annuale delle temperature massime, minime e medie mensili **a** Z1 pavimentazione con superficie drenante; **b** Z2 pavimentazione con superficie in conglomerato chiuso

delle due superfici sembrino mantenere valori molto simili, il picco massimo annuo della miscela densa è significativamente inferiore rispetto a quello dell'asfalto poroso, con una differenza di temperatura (ΔT) di circa 8 °C. I dati analizzati sono anche riepilogati nel dettaglio fornito appresso dalla Tab. 8.2, dalla quale risultano i valori registrati in corrispondenza delle due diverse usure realizzate, posti a confronto con quelli della temperatura media dell'aria. Come può osservarsi, il me-

Tabella 8.2 Trend annuale delle temperature medie mensili delle diverse usure monitorate

	T_{ARIA}	Temperature misurate in superficie – usura drenante (°C)				Temperature misurate in superficie – usura chiusa (°C)			
		T_{MAX}	T_{AVG}	T_{MIN}	ΔT ($T_{MAX} - T_{MIN}$)	T_{MAX}	T_{AVG}	T_{MIN}	ΔT ($T_{MAX} - T_{MIN}$)
Gennaio	12,0	15,0	13,4	12,0	2,9	24,1	13,1	7,5	16,6
Febbraio	11,3	16,7	14,5	12,6	4,1	28,3	14,7	7,6	20,7
Marzo	14,7	22,9	14,5	12,6	10,2	39,2	14,7	7,6	31,5
Aprile	16,1	27,4	24,0	21,0	6,3	44,0	25,8	14,4	29,6
Maggio	19,3	30,2	27,0	24,4	5,8	45,5	28,6	18,6	26,9
Giugno	24,0	37,6	33,9	30,6	7,0	56,3	37,3	23,9	32,3
Luglio	29,6	***45,1***	**41,5**	38,0	7,1	***63,3***	**44,1**	29,9	33,4
Agosto	27,2	42,3	38,9	35,6	6,7	58,7	40,3	27,3	31,4
Settembre	25,2	36,3	33,4	30,7	5,7	50,7	33,7	24,0	26,7
Ottobre	23,6	31,8	29,3	26,9	4,9	43,5	28,1	20,3	23,3
Novembre	18,5	23,1	21,3	19,5	3,6	31,1	19,9	14,4	16,7
Dicembre	14,4	16,9	15,6	14,3	2,6	23,6	15,1	10,6	13,1

se di luglio (per l'anno in osservazione) è quello caratterizzato dalla temperatura più alta. In questo periodo, la temperatura media dell'usura drenante poroso risulta inferiore di circa 3 °C rispetto a quella dell'usura chiusa, mentre la differenza tra le temperature medie tende a ridursi progressivamente nei mesi più freddi. Tuttavia, è assolutamente evidente un comportamento nettamente diverso offerto dalle due superfici stradali, quanto alle temperature massime: l'usura drenante presenta temperatura massima di oltre 18 °C inferiore alla massima registrata, nelle stesse condizioni di sito, nell'usura chiusa.

Indubbiamente, in quanto materiale di colore scuro, qualunque strato di usura in conglomerato bituminoso presenta un'elevata capacità di assorbimento del calore, cosa che, come si osserva anche dai dati prima forniti in Tab., può determinare temperature particolarmente elevate della pavimentazione, soprattutto nei mesi estivi. Tuttavia, la significativa differenza tra i picchi delle temperature massime tra i due strati di usura valutati (drenante vs. chiuso) rende evidente che la scelta di una tipologia di strato piuttosto che un altro, può incidere significativamente sulle temperature ambientali, con importanti conseguenze dal punto di vista del benessere microclimatico urbano e della mitigazione dell'effetto isola di calore. In particolare, le pavimentazioni in conglomerato chiuso, caratterizzate da una maggiore capacità di accumulo termico e da un'emissività inferiore, tendono a rilasciare lentamente il calore accumulato, contribuendo all'innalzamento delle temperature. Al contrario, le superfici in usura drenante, grazie alla loro elevata porosità interconnessa, sembrano favorire una migliore dissipazione del calore e una minore temperatura superficiale, riducendo così l'impatto termico complessivo sull'ambiente circostante.

8.3 Conclusioni

Come si è avuto modo di approfondire in questo capitolo, l'evoluzione delle pavimentazioni intelligenti è strettamente legata ai continui progressi nella sensoristica avanzata ed all'analisi dei dati, i cui esiti rappresentano elementi chiave per la valutazione tecnica delle prestazioni infrastrutturali e della sicurezza stradale durante la vita utile. La crescente integrazione di sensori sempre più sofisticati, combinata con lo sviluppo di sistemi avanzati di acquisizione e gestione dei dati, può consentire un monitoraggio più accurato ed in tempo reale delle condizioni di esercizio delle pavimentazioni stradali, quale strumento di ausilio alla manutenzione predittiva e ottimizzazione delle risorse.

L'analisi del regime termico delle pavimentazioni, basata su dati acquisiti in continuo come quelli esaminati nel presente studio, rappresenta un'opportunità per approfondire una vasta gamma di tematiche di rilevante interesse scientifico. Oltre a fornire indicazioni fondamentali sull'influenza delle variazioni termiche sulle prestazioni meccaniche complessive della pavimentazione. Tali analisi consentono di esplorare anche gli aspetti emergenti, tra cui il potenziale contributo delle diverse tecnologie applicate agli strati superficiali alla mitigazione o all'accentuazione dell'effetto isola di calore (heat highland effect) in ambito urbano.

Infatti, con il progressivo riscaldamento globale, il problema delle alte temperature superficiali delle strade è destinato a diventare sempre più rilevante, in particolare in ambito urbano: le pavimentazioni flessibili, con la loro alta capacità di assorbimento del calore, contribuiscono significativamente al fenomeno dell'isola di calore urbana e aumento delle temperature ambientali con potenziale rischi per la salute, come malattie legate al calore, disagio fisico e mentale, e un aumento degli incidenti stradali.

Lo studio di tali fenomeni risulta cruciale per lo sviluppo di soluzioni innovative finalizzate a migliorare l'efficienza termica delle infrastrutture stradali e a ridurre gli impatti ambientali nei contesti urbani.

In particolare, l'utilizzo combinato di sensori – come nel caso sperimentale condotto dalla Università degli Studi di Palermo nell'ambito del progetto di dimostratore SMARTEP – consente di ottenere un quadro completo delle condizioni della pavimentazione, fornendo una chiara informazione circa la capacità di risposta dei materiali in opera non solo alle sollecitazioni meccaniche ma anche a quelle ambientali.

L'adozione di questi sistemi innovativi segna un passaggio cruciale verso infrastrutture stradali più sicure, resilienti ed economicamente sostenibili.

In prospettiva, lo sviluppo delle pavimentazioni intelligenti sarà sempre più caratterizzato dall'interconnessione tra sensori avanzati, tecniche di machine learning e sistemi di supporto decisionale automatizzati, con l'obiettivo di realizzare un ecosistema stradale più efficiente, sicuro e sostenibile.

Riferimenti bibliografici

1. Li J, Li M, Zhang Y, Ren W, Li R (2024) Effects of physical cooling on the temperature and performance of newly laid porous asphalt mixtures. Coatings. https://doi.org/10.3390/coatings14121523
2. Barriera M, Pouget S, Lebental B, Van Rompu J (2020) In situ pavement monitoring: a review. Infrastructures. https://doi.org/10.3390/infrastructures5020018
3. Fahad M, Nagy R, Gosztola D (2022) Pavement sensing systems: literature review. Civ Environ Eng 18(2):603–630. https://doi.org/10.2478/cee-2022-0057
4. Micko K, Papcun P, Zolotova I (2023) Review of IoT sensor systems used for monitoring the road infrastructure. Sensors. https://doi.org/10.3390/s23094469
5. Kim H, Arraigada M, Raab C, Partl MN (2011) Numerical and experimental analysis for the interlayer behavior of double-layered asphalt pavement specimens. J Mater Civ Eng 23(1):12–20
6. Ciriminna D, Ferreri GB, Noto LV, Celauro C (2022) Numerical comparison of the hydrological response of different permeable pavements in urban area. Sustainability 14(9):5704
7. Bruno S, Del Serrone G, Di Mascio P, Loprencipe G, Ricci E, Moretti L (2021) Technical proposal for monitoring thermal and mechanical stresses of a runway pavement. Sensors. https://doi.org/10.3390/s21206797
8. MIT. Decreto Smartroad Decreto Ministeriale N. 70/20218. https://www.gazzettaufficiale.it/atto/stampa/serie_generale/originario
9. Weinmann T, Lewis A, Tayabji S (2004) Pavement sensors used at accelerated pavement test facilities. https://www.researchgate.net/publication/228508668_Pavement_Sensors_Used_at_Accelerated_Pavement_Test_Facilities
10. Adwan I, Milad A, Memon ZA, Widyatmoko I, Zanuri NA, Memon NA, Yusoff NIM (2021) Asphalt pavement temperature prediction models: a review. Appl Sci 11(9):1–19. https://doi.org/10.3390/app11093794
11. Amândio M, Parente M, Neves J, Fonseca P (2021) Integration of smart pavement data with decision support systems: a systematic review. Buildings 11(12):1–24. https://doi.org/10.3390/buildings11120579
12. Eng KX, Xie Y, Pereira M, Haas ZJ, Da SR, Djurić PM, Stanaćević M (2024) A vision and proof of concept for new approach to monitoring for safer future smart transportation systems. Sensors 24(18):1–18. https://doi.org/10.3390/s24186018
13. Cao H, Chen T, Zhu H, Ren H (2022) Influence of frequent freeze-thaw cycles on performance of asphalt pavement in high-cold and high-altitude areas. Coatings 12(6):1–13. https://doi.org/10.3390/coatings12060752
14. Barbieri DM, Lou B (2024) Instrumentation and testing for road condition monitoring – A state-of-the-art review. NDT Int 146:103161. https://doi.org/10.1016/j.ndteint.2024.103161
15. Celauro C, Ciriminna D, Graziano F, Teresi R (2024) Sensor-equipped infrastructure for integrated monitoring of asphalt pavements. In: International conference on maintenance and rehabilitation of pavements. Springer, Cham, pp 223–232

Capitolo 9
Le pavimentazioni stradali automatizzate ed il caso studio della manutenzione preventiva con big-data derivati da autoveicoli connessi

Abstract Questo capitolo offre un'approfondita analisi delle tecnologie di monitoraggio intelligenti progettate per supportare la transizione verso le pavimentazioni stradali automatizzate. Il capitolo sottolinea l'urgente necessità di una rivoluzione culturale che abbracci l'innovazione tecnologica al fine di andare oltre metodi di ispezione tradizionali "Reattivi", non più sufficienti a garantire strategie manutentive sostenibili, e virare verso un monitoraggio continuo delle condizioni del manto stradale ed approcci di manutenzione "Preventiva".

Le infrastrutture stradali rivestono un ruolo fondamentale nei sistemi di trasporto a livello globale e la condizione delle strade influisce direttamente sulla sicurezza, l'economia e la qualità della vita dei cittadini. Tuttavia, le strategie e le pratiche di manutenzione stradale variano notevolmente da un paese all'altro a causa di differenze climatiche, economiche, politiche e culturali. A livello globale, le condizioni delle strade stanno mostrando un preoccupante trend negativo: le superfici invecchiano, i volumi di traffico aumentano e gli eventi meteorologici estremi sono sempre più frequenti. Questo contesto, comune sia nei Paesi sviluppati, sia in quelli emergenti, impone la necessità urgente di soluzioni efficaci in grado di contrastare – o almeno rallentare – il degrado della rete stradale. Sebbene i recenti progressi nei materiali da costruzione (es. compositi sostenibili ad alta durabilità) abbiano esteso la vita utile delle pavimentazioni, ciò non basta a garantire la loro integrità nel lungo periodo. Fondamentale in tal senso è l'adozione di procedure di monitoraggio dello stato funzionale e strutturale della pavimentazione stradale, ed in particolar modo l'implementazione di procedure e tecnologie che possano permettere ai gestori delle infrastrutture di oltrepassare il comune approccio di manutenzione "Reattivo" complementandolo con un più auspicabile approccio "Preventivo", come segue.

Manutenzione "Reattiva" è qui definita come una strategia di manutenzione eseguita solo quando la pavimentazione palesemente mostra già dei danni funzionali e/o strutturali. Questo approccio, che quindi consiste nell'affrontare i problemi dopo che si sono verificati, può essere meno costoso nel breve termine, ma spesso

F. Autelitano et al., *Le SMART ROAD - Stato dell'arte e scenari futuri*,
https://doi.org/10.1007/978-3-031-96144-1_9

porta ad interventi più estesi e costosi nel lungo periodo. Questo approccio è spesso utilizzato quando i budget sono limitati o quando le conseguenze di ulteriori danni nel breve-medio periodo non sono gravi. Sebbene a volte sia necessario, affidarsi esclusivamente a manutenzione reattiva può portare ad un aumento del deterioramento delle strade, pericoli per la sicurezza e costi di manutenzione complessivi più elevati. La manutenzione reattiva può suddividersi in:

- **Manutenzione Ordinaria**: comprende *le attività di routine necessarie per mantenere le strade in condizioni operative*. Queste includono il rifacimento della segnaletica orizzontale, la pulizia delle caditoie e il controllo periodico della pavimentazione. Secondo, "la manutenzione ordinaria rappresenta il primo livello di intervento, essenziale per prevenire il degrado prematuro delle infrastrutture".
- **Manutenzione Straordinaria**: si riferisce agli interventi più complessi e costosi, come il rifacimento del manto stradale o la riparazione di danni strutturali e funzionali. Questi interventi sono generalmente pianificati in seguito a ispezioni approfondite o, nel caso di pavimentazioni urbane, anche in base alle segnalazioni di criticità da parte dei cittadini

Manutenzione Preventiva: mira a identificare e risolvere potenziali problemi prima che si trasformino in criticità significative, consentendo di ridurre significativamente i costi a lungo termine. Ciò implica ispezioni regolari, attività di manutenzione programmata e un'attenta valutazione dei rischi valutabile con almeno due approcci:

- **Manutenzione Proattiva**: consiste in ispezioni regolari e frequenti che *mirano a determinare l'attuale stato di una pavimentazione stradale* ed i dati raccolti permettono lo sviluppo di programmi di manutenzione a lungo termine. L'approccio proattivo permette quindi di agire ben prima che un danno possa verificarsi evitando che i piccoli problemi funzionali e/o strutturali si trasformino in costose riparazioni. Identificando tempestivamente i problemi, ispezioni ed interventi minori regolari possono significativamente prolungare la vita della pavimentazione e ridurre il costo complessivo di manutenzione stradale. La frequenza e la pianificazione di ispezioni regolari dipendono da fattori quali flusso di traffico, condizioni meteorologiche l'età della strada, risorse disponibile ed i dati raccolti vengono utilizzati permette di determinare le appropriate tecniche di manutenzione e allocare le risorse in modo efficace.
- **Manutenzione Predittiva**: consiste nell'utilizzo di dati storici legati ad ispezioni regolari e frequenti che *permette di modellare il futuro stato di una pavimentazione stradale* ed il conseguente sviluppo di programmi di manutenzione a lungo termine sulla base di predizioni. Infatti, la chiave dell'approccio preventivo è intervenire sulla pavimentazione quando questi trattamenti possono essere più efficaci ed efficienti dal punto di vista delle prestazioni e dei costi, ed in tal senso risulta quindi necessario una disponibilità tempestiva e continua di dati storici e in tempo reale sulle condizioni delle strade.

9.1 Roadmap verso le pavimentazioni stradali automatizzate al 2030

Il programma di ricerca SMARTI ETN, sviluppato tra il 2017 ed il 2021 [1], ha concepito una visione dell'automatizzazione delle Infrastrutture di Trasporto, fornendo una visione ed una roadmap per implementare pavimentazioni stradali ingegnerizzate per poter utilizzare un approccio di manutenzione preventiva e quindi definite **pavimentazioni stradali automatizzate** in quanto concepite in modo tale che: *"La funzionalità automatizzata fornirà alle infrastrutture di trasporto la capacità di monitorare le proprie condizioni e permetterà l'introduzione di sistemi cooperativi veicolo-infrastruttura, in cui velocità e guida in corsia potranno essere controllate automaticamente"*.

Il sistema proposto dallo SMARTI ETN, e mostrato in Fig. 9.1, concepisce un monitoraggio continuo delle strade, rilevando cambiamenti nella funzionalità e nell'integrità strutturale delle strade al fine di predirre potenziali degradi e facilitare anche una pianificazione più accurata delle azioni di manutenzione preventiva. Le informazioni raccolte vengono trasmesse in modalità wireless ai gestori delle infrastrutture tramite lettori manuali o montati su veicoli. I gestori analizzano i dati per elaborare raccomandazioni e strategie di manutenzione preventiva a breve ed a lungo termine [2–5].

Il programma di ricerca SMARTI ETN ha inoltre prodotto delle Roadmaps/linee guida (Fig. 9.2) [1, 6] per implementare le pavimentazioni stradali automatizzate al 2030 mirando a tre obiettivi principali, come segue:

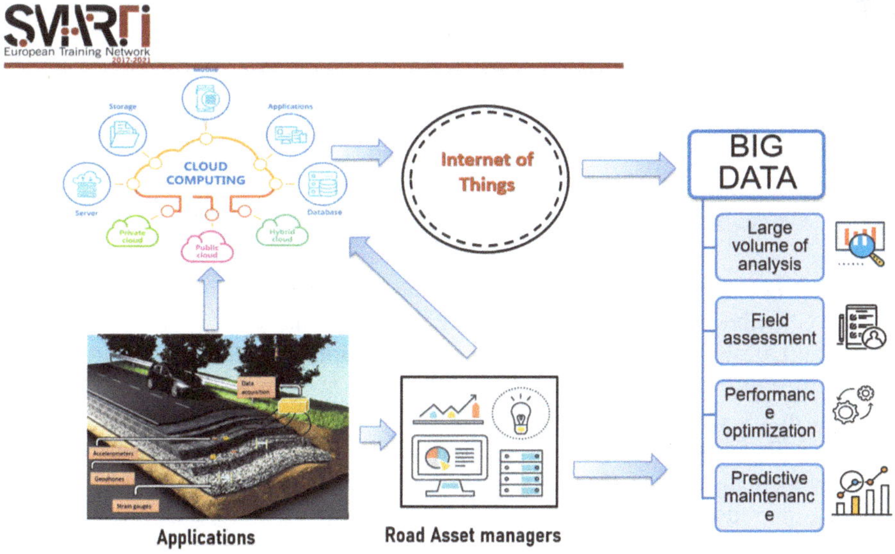

Figura 9.1 Pavimentazioni stradali automatizzate "Vision" – SMARTI ETN

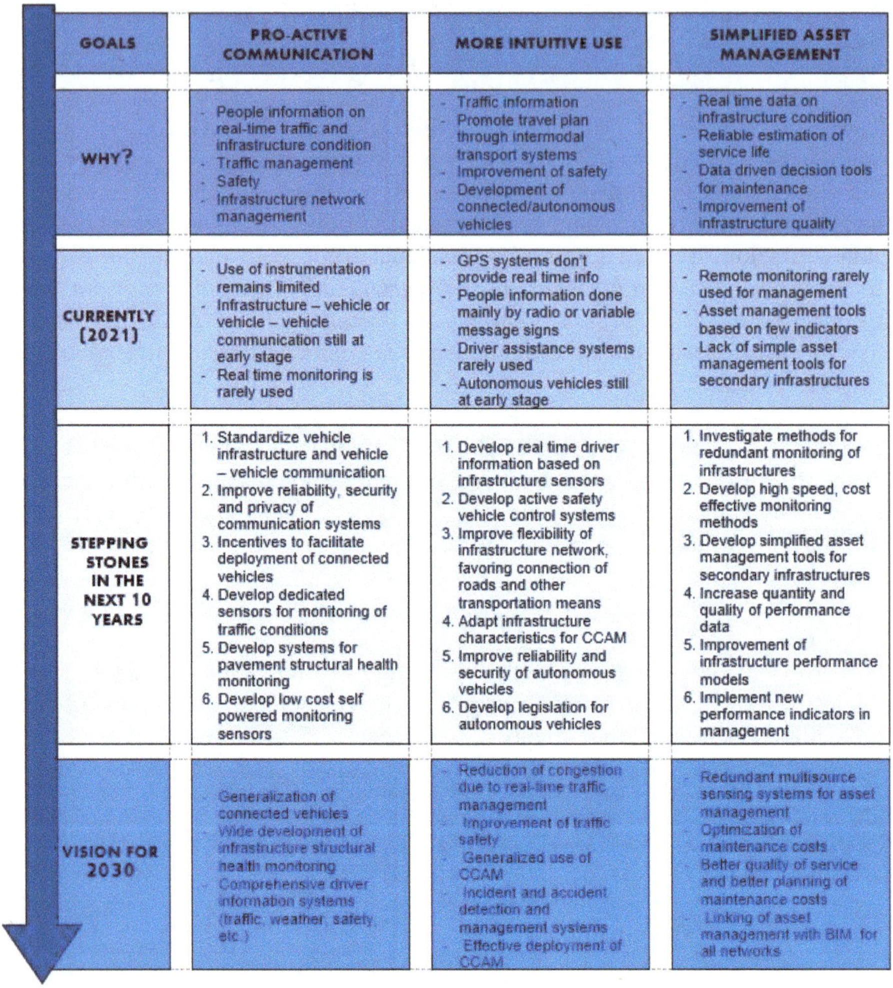

Figura 9.2 Pavimentazioni stradali automatizzate "Roadmap 2030" – SMARTI ETN [1]

- **Comunicazione Proattiva** permette alle pavimentazioni di monitorare il proprio stato di salute strutturale attraverso sistemi ridondanti di rilevamento multisorgente. Questo approccio rappresenta un'evoluzione chiave nella gestione delle infrastrutture stradali, abilitata dall'integrazione tra sensori intelligenti, tecnologie wireless e sistemi di trasporto cooperativi (C-ITS) [7, 8]. Questa strategia si basa sulla capacità dell'infrastruttura di raccogliere, elaborare e trasmettere dati in tempo reale, anticipando possibili criticità legate a traffico, condizioni climatiche o degrado strutturale e/o funzionale. Il sistema non si limita alla segnalazione di eventi, ma comunica attivamente con veicoli e operatori per supportare decisioni automatizzate e interventi tempestivi, riducendo i rischi e migliorando la sicurezza stradale.

- **Uso più Intuitivo:** rendere l'infrastruttura stradale "intuitiva" significa facilitare l'interazione tra l'utente – sia esso umano o macchina – e l'ambiente stradale, riducendo la complessità dell'esperienza di guida. Questo obiettivo implica la standardizzazione di segnaletica fisica e digitale, l'integrazione armonica tra informazioni visive e dati veicolari, e lo sviluppo di interfacce semplici, immediate e interoperabili. Le strade diventano così ambienti intelligenti capaci di "guidare" i comportamenti in modo naturale, migliorando l'accessibilità, la comprensione e l'efficienza dell'intero sistema. Inoltre, la comunicazione wireless tra veicoli e tra veicoli e infrastruttura svolge un ruolo chiave nei Sistemi di Trasporto Intelligenti [9]. Oggi, tali sistemi iniziano ad essere testati in condizioni reali e possono essere utilizzati per fornire informazioni ai conducenti sul traffico o per avvisare in merito ad incidenti o condizioni meteorologiche pericolose [10]. Questi sistemi aprono inoltre la strada alla guida parzialmente o completamente automatizzata, definita mobilità cooperativa, connessa e automatizzata (CCAM) [11, 12].
- **Gestione Semplificata della pavimentazione stradale:** L'automazione delle infrastrutture abilita una nuova era nella gestione dell'infrastruttura, in cui il monitoraggio continuo, la diagnostica predittiva e l'analisi dei dati permettono di ottimizzare gli interventi manutentivi. La gestione semplificata degli asset si fonda su modelli digitali (Digital Twins), approcci di Building Information Modelling (BIM), archivi cloud e intelligenza artificiale per valutare il ciclo di vita delle infrastrutture, ridurre i costi operativi e migliorare la pianificazione degli investimenti. Tale approccio trasforma la manutenzione da attività reattiva a strategia preventiva, contribuendo a garantire sostenibilità, affidabilità e resilienza a lungo termine. Questa implementazione si tradurrà nell'ottimizzazione dei costi di manutenzione, in una migliore qualità del servizio e in una migliore pianificazione della manutenzione. [13–16].

9.2 Il monitoraggio continuo delle pavimentazioni automatizzate

Una delle questioni largamente dibattute ed affrontate all'interno dello SMARTI ETN [1] ha riguardato la tipologia dello sviluppo del sistema sensibile/sensoristica più opportuna per automatizzare le pavimentazioni stradali. Come visto in capitoli precedenti, esiste infatti una pletora di tecnologie utilizzabili relative al rapido sviluppo delle tecnologie dei sistemi di trasporto intelligenti (ITS) che offre sempre più possibilità di sviluppare nuovi tipi di sensori per il monitoraggio del traffico, delle condizioni meteorologiche o delle condizioni della pavimentazione, e la comunicazione wireless tra i veicoli e tra i veicoli e l'infrastruttura. Queste tecnologie possono fornire informazioni ai conducenti e aprire la strada alla guida parzialmente o completamente automatizzata, rendendo così gli spostamenti e i viaggi più facili, sicuri e intuitivi. Le tecnologie ITS possono anche essere utilizzate per raccogliere dati sulle caratteristiche del traffico e delle pavimentazioni e sul loro deteriora-

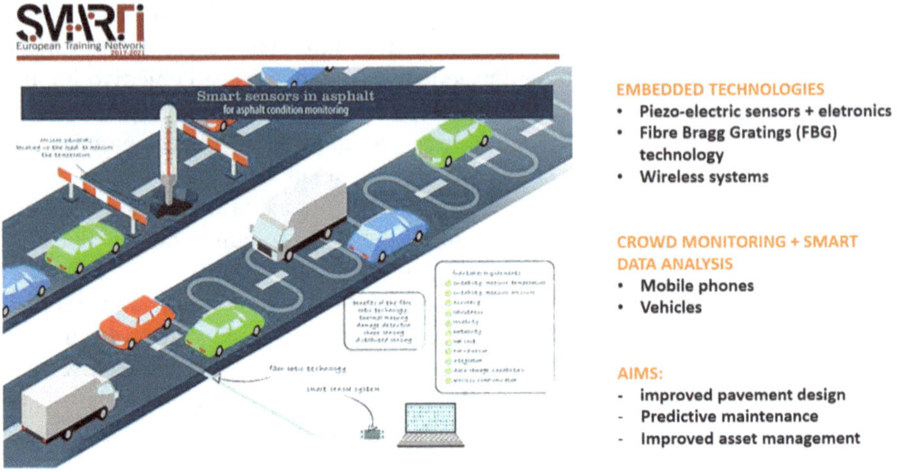

Figura 9.3 Il sistema sensibile delle pavimentazioni automatizzate SMARTI ETN

mento, migliorando e automatizzando così la gestione degli asset infrastrutturali e consentendo azioni di manutenzione preventiva.

In questo capitolo si vogliono invece evidenziare le innovazioni tecnologiche ritenute necessarie per *ingegnerizzare un sistema sensibile della pavimentazione stradale.* Nello specifico si propongono due gruppi di tecnologie di sensori capaci di abilitare la manutenzione preventiva (Fig. 9.3).

9.2.1 Sensori integrati in-situ (embedded technologies)

Attualmente sono stati sviluppati e testati diversi sistemi [2, 3], ma la ricerca è ancora necessaria per sviluppare sensori efficienti per il monitoraggio delle condizioni funzionali e strutturali implementate a livello di rete. Infatti, in letteratura sono tante le sezioni studio strumentate con varie tecnologie [4, 5], ma un loro utilizzo su reti viarie non è ancora avvenuto in maniera sistematica in quanto identificare sensori da incorporare nelle pavimentazioni stradali che permettano il monitoraggio delle loro condizioni di costo limitato, con dimensioni ridotte, sufficiente autonomia energetica e agevole raccolta ed analisi dati, rimane una sfida.

Tra i sistemi studiati [6], si propongono i seguenti sensori integrati in situ con installazioni permanenti o semi-permanenti all'interno della struttura stradale, sia in fase di costruzione che di riqualificazione:

- **Sensori a fibra ottica** inclusi i sistemi a Brillouin e con reticoli di Bragg (FBG), sono in grado di rilevare deformazioni e variazioni termiche con grande precisione. Immuni ai disturbi elettromagnetici e adatti a grandi distanze, sono ideali per il monitoraggio strutturale a lungo termine [2].

- **Sensori piezoelettrici** utili per rilevare carichi dinamici e vibrazioni indotte dal traffico. Operano in modo passivo, senza alimentazione esterna, e sono adatti al conteggio dei veicoli e a sistemi "weight-in-motion". Sono tuttavia sensibili all'umidità [2].
- **Sensori piezo-floating-gate (PFG)** sono un tipo di sensore che utilizza trasduttori piezoelettrici per raccogliere energia dalle variazioni di deformazione su microscala, che viene poi utilizzata per alimentare circuiti computazionali floating-gate a bassissima potenza per il monitoraggio strutturale delle strade. I sensori PFG utilizzano il trasduttore piezoelettrico per convertire l'energia meccanica (deformazione) in energia elettrica, che viene poi utilizzata per alimentare i circuiti computazionali floating-gate. La loro applicazione a grande scala sulla rete stradale è considerata possibile, anche per il potenziale costo contenuto se prodotti a scala industriale (circa 10$) [3].
- **Accelerometri e estensimetri MEMS** sistemi Micro-Elettro-Meccanici offrono soluzioni compatte e a basso costo per il monitoraggio di vibrazioni e cedimenti, rilevando fenomeni di fatica e deformazione del manto sotto carichi ripetuti [2].
- **Sensori di umidità capacitivi e resistivi** utilizzati per il monitoraggio dell'umidità negli strati inferiori del pacchetto stradale, fondamentale per prevenire degradi da gelo-disgelo. Necessitano di calibrazione in base al sito ripetuti [2].
- **Reti di sensori wireless (WSN)** Sistemi distribuiti con comunicazione integrata, capaci di monitorare simultaneamente parametri come deformazione, temperatura e umidità. Utilizzano protocolli a bassa potenza come ZigBee, LoRa o NB-IoT [2].

9.2.2 *Big-data derivati da autoveicoli connessi ed utilizzo dell'Intelligenza artificiale (crowd monitoring + smart data analysis)*

Grazie ai recenti sviluppi nelle tecnologie sensoristiche e nell'analisi dei dati, è oggi possibile monitorare con precisione le prestazioni delle pavimentazioni in condizioni ambientali e di traffico variabili. In particolare, l'impiego di *dati da veicoli connessi ha aperto nuove prospettive nella gestione predittiva della rete stradale*, permettendo interventi mirati e tempestivi che migliorano la sicurezza e riducono i costi di manutenzione.

In tal senso i dati provenienti dai veicoli connessi rappresentano oggi una fonte ricchissima di informazioni, in quanto le autovetture sono sempre più considerate come *piattaforme di rilevamento mobili* per il monitoraggio continuo delle pavimentazioni stradali. Questi veicoli sono dotati di sensori e moduli di comunicazione a bordo che possono acquisire dati preziosi sulle condizioni della pavimentazione durante l'utilizzo dell'infrastruttura per scopi ordinari di utenti privati, trasformando ogni auto in una sonda per la diagnostica in tempo reale della salute delle strade in termini di aderenza, rugosità, anomalie stradali, condizioni meteo, manovre dei veicoli, livelli di traffico etc.

Questo paradigma rappresenta un'alternativa rivoluzionaria ed economicamente vantaggiosa ai metodi tradizionali di ispezione reattiva delle pavimentazioni, che al contrario comportano costi così elevati da scoraggiare l'utilizzo sistematico da parte della maggior parte dei gestori di reti stradali italiane e non. Tra le principali tecnologie utilizzate per il monitoraggio delle pavimentazioni tramite veicoli passeggeri connessi, abbiamo le seguenti:

- I **sensori inerziali**, in particolare accelerometri e giroscopi (IMU sensors). Questi dispositivi, integrati nei sistemi di bordo dei veicoli o nei comuni smartphone, rilevano le accelerazioni verticali e le vibrazioni causate dalle irregolarità della superficie stradale. Analizzando tali segnali, è possibile individuare anomalie come buche, crepe, giunti irregolari e dossi, arrivando persino a stimare indici di rugosità come l'IRI (International Roughness Index) [17, 18].
- La **geolocalizzazione** di questi eventi viene garantita dai sistemi GNSS (Global Navigation Satellite Systems), che forniscono le coordinate esatte dei tratti di strada danneggiati. In combinazione con correzioni RTK, questi sistemi possono raggiungere precisioni sub-metriche, fondamentali per integrare i dati raccolti nei modelli di gestione stradale [19]. Tuttavia, in ambienti urbani densamente edificati o in gallerie, la qualità del segnale può risultare limitata.
- Un'altra tecnologia chiave è rappresentata dalle **telecamere digitali**, sempre più spesso abbinate ad algoritmi di computer vision e intelligenza artificiale. Le immagini raccolte vengono elaborate per rilevare visivamente difetti superficiali come crepe, perdita di aggregato, rappezzi o segnaletica degradata. Grazie all'impiego di tecniche di deep learning, oggi è possibile eseguire queste operazioni in tempo reale anche su dispositivi edge, come quelli integrati nei veicoli o negli smartphone [20, 21].
- Alcuni sistemi utilizzano anche **sensori acustici**, sfruttando microfoni per rilevare il rumore generato dall'interazione tra pneumatico e pavimentazione. Variazioni significative nel livello sonoro possono indicare una perdita di tessitura, l'usura del rivestimento o fenomeni di raveling [22].
- La risposta dinamica del veicolo stesso, rilevata attraverso sensori di **pressione dei pneumatici o del sistema di sospensioni**, può fornire ulteriori indizi sulle condizioni del manto stradale [23, 24].
- Infine, si stanno diffondendo approcci **crowdsourced**, basati su applicazioni che sfruttano i sensori degli smartphone dei conducenti per raccogliere dati in modo diffuso e continuo. Questi sistemi permettono di ottenere una copertura su larga scala a costi contenuti, anche se la qualità e l'omogeneità dei dati possono risentire delle diverse caratteristiche dei dispositivi utilizzati e delle condizioni di guida [24, 25].

In sintesi, a prescindere dalle tecnologie utilizzate per costituirne il sistema sensibile, le pavimentazioni automatizzate consentono ispezioni regolari, monitoraggio continuo e grazie all'accoppiamento con metodi di analisi dei dati che sfruttano l'Intelligenza artificiale e gli algoritmi di apprendimento automatico, emergono come strategie chiave per concepire innovativi sistemi di gestione delle pavimentazioni per qualsiasi rete stradale.

9.3 Caso studio: sviluppo di sistema di manutenzione preventiva per rete stradale urbana – SMART PMS Palermo

La gestione e la manutenzione delle infrastrutture stradali rappresentano una sfida cruciale per le amministrazioni locali, in particolare nelle aree urbane caratterizzate da un elevato volume di traffico e una crescente complessità infrastrutturale. Il degrado delle pavimentazioni stradali non solo compromette la sicurezza degli utenti, ma influisce negativamente anche sulla qualità della vita degli utenti e sulla sostenibilità delle città. In questo contesto, l'adozione di pavimentazione automatizzate tramite l'ausilio di big-data derivati da autoveicoli connessi ed utilizzo dell'Intelligenza artificiale, costituisce una potenziale rivoluzione per il settore in quanto al contempo economicamente sostenibili e capace di fornire un supporto oggettivo per stabilire la priorità degli interventi di manutenzione in modo tempestivo e continuo.

A tal proposito, l'Università di Palermo, in collaborazione con il Comune di Palermo e NIRA Dynamics, sta portando avanti un progetto che si propone di studiare i vantaggi e limiti di uno strumento di monitoraggio della pavimentazione basato sui big-data derivati da autoveicoli connessi ed utilizzo dell'Intelligenza artificiale.

Il progetto denominato "SMART-PMS Palermo" (http://smartpms.unipa.it) mira ad implementare un sistema di monitoraggio capace di automatizzare la rete stradale urbana della città, di fatto rendendola **"SMART"**, ovvero capace di comunicare al gestore le proprie condizioni funzionali, col fine ultimo di sviluppare ed implementare una **P**iattaforma di gestione della **M**anutenzione **S**tradale per la città di **Palermo**. Lo strumento utilizzato, Road Health di NIRA Dynamics, fornisce big-data raccolti da selezionati veicoli di utenti privati della rete stradale e li trasforma in parametri funzionali delle condizioni superficiali di qualsiasi rete stradale. Questo rende lo strumento adatto ad un monitoraggio continuo dello stato delle strade e fornisce informazioni tempestive sulla salute delle pavimentazioni, consentendo di raggiungere un triplice obiettivo:

- identificare con la stessa celerità le aree che necessitano di interventi immediati;
- stabilire quando e come intervenire in futuro;
- constatare l'efficacia degli interventi eseguiti.

9.3.1 Mappe di qualità funzionale come strumento di manutenzione preventiva della rete urbana di Palermo

In questa sezione si riporta un esempio delle potenzialità del sistema SMART PMS Palermo, in particolare la possibilità di mettere a disposizione del gestore della rete stradale un sistemi di gestione della pavimentazione urbana semplificato e capace di consentire la definizione sia di strategie di ***manutenzione proattiva***, con l'ausilio di mappe qualitative delle condizioni funzionali dello stato attuale, che di rivoluzio-

Figura 9.4 Caso studio

nari approcci di ***manutenzione predittiva*** con l'ausilio di mappe qualitative delle condizioni funzionali a due anni.

Il caso studio oggetto di analisi è situato all'interno della III Circoscrizione del Comune di Palermo, ed è delimitato da Corso Tukory, Via Oreto, Via Mendola, un tratto di Via del Vespro e Via Gaetano Lodato (Fig. 9.4). L'area, che si estende per circa 500.000 metri quadrati, è caratterizzata da un traffico veicolare di intensità media, dovuto principalmente alla prossimità di importanti poli attrattori quali l'Università degli Studi di Palermo e la Stazione Centrale, nonché alla presenza, al suo interno, del Policlinico Universitario "Paolo Giaccone".

Il lavoro effettuato si divide in tre operazioni fondamentali:

- Il **monitoraggio e raccolta dati** sono stati effettuati in primo luogo ispezionando visivamente le varie strade ricadenti nel caso studio, raccogliendo immagini riguardanti sia lo strato di usura dei vari tratti di lunghezza di circa 25 metri, sia i vari degradi puntuali presenti (buche, dossi). Contemporaneamente, sono stati utilizzati dati forniti dal sofware Nira Dynamics – Road Health, relativi alla rugosità, riguardanti un orizzonte temporale di due anni, da febbraio 2023 a febbraio 2025. Inoltre, sono state rilevate informazioni sui vari degradi puntuali (buche, dossi, etc.) delle strade considerate al fine di complementare il contenuto delle schede di monitoraggio attualmente utilizzate dai tecnici del Comune di Palermo,
- L'**Analisi dei dati** è stata operata tramite l'utilizzo di vari metodi statistici per operare una iniziale pulizia dei dati, seguita da una identificazione di tendenze

nella variazione del parametro IRI per poi restituire mappe qualitative sia per lo stato attuale della rugosità della rete stradale (manutenzione proattiva) che per le condizioni di rugosità a 2 anni (manutenzione predittiva).

- Il **Processo decisionale** tiene conto delle serie dei dati e delle mappe visuali per valutare come varierà la condizione superficiale delle strade nel tempo e quindi di potere ipotizzare quali saranno quelle che necessitano di priorità di intervento. Tramite i dati rilevati di rugosità e l'utilizzo di percentili che ne descrivono la distribuzione, si è proceduto per ogni classe funzionale alla definizione di livelli prestazionali, ovvero di classi di condizione superficiale delle strade delimitati da un valore di rugosità. Quindi, con l'aggregazione dei dati relativi a tratti stradali omogenei (in questo le singole vie), al fine di ottenere una valutazione complessiva delle condizioni della strada, si è proceduto ad assegnare ognuno di questi tratti ad una ben definita soglia, utilizzando come valore IRI la media dei dati dell'ultimo mese, sia per la situazione attuale che per quella prevista.

In sintesi, con questo approccio sono state ottenute

- la mappa qualitativa della rugosità della rete stradale a febbraio 2025 (manutenzione proattiva; Fig. 9.5);
- la mappa qualitativa della rugosità della rete stradale a febbraio 2027 (manutenzione predittiva; Fig. 9.6);
- le soglie prestazionali attuali (al 2025) divise per classi funzionali (Fig. 9.7a),
- previsione del cambiamento delle soglie prestazionali previste (al 2027; Fig. 9.7b, c).

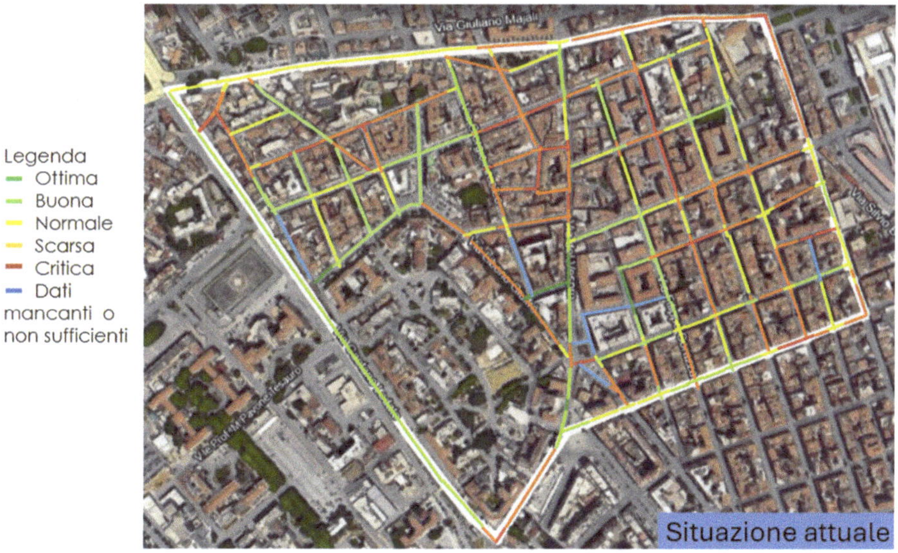

Figura 9.5 Mappa qualitativa della rugosità della rete stradale a febbraio 2025 (*manutenzione proattiva*)

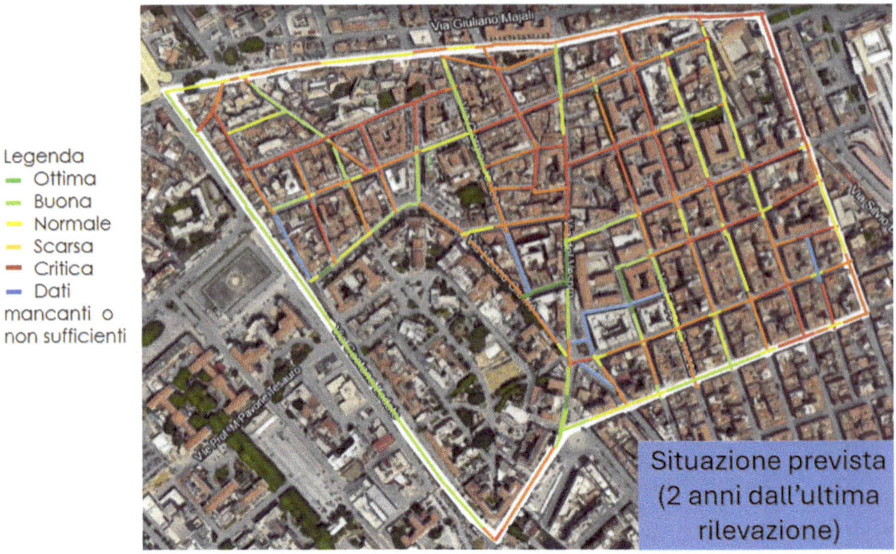

Figura 9.6 Mappa qualitativa della rugosità della rete stradale a febbraio 2027 (*manutenzione predittiva*)

a

IRI	CONDIZIONE SUPERFICIALE
0<IRI≤3.5	OTTIMA
3.5<IRI≤4.5	BUONA
4.5<IRI≤6	NORMALE
6<IRI≤8	SCARSA
8<IRI	CRITICA

b

CLASSE FUNZIONALE (TARGET) (in funzione dei dati dell'ultimo periodo)	
ATTUALE	SCARSA
PREVISTA (2 anni dall'ultima rilevazione)	CRITICA

c

CLASSE FUNZIONALE (TARGET) (in funzione dei dati dell'ultimo periodo)	
ATTUALE	SCARSA
PREVISTA (2 anni dall'ultima rilevazione)	NORMALE

Figura 9.7 Soglie prestazionali basate sulla rugosità della rete stradale per il caso studio selezionato. **a** Esempio soglie prestazionali per determinata classe funzionale al 2025, **b** Esempio cambiamento soglia prestazionale al 2027 (strada ammalorata), **c** Esempio cambiamento soglia prestazionale al 2027 (strada manutenuta)

In conclusione, già dai primi risultati "SMART-PMS" sta dimostrando di poter migliorare l'efficienza delle operazioni di manutenzione ed il livello di servizio offerto da una rete stradale urbana. Infatti, la disponibilità di trend di dati derivati dal monitoraggio continuo e ridondante, insieme alla identificazione di soglie di sicurezza e/o comfort, permette in modo affidabile sia di costruire curve di decadimento delle condizioni superficiali che di registrare i livelli di miglioramento ottenuti successivamente agli interventi realizzati. Il fine ultimo sarà quindi sviluppare una piattaforma che integrerà un database tecnico-ingegneristico con informazioni grafiche immediatamente comprensibili e capaci di guidare il processo decisionale del personale tecnico del comune.

9.4 Conclusioni

Questo capitolo introduce la visione di "*pavimentazioni stradali automatizzate*", sviluppata all'interno dei lavori del programma di ricerca *SMARTI ETN,* per poi fornire una revisione dei due principali gruppi di innovazioni tecnologiche ritenute necessarie per ingegnerizzare un sistema sensibile della pavimentazione stradale capace di abilitarne la manutenzione preventiva:

- i **sensori integrati in situ** consentono ai gestori di passare da una logica reattiva a una gestione predittiva degli asset, con installazioni permanenti o semi-permanenti all'interno della struttura stradale, sia in fase di costruzione che di riqualificazione. Tali tecnologie consentono la realizzazione di pavimentazioni intelligenti, in grado di *autodiagnosticarsi*, dialogare con i veicoli e supportare modelli decisionali in tempo reale. Restano tuttavia aperte diverse sfide quali la durabilità dei sensori, *l'integrazione nei sistemi esistenti, la gestione e interpretazione dei dati e la standardizzazione.* Sono quindi auspicabili ulteriori investimenti in ricerca interdisciplinare e progetti dimostrativi su larga scala.
- Le autovetture connesse dotate di sensori multimodali offrono un approccio rivoluzionario al monitoraggio delle condizioni della pavimentazione, rendendolo continuo e dinamico. L'accoppiamento della connettività diffusa dei veicoli, la fusione dei sensori e l'uso dell'intelligenza artificiale, permettono ai gestori di reti stradali di sviluppare strategie di gestione degli asset stradali più intelligenti, reattive ed efficienti in termini di costi. *Gli sviluppi in corso nella comunicazione V2X, nell'analisi in tempo reale e nella standardizzazione sono fondamentali per liberare il pieno potenziale di questo approccio.*

Infine, il capitolo offre un approfondimento legato ai vantaggi offerti dall'implementazione di pavimentazione stradale automatizzata con il caso studio del progetto SMART-PMS Palermo (http://smartpms.unipa.it) che tramite l'utilizzo di big-data derivati da autoveicoli connessi ed utilizzo dell'Intelligenza artificiale è capace di fornire mappe di qualità funzionale come strumento di manutenzione *proattiva e predittiva* di una rete stradale urbana.

Riferimenti bibliografici

1. Lo Presti D et al (2023) Guidelines for the implementation of SMARTI: sustainable multifunctional automated resilient transport infrastructure. Transp Res Procedia 72:2952–2959
2. Barriera M, Pouget S, Lebental B, Van Rompu J (2020) In situ pavement monitoring: a review. Infrastructures 5(2):18
3. Manosalvas-Paredes M, Lajnef N, Chatti K, Aono K, Blanc J, Thom N, Airey G, Presti LD (2019) Data compression approach for long-term monitoring of pavement structures. Infrastructures 5(1):1
4. Manosalvas-Paredes M, Roberts R, Barriera M, Mantalovas K (2019) Towards more sustainable pavement management practices using embedded sensor technologies. Infrastructures 5(1):4
5. Roberts R, Giancontieri G, Inzerillo L, Di Mino G (2020) Towards low-cost pavement condition health monitoring and analysis using deep learning. Appl Sci 10(1):319
6. Lo Presti D, Chailleux E, Rubio-Gámez M (2022) SMARTI – Sustainable Multi-functional Automated Resilient Transport Infrastructure (D. Lo Presti, E. Chailleux, & M. Rubio-Gámez (eds.)) (MDPI Infrrastructures Special Issue)
7. Commissione Europea (2010) Direttiva 2010/40/UE del Parlamento Europeo e del Consiglio del 7 luglio 2010 sul quadro per la diffusione di sistemi di trasporto intelligenti nel settore del trasporto stradale (Gazzetta ufficiale dell'Unione europea)
8. Commissione Europea (2020) Strategia per una mobilità sostenibile e intelligente – Mettere i trasporti europei sulla buona strada per il futuro (COM(2020) 789 final). Bruxelles
9. Commissione Europea (2016) Final Report – Cooperative Intelligent Transport Systems (C-ITS) Platform Phase II. Bruxelles
10. CCAM Partnership (2022) Strategic Research and Innovation Agenda (SRIA). European CCAM Association, Bruxelles
11. Commissione Europea (2022) Regolamento di esecuzione (UE) 2022/1426 della Commissione del 5 agosto 2022 (Gazzetta ufficiale dell'Unione europea)
12. UNECE (2023) World Forum for Harmonization of Vehicle Regulations (WP.29). United Nations Economic Commission for Europe, Ginevra
13. ISO (2024) ISO 55000:2024 – Asset management – Overview, principles and terminology. International Organization for Standardization, Ginevra
14. EU BIM Task Group (2017) Handbook for the introduction of building information modelling by the European public sector. Bruxelles
15. CEN/TC 442 (2023). Building Information Modelling (BIM) – Standardizzazione delle informazioni per l'ambiente costruito. Bruxelles: Comitato Europeo di Normazione.
16. European Commission (2020c) Sustainable and smart mobility strategy – putting European transport on track for the future. European Commission, Brussels
17. Eriksson J, Girod L, Hull B, Newton R, Madden S, Balakrishnan H (2008) The pothole patrol: using a mobile sensor network for road surface monitoring. In: Proceedings of the 6th international conference on Mobile systems, applications, and services, pp 29–39
18. Gao Y, Xu Q, Chen J, Zhang D (2022) Smartphone-based Road surface roughness estimation using improved signal processing. Measurement 193:110936
19. Feng S, Du H, Liu H (2018) A review of positioning, navigation, and timing technologies for intelligent transportation systems. Front Inf Technol Electron Eng 19(8):1033–1052
20. Maeda H, Sekimoto Y, Seto T, Kashiyama T, Omata H (2018) Road damage detection using deep neural networks with images captured through a smartphone. arXiv preprint arXiv:1801.09454
21. Fan R, Ai T, Dahnoun N (2020) Road surface monitoring using smartphone sensors: a review. Sensors 20(19):5560
22. Hofmann T, Holzapfel F, Wagner P (2019) Acoustic-based pavement monitoring for connected vehicles. Transp Res Procedia 40:392–399

23. Agarwal P, Jang J, Lee JH, Jeong HD (2019) Pavement distress detection from suspension response of connected vehicles. J Comput Civ Eng 33(4):4019030
24. Mahlberg JA, Li H, Zachrisson B, Leslie DK, Bullock DM (2022) Pavement quality evaluation using connected vehicle data. Sensors 22:9109. https://doi.org/10.3390/s22239109
25. Mednis A, Strazdins G, Zviedris R, Kanonirs G, Selavo L (2011) Real time pothole detection using Android smartphones with accelerometers. In: 2011 International Conference on Distributed Computing in Sensor Systems and Workshops (DCOSS). IEEE, pp 1–6
26. Meyer G, Blervaque V, Haikkola P (2019) STRIA roadmap on connected and automated transport: road, rail and waterborne

Capitolo 10
Gestione della viabilità nel periodo invernale nelle Smart Road

Abstract Il presente capitolo delinea un quadro concettuale e metodologico che descrive le potenzialità della digitalizzazione dell'infrastruttura stradale, inclusa la connessione tra il veicolo e l'ambiente che lo circonda (tecnologia V2X), nella gestione dei servizi di manutenzione invernale. Viene evidenziata l'efficacia degli algoritmi data-driven che, sfruttando tecnologie quali IoT, intelligenza artificiale e big data analytics, sono in grado di fornire un supporto decisionale agli Enti gestori e di potenziare il relativo sistema informativo di supporto. Tale approccio permette l'attivazione di piani di intervento efficienti e sostenibili, mirati al contenimento e all'ottimizzazione dello spargimento dei sali fondenti nelle strategie anti-icing e deicing, garantendo elevati standard di sicurezza agli utenti anche in condizioni meteorologiche avverse e minimizzando gli impatti ambientali ed economici di tali trattamenti.

10.1 Introduzione

Le infrastrutture stradali hanno subito negli ultimi decenni una trasformazione radicale, spinta dalla necessità di rispondere a sfide sempre più complesse in termini di sicurezza, sostenibilità ed efficienza. L'integrazione di tecnologie digitali e sistemi di monitoraggio, che ha portato alla nascita e alla diffusione delle Smart Road, rappresenta una grande opportunità anche per l'implementazione di strategie specifiche nell'ambito della gestione della mobilità stradale in condizioni meteorologiche avverse durante il periodo invernale, che inevitabilmente aumentano il rischio di incidenti. Tali condizioni, quali neve, ghiaccio e scarsa visibilità, richiedono interventi tempestivi e mirati, rendendo indispensabile l'adozione di misure tecniche, organizzative e gestionali idonee ed efficienti. In questo contesto, il capitolo descrive un quadro di sintesi in cui l'integrazione delle tecnologie avanzate proprie delle Smart Road, quali sensori e sistemi per il monitoraggio in tempo reale delle condizioni ambientali e della pavimentazione, con sistemi di comunicazione e trasmissione dati all'avanguardia e complessi algoritmi per la loro elaborazione

F. Autelitano et al., *Le SMART ROAD - Stato dell'arte e scenari futuri*,
https://doi.org/10.1007/978-3-031-96144-1_10

possa potenziare il sistema di supporto alle decisioni dell'Ente gestore e, conseguentemente, ottimizzare la pianificazione degli interventi di manutenzione invernale. Ovviamente, efficaci attività manutentive non possono prescindere dall'impiego delle migliori tecnologie disponibili e dell'adozione delle best practice nelle tecniche di sgombero neve e spargimento dei sali fondenti, che ne rappresentano le principali attività operative. La sfida principale resta quella di bilanciare sicurezza, efficienza ed impatto ambientale dei processi, garantendo allo stesso tempo un servizio economicamente sostenibile, anche a fronte degli ingenti investimenti che richiedono la progettazione, realizzazione e gestione di una infrastruttura Smart Road.

10.2 Servizio di manutenzione invernale delle strade

La manutenzione invernale delle infrastrutture stradali rappresenta una complessa sfida operativa per gli Enti proprietari e gestori delle strade, che hanno il gravoso compito di garantire la continuità dell'esercizio viario ed il transito in sicurezza degli utenti, nei limiti imposti dalla gravità delle condizioni meteorologiche avverse. La sicurezza della circolazione è sostanzialmente espressione del mantenimento di un adeguato livello di aderenza fra gli pneumatici dei veicoli e la pavimentazione stradale.

10.2.1 Eventi critici e strategie operative

Una corretta manutenzione invernale scaturisce da programmi organizzativi pianificati con anticipo rispetto all'inizio della stagione invernale, con meccanismi di coordinamento ed impegno di personale e mezzi secondo procedure definite, condivise fra tutti i soggetti coinvolti e tempestivamente attuate. In riferimento al contesto italiano, il centro di coordinamento nazionale in materia di viabilità (Viabilità Italia) del Ministero dell'Interno, congiuntamente alla Polizia Stradale ed in collaborazione con i principali partner pubblici, ha provveduto all'elaborazione di "piani neve", contenenti linee guida per la gestione coordinata delle emergenze invernali di viabilità determinate da precipitazioni nevose con relativa codificazione delle relative soglie [1]. Alla criticità viene associato un codice colore ("zero", "verde", "giallo", "rosso", "nero") che sintetizza, in ordine di gravità, lo stato dell'evento a cui vengono associati provvedimenti da adottare in termini di informazione all'utenza e di azioni di coordinamento. Il processo organizzativo, basato sull'esperienza degli operatori stradali e sull'analisi delle informazioni meteorologiche di macroarea, si traduce in azioni operative strutturate in protocolli di intervento standardizzati. Questi interventi, affidati a personale addestrato che utilizza specifici mezzi d'opera, vengono attivati in occasione di intense precipitazioni nevose e per far fronte ad allerte o emergenze ghiaccio. Essi sono principalmente riconducibili allo sgombe-

Figura 10.1 Condizioni stradali durante una precipitazione nevosa

ro neve e allo spargimento di idonei fondenti salini. La neve rappresenta uno dei principali eventi avversi per la circolazione stradale, che richiede una notevole collaborazione dell'utente con precisi comportamenti di guida (Fig. 10.1). La presenza in strada della neve, ad eccezione delle primissime fasi di attecchimento, è sempre avvertibile senza false interpretazioni e dovrebbe indurre nel conducente cauti atteggiamenti di guida, a partire dalla dotazione di pneumatici invernali e/o catene nonché da una generale e significativa riduzione della velocità di marcia, come prescritto dal Codice della Strada.

Il ghiaccio, soprattutto quello non generato dall'impaccamento di depositi di neve, costituisce un elemento di particolare insidia in quanto manifesta i suoi pericolosissimi effetti sull'aderenza anche in film sottile rappresentando potenzialmente un pericolo occulto poiché spesso non riconoscibile visivamente dall'utente. Differenti tipologie di ghiaccio si possono creare sulle superfici stradali, anche in relazione ai diversi fattori ambientali che lo determinano ed all'aspetto col quale viene giudicato o appare agli occhi del conducente. La tipologia che risulta essere più pericolosa è quella in cui il ghiaccio si presenta in strato sottile e trasparente celando potenziali insidie agli utenti. Si tratta di un rivestimento di ghiaccio vetroso e liscio, definito come vetrone o vetrato (in inglese *glaze*, in francese *verglas*) e noto nella letteratura anglosassone stradale con il termine *black ice*, che si forma sulle superfici soggette al fenomeno meteorico del gelicidio a causa del congelamento di una pellicola di acqua depositata da pioggia (*freezing rain*), pioviggine (*freezing drizzle*), nebbia (*freezing fog*) o per solidificazione del vapore acqueo contenuto nell'aria a contatto con tali superfici a bassa temperatura [2].

10.2.2 Trattamenti preventivi e di abbattimento

Tradizionalmente, le operazioni di manutenzione si sono basate su di un approccio reattivo, che prevede l'intervento in fase di nevicata e al termine di essa o in seguito al manifestarsi di condizioni critiche di circolazione. Si parla di interventi di abbattimento e curativi (interventi di *deicing*) necessari per la rimozione meccanica dello strato di neve o ghiaccio accumulato sul manto stradale ed il contestuale spargimento di fondenti chimici di vario genere per favorire lo scioglimento della coltre nevosa (o neve residuale) o dei veli di ghiaccio depositati. Questo approccio, seppur efficace in alcuni casi, si traduce in un aumento dei tenori di sale da spargere e di tempi necessari all'ottenimento dei risultati certamente superiori [3]. Negli ultimi anni si sta assistendo ad un cambio di prospettiva verso strategie basate sulla prevenzione della criticità. Con riferimento alla formazione di ghiaccio, i trattamenti preventivi (trattamenti *anti-icing*) prevedono lo spargimento di sali antigelo, che fungono da riduttore del punto crioscopico dell'umidità presente sulla superficie stradale, con previsione di temperatura in diminuzione sotto i 2 °C ed elevati livelli di umidità relativa (allerta ghiaccio) al fine di prevenire la formazione di ghiaccio sul piano viabile o durante una precipitazione per impedire il consolidamento di neve e ghiaccio sulla pavimentazione [4]. Entrambe le tipologie di trattamento vengono eseguite tramite spargimento di sale asciutto in granuli e/o l'applicazione di miscele saline liquide (sale + acqua), principalmente a base di cloruri.

I principali sali fondenti impiegati nei trattamenti preventivi e di abbattimento sono il cloruro di sodio ($NaCl$) ed il cloruro di calcio ($CaCl_2$), che sottendono differenti costi, tecniche di applicazione e range di efficacia. Anche il cloruro di magnesio ($MgCl_2$) può essere annoverato tra le possibili alternative, ma pur presentando un minor impatto ambientale, l'elevato costo e l'azione degradante nei confronti dei manufatti in conglomerato cementizio limitano notevolmente il suo utilizzo [5]. Il cloruro di sodio rappresenta il fondente salino per eccellenza nell'ambito delle operazioni di manutenzione stradale delle strade per il suo ottimo rapporto costo-efficacia. È disponibile in diverse classi granulometriche (0–1 o 0–5 mm), anche in riferimento al processo produttivo (sale marino, salgemma e ricristallizzato). Viene principalmente impiegato il sale marino, ottenuto per evaporazione dall'acqua del mare, anche se alcuni Enti gestori di tratte autostradali o strade extraurbane principali richiedono un sale con purezza elevatissima come il salgemma, estratto da cave e giacimenti saliferi sotterranei, o il sale fino ricristallizzato, ottenuto tramite un procedimento d'evaporazione di una salamoia satura, che presentano però costi decisamente più elevati [6]. Il cloruro di sodio risulta essere efficace per temperature non inferiori a −7/−8 °C e umidità atmosferica elevata (> 75%), al di sotto delle quali i tempi di azione si dilatano notevolmente (innesco reazione di 10 minuti a −2 °C e di 30 minuti a −5 °C). Ciò lo rende poco adatto per trattamenti di urgenza a temperature molto rigide, offrendo però il vantaggio di prolungare la sua azione nel tempo. Il cloruro di calcio, decisamente più costoso, ha il vantaggio di essere maggiormente solubile e di agire immediatamente già a 0 °C con umidità relativa superiore al 45%, permettendo lo scioglimento del ghiaccio rapidamente a bassissime temperature (fino a −30 °C). La strutturazione dell'intervento proattivo e curativo dipende principalmente dalla

Tabella 10.1 Trattamenti antighiaccio e antineve: tipologia e dosaggio dei sali fondenti

	Strada asciutta	Strada bagnata
Trattamento antighiaccio		
Preventivo	15–30 g/m^2 sale secco 5–15 g/m^2 sale pre-umidificato 15–25 g/m^2 soluzione $CaCl_2$	5–15 g/m^2 sale secco 15–25 g/m^2 soluzione $CaCl_2$
Curativo	5–15 g/m^2 sale pre-umidificato	5 g/m^2 sale secco
Abbattimento	50 g/m^2 sale secco 30 g/m^2 sale pre-umidificato 25–30 g/m^2 soluzione $CaCl_2$	
Trattamento neve		
Preventivo	30–40 g/m^2 sale secco 15–30 g/m^2 sale pre-umidificato	5–15 g/m^2 sale secco
Curativo	15–25 g/m^2 sale pre-umidificato	5–15 g/m^2 sale secco
Abbattimento		15–30 g/m^2 sale secco (Umidità < 75%; T < –5 °C) 15–30 g/m^2 sale pre-umidificato (Umidità < 75%; T < –5 °C)

Quantità da aumentare del 30–50% su pavimentazioni drenanti e/o punti singolari (Es. ponti e viadotti)

tipologia di condizione meteorologica avversa, dall'entità e tipologia del traffico stradale e dal livello di servizio che si vuole garantire su quella infrastruttura stradale [7]. Sebbene nella scelta della tipologia e del tenore di fondente da utilizzarsi entrano in gioco svariati fattori, quali la temperatura ambiente e l'umidità, l'irraggiamento solare, la direzione e la velocità del vento, nonché le caratteristiche topografiche del terreno, si ritiene opportuno riportare alcuni valori indicativi, attinti dalle procedure delle principali concessionarie autostradali italiane (Tab. 10.1).

Come si può evincere dalla Tab. 10.1, le condizioni superficiali della pavimentazione, in termini di livello di umidità, tessitura e regolarità del manto stradale, rappresentano uno dei principali fattori discriminanti del prodotto da utilizzare e del suo tenore. Basti pensare che in alcuni protocolli di intervento viene richiesto un incremento dal 30 al 50% di sale da applicare nel caso di pavimentazioni bituminose drenanti rispetto ai manti di usura chiusi. Infatti, la loro struttura a vuoti interconnessi e l'elevata macro-tessitura superficiale influenza il loro regime termo-igrometrico alle basse temperature. Come conseguenza, piccoli quantitativi di neve tendono ad accumularsi più in fretta nei meati più esposti, ed il ghiaccio o la neve impaccata si sciolgono più lentamente e solidificano più in fretta a causa della bassa conducibilità e dell'inerzia termica della matrice porosa. È inoltre noto come, su tali tipi di pavimentazione, risulti difficoltoso impiegare in maniera efficace le tradizionali salamoie, che scorrerebbero rapidamente, a causa di una veloce percolazione delle stesse all'interno dei pori. È altrettanto noto che, per tutti i tipi di pavimentazione, anche lo spargimento dei sali in forma solida possa comportare un allontanamento dalla carreggiata stradale con perdita di prodotto e di efficacia. Ne consegue un aumento significativo delle quantità di fondenti da spargere ed un aumento rilevante dei costi generalizzati (diretti ed indiretti) di manutenzione [8].

10.3 Nuovi scenari di manutenzione invernale nelle Smart Road

Come già ampiamente descritto negli altri capitoli del volume, le Smart Road si basano sull'integrazione di molteplici tecnologie che, in sinergia, permettono il monitoraggio e l'analisi dinamica dell'intera infrastruttura viaria per contribuire al miglioramento della gestione e della manutenzione del patrimonio stradale. L'infrastruttura Smart Road si configura infatti come un sistema complesso in cui una diffusa sensoristica dotata di sistemi di acquisizione e di comunicazione ad alta velocità delle informazioni, alimenta una piattaforma digitale, che sfruttando tecnologie quali IoT (*internet of things*), intelligenza artificiale (*artificial intelligence – AI*) e *big data analytics*, elabora modelli gestionali modulari e dinamici per soddisfare le variegate esigenze di mobilità ed aumentare la qualità dei servizi offerti e la customer satisfaction [9]. Le Smart Road rappresentano, quindi, il contesto ideale per la sperimentazione e lo sviluppo di nuove frontiere nella gestione della viabilità nel periodo invernale, attingendo al contempo sia alle migliori tecnologie in diversi ambiti industriali ad oggi disponibili sia a best practice nelle tecniche operative e di utilizzo delle risorse. La digitalizzazione dell'infrastruttura apre, infatti, a nuovi scenari gestionali, attraverso l'attivazione di efficienti e sostenibili piani di intervento, mirati al contenimento e all'ottimizzazione del tenore di cloruri nelle strategie anti-icing e deicing, garantendo elevati standard di sicurezza anche in condizioni meteorologiche avverse e minimizzando gli impatti ambientali dei trattamenti.

Numerosi progetti pilota e programmi in ambito europeo e nordamericano hanno dimostrato l'efficacia di un approccio innovativo e digitale nei processi di organizzazione delle operazioni invernali e nella gestione di eventi atmosferici critici. Questi hanno permesso di validare l'efficacia di algoritmi data-driven nell'elaborazione di modelli previsionali attendibili per il supporto decisionale alla pianificazione ed attivazione di interventi di manutenzione invernale delle strade. Due esempi emblematici sono il programma statunitense "Clear Roads" [10] ed il progetto italiano, cofinanziato dal programma LIFE+ dell'Unione Europea "Clean Roads" [11]. In entrambi i casi è stato evidenziato come l'implementazione di modelli digitali data centrici e di sistemi di connettività con i veicoli abbia permesso di innovare i processi decisionali e le strategie operative di intervento, con conseguente riduzione dei costi diretti e indiretti del servizio di manutenzione invernale, grazie ad un aumento della tempestività delle operazioni di sgombero neve e di spargimento di sali fondenti prima e durante l'evento critico (Fig. 10.2). Il tema è sicuramente di estrema attualità, tanto che un comitato tecnico nazionale dell'associazione mondiale della strada (PIARC) ha recentemente pubblicato un rapporto tecnico sul tema della manutenzione invernale nelle strade di nuova generazione che adottano sistemi intelligenti [12].

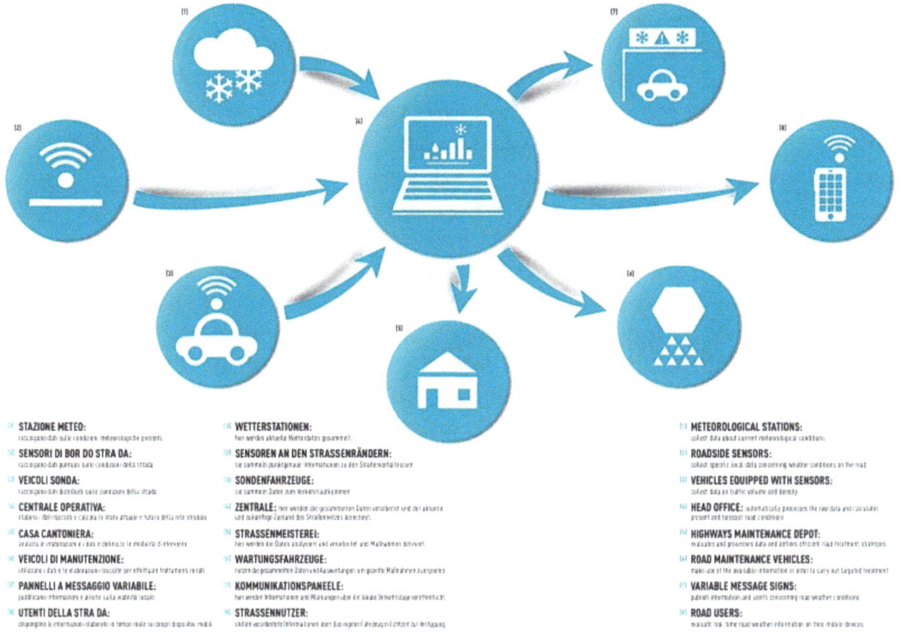

Figura 10.2 Schema gestionale e operativo descritto dal progetto "Clean Roads" [11]

10.3.1 Componenti tecnologici e raccolta dati

L'elemento cardine, attorno al quale si articola il processo decisionale delle strategie per la gestione degli eventi invernali, è rappresentato dalla conoscenza di puntuali e dettagliate informazioni sulle previsioni meteorologiche e sulle condizioni locali. La loro acquisizione da parte dell'Ente gestore della strada avviene sfruttando dati meteorologici previsionali di istituti nazionali e regionali di meteorologia, nonché i bollettini di vigilanza meteorologica emanati dalla Protezione Civile, che possono tradursi in avvisi di condizioni meteorologiche avverse (allerte di varia entità). Negli anni si sono sviluppati svariati algoritmi per il decison making, che hanno portato alla redazione di piani di gestione, basati su modelli previsionali tarati su dati di macroarea e sulla previsione degli scenari più probabili. Dati a scala nazionale o regionale possono tuttavia celare le disomogeneità locali con cui le condizioni meteorologiche avverse possono presentarsi. L'integrazione di sistemi di monitoraggio e di molteplici tecnologie digitali, elementi alla base delle Smart Road, permettono il monitoraggio e la successiva analisi delle condizioni ambientali e stradali lungo specifici tronchi della rete, rilevando in tempo reale variazioni climatiche istantanee e locali.

Sistemi di informazione meteorologica stradale

Le stazioni meteorologiche automatiche, che rappresentano la componente hardware dei cosiddetti sistemi di informazione meteorologica stradale (*road weather information system – RWIS*), costituiscono la spina dorsale della raccolta dei dati ambientali. Si tratta di centraline stradali fisse front-end, collocate in punti nevralgici della rete, allestite con una pluralità di sensori che sono in grado di registrare svariati parametri ambientali, quali temperatura, umidità, direzione e velocità del vento e pressione atmosferica [13]. Alcuni sensori specifici, come il disdrometro o il piranometro, possono essere inclusi per rilevare la quantità e la tipologia di precipitazione (tutte le forme di acqua condensata: pioggia, pioggia gelata, grandine, neve e nevischio) e l'irraggiamento solare. Le stazioni meteorologiche, che possono essere controllate sia localmente che da remoto, sono dotate di centraline con unità di archiviazione e abilitate per l'*edge computing* e di sistemi che assicurano la trasmissione dei dati con protocolli di controllo trasmissione di alto livello. Il basso consumo energetico ne consente l'alimentazione sia tramite rete elettrica sia con pannello fotovoltaico. Le stazioni monitorano in modo efficace il microambiente, quindi la precisione del dato rilevato sarà tanto maggiore quanto più frequente è l'installazione. Una interdistanza ritenuta accettabile è di 30–50 km, ma tale valore è strettamente legato alla morfologia e topografia locale e del territorio. La postazione meteo può essere inoltre integrata anche con dispositivi *above ground* per il monitoraggio del traffico, basati su tecnologie radar, microonde e laser o sull'elaborazione del segnale video, oppure con centraline per il monitoraggio della qualità dell'aria (biossido di zolfo (SO_2), ossidi di azoto (NO_x), materiale particolato (PM), benzene (C_6H_6), ozono (O_3) e monossido di Carbonio (CO)).

Sensori IoT

Oltre agli imprescindibili dati meteorologici, l'efficacia di un trattamento anti-icing dipende dalla tempistica di spargimento e dal tenore salino residuale sulla pavimentazione stradale. L'installazione di specifici sensori IoT permette all'Ente gestore di monitorare in tempo reale alcuni parametri rappresentativi delle condizioni della pavimentazione stradale, che sono necessari per la definizione della tipologia di intervento manutentivo da intraprendere o attuare. Si possono impiegare dispositivi fissi intrusivi, nel caso in cui si preveda lo loro installazione nella pavimentazione, oppure di dispositivi fissi non intrusivi qualora il sensore venga posto a ridosso della carreggiata. I parametri più rilevanti che vengono misurati sono indubbiamente la temperatura superficiale (e sub-superficiale) e la presenza di un velo idrico e di sale sulla superficie stradale, inclusa la sua concentrazione [14]. Sono recentemente apparsi sul mercato sensori, che sfruttando un sistema laser nel vicino infrarosso capace di analizza i segnali retrodiffusi in tempo reale, possono prevedere anche l'incipiente formazione del ghiaccio sulla pavimentazione.

Sensori mobili – Veicoli sonda

A complemento dei dati misurati dalle postazioni fisse e di quelli registrati dai sensori IoT, una nuova frontiera è rappresentata dall'utilizzo di veicoli sonda attrezzati per registrare alcuni parametri significativi della pavimentazione stradale estendendone la copertura all'intera rete di competenza. Il veicolo viene equipaggiato con una sonda per la misura della temperatura della pavimentazione, che permette di ricostruire il profilo termico della tratta percorsa (*thermal mapping*) [15]. Nell'ottica di una ottimizzazione dei costi e delle risorse (flotta e personale), i sensori possono essere installati su di un veicolo di servizio, come quelli destinati alla sorveglianza stradale e di assistenza al traffico, oppure direttamente sui mezzi spartineve o spargisale. Nel primo caso, il veicolo percorre periodicamente la tratta di competenza rilevando parametri termici georeferenziati in continuo, contribuendo a costituire un data base delle condizioni locali che concorreranno ad alimentare e tarare un algoritmo previsionale. Scopo del profilo termico è innanzitutto l'individuazione di zone critiche, ovvero punti tendenzialmente più freddi, che a causa delle caratteristiche costruttive dell'infrastruttura o di fenomeni legati alla stagnazione di aria fredda o al minor irraggiamento solare (*sky view*) richiedono una maggior attenzione per le attività di pianificazione e gestione della manutenzione invernale. Oltre alla mappatura termica il veicolo può essere equipaggiato con sensori in grado di misurare o inferire il tenore salino sulla pavimentazione e il livello di aderenza [16].

10.3.2 Trasmissione ed elaborazione dati

I dati acquisiti dai sistemi di monitoraggio e dai sensori ioT fissi e mobili vengono trasferiti ad un centro operativo utilizzando sistemi, che sono in grado di garantire l'interoperabilità tra sistemi eterogenei, caratterizzati da standard e protocolli di comunicazione comuni e sicuri. Le reti wireless consentono una comunicazione a breve raggio e a bassa latenza, mentre i sistemi di comunicazione cellulare con tecnologia 4G/5G, hanno permesso di estendere la portata della trasmissione in tempo reale anche su distanze maggiori [17]. I dati registrati, eventualmente pre-elaborati localmente da modelli di calcolo di *edge computing*, vengono poi normalizzati e centralizzati in piattaforme *big data* e di *cloud computing*, che utilizzando differenti tipologie di algoritmi li processano ed elaborano per fornire un supporto decisionale agli operatori stradali e potenziare il relativo sistema informativo di supporto (*maintenance decision support system – MDSS*) [18]. Nell'ottica di una totale interconnessione tra i veicoli e l'ambiente circostante, i dati attinti dai sensori mobili vanno ad integrare il server o i data center sfruttando la tecnologia V2X, acronimo di "*vehicle-to-everything*", basato su di un sistema di comunicazione ibrido, ovvero composto da comunicazioni dedicate a corto raggio (*dedicated short range communications – DSRC* e standard 802.11p per comunicazioni tra veicoli) e a lungo raggio (reti cellulari 4G/5G e la tecnologia C-V2X). Le piattaforme di elaborazioni provvedono ad analizzare i dati in tempo reale per lo sviluppo di modelli predittivi implementati in software di gestione, che permettono di aggregare tutte le informazioni e prevedere con ottima approssimazione l'insorgere di criticità (Fig. 10.3). Il livello decisionale è poi demandato al centro operativo, che dispone di dashboard interattive (interfacce georeferenziate) in cui possono essere visualizzate allerte generate automaticamente in caso di condizioni critiche e stime attendibili nel bre-

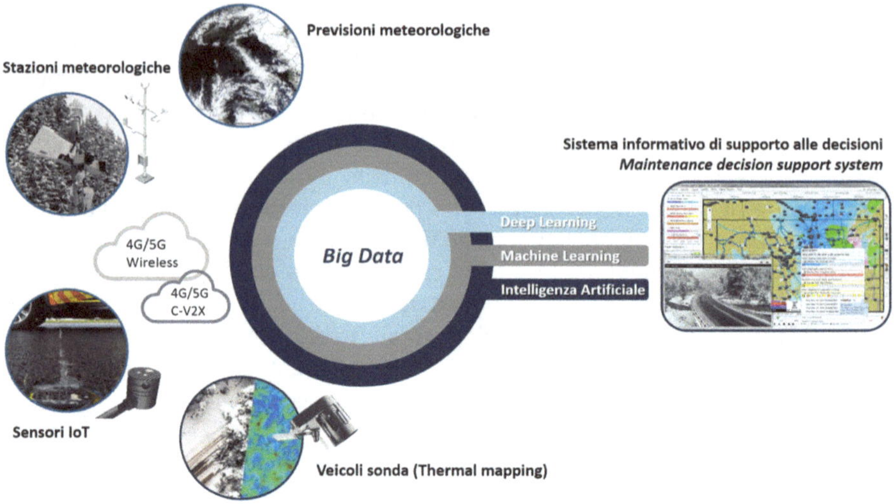

Figura 10.3 Architettura logica di un sistema informativo di supporto alle decisioni

vissimo (1 ora) e medio-lungo periodo (24 ore). Gli operatori hanno a disposizione, pertanto, una rappresentazione dinamica e real time delle condizioni atmosferiche e della pavimentazione, che viene integrata con i filmati delle webcam installate lungo la rete per il monitoraggio del traffico. La transizione verso il paradigma digitale ha reso possibile l'integrazione dei dati reali acquisiti dai sistemi di monitoraggio con tutte le informazioni relative al patrimonio infrastrutturale provenienti da modelli BIM (*building information modeling*) e dati GIS (*geographic information systems*), nel cosiddetto gemello digitale (*digital twin*) dell'infrastruttura, ovvero un modello computerizzato in cui vengono riportate e continuamente aggiornate le caratteristiche fisiche e geometriche della rete stradale e delle pavimentazioni, incluse la presenza di punti singolari, opere d'arte e possibili impedimenti temporanei.

I modelli predittivi, che derivano da elaborazioni complesse sfruttando le potenzialità di tecniche di regressione, algoritmi statistici e di intelligenza artificiale, basati sul *deep learning* e *machine learning*, offrono nuove prospettive per la gestione proattiva della viabilità stradale durante la stagione invernale e in caso di eventi meteorologici avversi. I modelli, grazie alla possibilità di essere addestrati con grandi quantità di dati specificatamente rappresentativi delle peculiarità locali, sono in grado di individuare pattern che sfuggirebbero ad un'analisi tradizionale, massimizzano l'efficacia di interventi manutentivi mirati. L'applicazione di tecniche di *machine learning* consente inoltre di aggiornare in tempo reale le previsioni, migliorando la precisione delle operazioni e contribuendo ad una gestione ottimale dei trattamenti, sia in termini di dislocazione sul territorio delle risorse (mezzi, attrezzature e personale) che di sale applicato. L'utilizzo di reti neurali ha ulteriormente raffinato le capacità predittive, grazie alla capacità di apprendere da dati storici ed in tempo reale. Tale approccio integrato consente non solo di intervenire

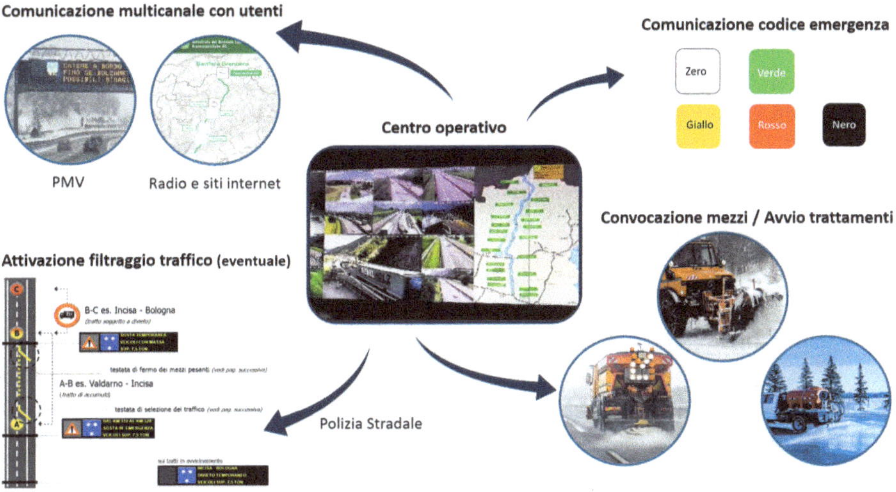

Figura 10.4 Architettura logica dell'attivazione dei trattamenti operativi

tempestivamente in situazioni di emergenza, ma anche di pianificare strategie manutentive a lungo termine. Un ulteriore vantaggio è rappresentato dalla possibilità di personalizzare gli interventi, in base alle condizioni ambientali e alle specificità del territorio. I modelli predittivi possono infatti essere calibrati tenendo conto delle variabili locali, quali la morfologia del territorio, la tipologia della pavimentazione e le caratteristiche climatiche. Avvalendosi anche di tecniche di clustering applicate all'analisi dei dati spaziali e temporali, risulta possibile suddividere la rete stradale in zone omogenee, facilitando l'adozione di strategie di manutenzione differenziate [19].

Sulla base di queste elaborazioni, il responsabile del centro operativo coordina interventi tempestivi, in condivisione con gli Enti territoriali, impartendo disposizioni e distribuendo le risorse in base alle priorità operative. Vengono pertanto allertati i mezzi per l'espletamento delle operazioni invernali, siano esse a carattere di prevenzione che di urgenza (Fig. 10.4).

Inoltre, si provvede tempestivamente alla comunicazione agli utenti della strada delle informazioni relative agli eventi critici, fenomeni meteorologici, turbative alla circolazione e condizioni di transitabilità, incluse possibili previsioni di chiusura al traffico. La diffusione multicanale di tali informazioni avviene con interventi su media locali e nazionali e sfruttando i canali gestiti o alimentati direttamente dall'Ente gestore attraverso comunicazioni via radio e web sia con pannelli a messaggio variabile (PMV) [20, 21]. Una prospettiva interessante è quella di poter sviluppare nell'immediato futuro il servizio di *in-vehicle signage*, ossia l'invio di messaggi specifici con testo e pittogrammi analoghi a quelli utilizzati nei PMV e altra segnaletica per comunicare direttamente con gli utenti dotati di automobili connesse [22]. In caso di eventi di maggiore entità vengono generalmente attuati dei protocolli operativi per la regolamentazione della circolazione, con progressiva azione di filtraggio dinamico del traffico per ridurne l'afflusso nei tratti più critici e determinarne il dirottamento, o l'eventuale accumulo, al di fuori delle zone maggiormente colpite.

10.3.3 Gestione operativa delle risorse e attivazione dei piani di intervento

La corretta elaborazione dei dati registrati dalle Smart Road e lo sviluppo di sistemi informativi di supporto alle decisioni sempre più affidabili aprono a nuovi scenari gestionali degli eventi critici della viabilità stradale nel periodo invernale, attraverso l'elaborazione di piani e strategie di intervento ancora più efficienti che vedono l'impiego di personale altamente specializzato e una flotta di mezzi aggiornata agli ultimi progressi tecnologici [23].

Tecniche di applicazione di fondenti salini tradizionali ed innovativi
Uno dei principali obiettivi dell'intero processo di manutenzione invernale delle strade è quello massimizzare l'efficienza di ciascun trattamento attraverso un uso più razionale delle risorse disponibili, garantendo elevati standard di sicurezza per tutti gli utenti della strada. Una limitazione dei costi diretti e indiretti delle operazioni può essere raggiunta attraverso la mitigazione degli inconvenienti tecnici della tradizionale pratica dello spargimento sale. Infatti, a fronte delle loro efficaci proprietà anti-gelo, l'impiego di elevati tenori di cloruri ha pesanti ripercussioni sulla durabilità delle opere strutturali, in primis dei ponti e viadotti, con effetti corrosivi delle componenti metalliche ed un rapido degrado dei manufatti in cemento armato. Non meno importante è l'impatto ambientale dovuto al consumo e alla dispersione dei fondenti, con conseguente inquinamento delle falde acquifere e dei suoli ed effetti dannosi sulla vegetazione [24]. Un primo importante step nella riduzione del tenore di sali fondenti da applicare sulla pavimentazione riguarda la transizione da un approccio reattivo all'evento critico verso uno proattivo [25]. Impedire la formazione del ghiaccio sul piano viabile richiede, rispetto ad un suo scioglimento, un quantitativo significativamente inferiore di sale con effetti positivi anche sulla viabilità e sulla sicurezza. Inoltre, è bene ricordare come il sale espleti la propria funzione di fondente e riduttore del punto crioscopico dell'acqua solo se ha la possibilità di sciogliersi o di andare in soluzione, attingendo da elevati tenori di umidità ambientale o venendo a contatto con una pavimentazione umida o bagnata. D'altra parte, il sale disciolto è efficace fino a quando non viene eccessivamente diluito e/o viene allontanato dalla superficie stradale. Le attuali tendenze sono quindi quelle di rendere immediatamente attivo il prodotto in un ampio range di temperature, sfruttando le potenzialità delle salamoie liquide. Nello specifico, le concentrazioni più ricorrenti sono pari al 23.3% per NaCl (limite teorico di utilizzo: −21 °C) e 27–30% per $CaCl_2$ (limite teorico di utilizzo: −53 °C). La concentrazione del cloruro di sodio rappresenta quella del sistema eutettico, mentre quella del cloruro di

calcio un limite operativo oltre il quale la salamoia provoca condizioni di potenziale slittamento degli pneumatici [26]. Una tecnica intermedia è rappresentata dalla pre-umidificazione (*pre-wetting*) del sale granulare con acqua, utile sia per accelerare la formazione della salamoia, e dunque ridurre il tempo di reazione, che per limitare il quantitativo di sale che non raggiunge o non rimane sulla pavimentazione a causa delle perdite iniziali ed in esercizio dovute al vento, alle turbolenze del veicolo spargisale e dal traffico (meccanismi di *blow-off*) e ai fenomeni di "rimbalzo" (*bounce*). Una miscela binaria di cloruro di sodio pre-umidificato con una soluzione liquida di $CaCl_2$ rappresenta una efficace strategia nelle zone montuose e durante eventi emergenziali [27]. È possibile anche l'utilizzo di fondenti chimici miscelati a materiali abrasivi (tradizionalmente sabbia, ghiaia e pietrischetto), soprattutto laddove risulti necessaria una combinazione dell'effetto disgelante del sale con quello disgregante del materiale abrasivo, al fine di innalzare il livello di aderenza disponibile fra pneumatico e pavimentazione [28].

Negli ultimi anni la ricerca si è concentrata nell'individuazione e lo sviluppo di soluzioni alternative green ed eco-friendly rispetto a quelle a base di cloruri. Un filone di ricerca ha esaminato la possibilità di avvalersi di alcune sostanze di origine naturale (sottoprodotti, scarti o rifiuti di prodotti industriali), per migliorare le proprietà dei disgelanti in commercio. La maggior parte di questi prodotti, noti come prodotti di derivazione agricola (*agro-based* o *ag-based*), è stata ottenuta tramite fermentazione e lavorazione di materie prime agricole, tra cui mais, grano, riso e barbabietola, o dai processi di produzione lattiero-casearia e di distillazione [29]. Ogni composto organico, applicato da solo o addizionato ai cloruri, presenta una specifica funzionalità. Si possono ridurre i tempi di innesco della reazione, raggiungere livelli di efficacia anche a temperature inferiori, contestualmente ad un abbassamento del punto crioscopico, aumentare della durata residua di ciascun trattamento (aumento della viscosità del prodotto con addensanti) e attenuare gli effetti corrosivi dei cloruri sui metalli (inibitori della corrosione).

Alcune di queste tecniche hanno visto un ulteriore recente sviluppo per affrontare specifiche criticità imposte da eventi meteorologici di elevata intensità e che si verificano su particolari tipologie di pavimentazione. A titolo di esempio, si possono annoverare due soluzioni brevettate che sono pensate per contrastare il fenomeno del gelicidio e per operare trattamenti anti-icing efficaci sulle pavimentazioni in conglomerato bituminoso drenante. La prima riguarda la spruzzatura a caldo (circa 55 °C) ad alta pressione (oltre 7 bar) di una salamoia di cloruro di calcio, quasi contestualmente alla sua produzione sfruttando le proprietà esotermiche della reazione chimica di scioglimento del cloruro di calcio in acqua (sistema Firestorm) [30]. La seconda è rappresentata da un idrogel salino applicato mediante nebulizzazione a caldo (circa 55 °C), che avvalendosi delle proprietà addensanti e gelificanti di catene biopolimeriche, sviluppa una struttura a gel a contatto con la superficie stradale fredda creando un sottile film salino che ricopre gli aggregati esposti al traffico e non percola nei meati, assecondando la tessitura superficiale della pavimentazione mantenendone i necessari livelli di aderenza e riducendo utilmente la permeabilità per il breve periodo dell'emergenza gelo (Fig. 10.5) [31].

Figura 10.5 Applicazione dell'idrogel salino con analisi termica del trattamento

Silos e cisterne di stoccaggio

I fondenti salini sono dislocati presso i cosiddetti posti neve/punti sale, in cui sono presenti anche i mezzi operativi in attesa di convocazione. La necessità di garantire l'affidabilità e la semplicità di uso da parte degli addetti alle attrezzature in esercizio, ha portato ad una progressiva ingegnerizzazione anche degli impianti di stoccaggio dei sali, sia i silos per il prodotto solido granulare che gli impianti per le soluzioni liquide. Lo sviluppo tecnologico e informatico ha permesso di realizzare veri e propri sistemi computerizzati per lo scarico automatico del prodotto, con possibile controllo anche da remoto [32]. Grazie a precisi sistemi di pesatura, sistemi di automazione industriale e software operativi e di gestione statistica, è stato possibile sviluppare il concetto di stoccaggio e prelievo del sale in modalità self-service in quantità desiderata. Il quantitativo di prodotto erogato viene contabilizzato, con associazione diretta all'operatore e al mezzo che ha effettuato il prelievo attraverso l'inserimento di un codice identificativo. La possibilità di accedere in tempo reale e da remoto alla giacenza dell'impianto, verificando i consumi e le movimentazioni di prodotto effettuate, consente di monitorare la situazione delle scorte strategiche e di provvedere rapidamente al loro ripristino, in particolar modo per quegli impianti allocati in postazioni di manutenzione non presidiate.

Flotta veicolare ed attrezzature

Efficienti operazioni di sgombero della neve e di spargimento dei cloruri non possono prescindere da una specifica selezione ed organizzazione dei veicoli e dei mezzi d'opera, con relative attrezzature meccaniche e specifiche maestranze, e dalla definizione di protocolli di attivazione. Lo sviluppo tecnologico permette agli Enti gestori e ai fornitori di servizi di individuare soluzioni adatte a differenti esigenze operative, in modo polivalente e versatile [33]. Per quanto riguarda la rimozione della neve, sono disponibili sgombraneve con diverse configurazioni (lama, vomere, cucchiaio) dotati di coltelli di raschiamento gommati flessibili, che permettono la pulizia di strade che presentano anche un profilo irregolare senza causare ammaloramenti della pavimentazione. Lo spargimento dei cloruri o di altri fondenti solidi e/o liquidi avviene con autocarri e autoarticolati allestiti con tramogge e spargitori a disco per i sali granulari oppure cisterne e sistemi di spruzzatura per le salamoie, con distribuzione controllata e flessibile dei prodotti. Gli spargisale dovranno essere dotati di un serbatoio ausiliario (umidificatore), per consentire la pre-umidifazione del sale con acqua o cloruro di calcio. Nell'ambito delle innovazioni a supporto della digitalizzazione di prodotti e servizi, i veicoli innovativi destinati alla manutenzione invernale sono equipaggiati con un ricevitore GPS e una serie di sensori e trasduttori (alcuni dei quali descritti nel § 10.3.1) interni ed esterni alla cabina di guida. In questo modo è possibile raggiungere una comunicazione bidirezionale sia tra veicolo e centrale operativa, che tra veicolo ed infrastruttura. Da un lato, tutte le informazioni inerenti alla posizione di ciascun veicolo e quelli raccolti dai vari sensori sono inviati ad una piattaforma preposta alla loro elaborazione, consentendo agli operatori della centrale operativa il tracciamento real time della flotta veicolare, la visualizzazione, con relativa localizzazione su cartografia digitalizzata, ed il controllo, inclusa l'archiviazione di tutti i parametri operativi. Dall'altro lato, i veicoli più performanti sono dotati di sistemi operativi (computer di bordo in cabina) e di regolazione capaci di gestire l'intera attrezzatura senza interventi manuali dell'autista o dell'operatore. Definito il dosaggio di sale desiderato, uno specifico dispositivo automatico mantiene costante la quantità di sale sparso modulandola in funzione della velocità del mezzo. Inoltre, sono in grado di adattare il quantitativo di prodotto da spargere, adottando il principio della salatura dinamica (*dynamic salting*), in base alla morfologia della strada ed alle effettive condizioni della pavimentazione registrate dai sensori IoT installati sul veicolo (temperatura, umidità e tenore salino), alle informazioni comunicate dalle stazioni meteorologiche e alle eventuali indicazioni ricevute dalla centrale operativa [34].

10.4 Conclusioni e prospettive future

Il capitolo ha delineato un quadro concettuale e metodologico per l'integrazione delle tecnologie digitali nelle operazioni di manutenzione invernale delle infrastrutture stradali. Le evidenze raccolte da programmi e progetti pilota suggeriscono come l'evoluzione dell'infrastruttura tradizionale verso il paradigma delle Smart Road stia progressivamente trasformando anche la gestione delle viabilità durante gli eventi critici associati a condizioni meteorologiche avverse, quali gli eventi neve e ghiaccio.

La digitalizzazione dell'infrastruttura, inclusa la connessione tra il veicolo e l'ambiente che lo circonda (veicoli, infrastruttura, network), ha permesso agli Enti gestori di sviluppare e attivare interventi sgombraneve e di spargimento dei fondenti salini sempre più efficienti e sostenibili. In questo contesto, le piattaforme di big data provvedono all'aggregazione, inclusa l'archiviazione, dei dati provenienti dalle centraline meteorologiche e dai dispositivi IoT (fissi e mobili), e alla successiva elaborazione avanzata di modelli previsionali sfruttando le potenzialità di algoritmi basati sulla machine learning e sull'intelligenza artificiale. Tali modelli potenziano il sistema informativo di supporto decisionale, offrendo assistenza ai responsabili del centro operativo per l'attivazione di interventi tempestivi e mirati e la diffusione multicanale agli utenti delle informazioni necessarie per la circolazione in sicurezza sulla rete.

L'adozione delle migliori tecnologie disponibili si traduce in svariati benefici operativi, ma anche di tipo economico ed ambientale. Tale approccio integrato consente una gestione più efficiente delle risorse e di pianificare strategie di manutenzione a lungo termine basate su dati accurati e aggiornati, riducendo la necessità di operazioni di emergenza.

Una maggiore efficienza dei trattamenti implica una riduzione di materiali trattanti da spargere, come sali fondenti e abrasivi, contribuendo a limitare l'impatto che le attività di manutenzione invernale hanno nei confronti dell'infrastruttura e dell'ambiente. Ciò si traduce in benefici tangibili, come la diminuzione degli impatti e del degrado sulle opere in calcestruzzo armato ed in acciaio, così come la riduzione dell'inquinamento delle falde acquifere e del suolo ed il miglioramento della qualità dell'aria, aspetti sempre più cruciali nel contesto delle politiche ambientali globali.

In prospettiva, anche in previsione dei futuri scenari di guida autonoma dei veicoli, la continua evoluzione delle tecnologie digitali e dei sistemi di monitoraggio offrirà nuove opportunità per perfezionare ulteriormente i modelli predittivi e di conseguenza il processo decisionale. L'integrazione di dati provenienti da fonti diversificate e l'adozione di algoritmi di intelligenza artificiale sempre più attendibili potranno contribuire ad una gestione ancora più specializzata, soprattutto nelle zone più critiche della rete, e tempestiva dei servizi di manutenzione invernale attraverso un uso più razionale delle risorse disponibili, garantendo agli utenti al contempo uno standard di sicurezza adeguato all'evento meteorologico critico.

Riferimenti bibliografici

1. Viabilità Italia (2024) Pianificazione invernale per la gestione della viabilità e regolamentazione dei mezzi pesanti in autostrada in caso di precipitazione nevosa. Ministero dell'Interno, Roma
2. Viabilità Italia (2024) Freezing rain: Criticità del fenomeno e procedure di gestione del traffico. Ministero dell'Interno, Roma
3. Blackburn RR, Bauer KM, Amsler DE, Boselly SE, McElroy AD (2004) Snow and ice control: Guidelines for materials and methods. Report No. NCHRP 526.. National Research Council, Washington, D.C.
4. Snow PIARC, Databook I (2022) XVI World winter service and road resilience congress. Technical report. World road association, Paris
5. Fischel M (2001) Evaluation of selected deicers based on a review of the literature. Report No. CDOT-DTD-R-2001-15. Colorado Department of Transportation, Denver
6. Autelitano F, Rinaldi M, Giuliani F (2019) Winter highway maintenance strategies: Are all the sodium chloride salts the same? Constr Build Mater 226:945–952. https://doi.org/10.1016/j.conbuildmat.2019.07.292
7. Ketcham SA, Minsk LD, Blackburn RR, Fleege EJ (1996) Manual of practice for effective anti-icing program: a guide for highway winter maintenance personnel. Report No. FHWA-RD-95-202. Federal Highway Administration, Washington, D.C.

8. Livet J (1996) Evaluation des bétons bitumineux drainants en termes d'exploitation hivernale d'un réseau routier. Bull Des Laboratoires Des Ponts Et Chaussées 204:15–23
9. MIMS (2022) Documento strategico della mobilità stradale (2022–2026). Ministero delle Infrastrutture e della Mobilità Sostenibili, Roma
10. Clear Roads The Clear Roads research program. Consultato il 29 marzo 2025. https://www.clearroads.org/
11. Clean Roads Clean Roads project. Addressing the environmental impact of salt use on the roads. Consultato il 29 marzo 2025. https://clean-roads.eu/
12. PIARC Italia (2020) Winter Maintenance 4.0. Rapporto Finale. Comitato Tecnico Nazionale 3.2 "Viabilità invernale". Associazione Mondiale della Strada, Roma
13. Merler G, Pretto I, Cavaliere R, Tschurtschenthaler T, Apolloni R (2015) Static RWIS stations. Clean Roads project. Final report No. D.A1.1.. Provincia di Trento
14. Di Lorenzo T, Yu X (2023) Use of ice detection sensors for improving winter road safety. Accid Analysis Prev 191:107197. https://doi.org/10.1016/j.aap.2023.107197
15. Todeschini I, Di Napoli C, Pretto I, Merler G, Cavaliere R, Apolloni R, Antonacci G, Piazza A, Benedetti G (2016) Thermal mapping as a valuable tool for road weather forecast and winter road maintenance: an example from the Italian Alps. In: Themistocleous K, Hadjimitsis DG, Michaelides S, Papadavid G (eds) Fourth International Conference on Remote Sensing and Geoinformation of the Environment https://doi.org/10.1117/12.2240484 (SPIE Proceedings, 9688)
16. Cui N, Fay L, Shi X (2015) Quantifying salt concentration on pavement: Phase I. Aurora Project 2013-04. Final report. Western Transportation Institute Montana State University, Bozeman
17. Ye Z, Wei Y, Yang S, Li P, Yang F, Yang B, Wang L (2024) IoT-enhanced smart road infrastructure systems for comprehensive real-time monitoring. Internet Things Cyber-physical Syst 4:235–249. https://doi.org/10.1016/j.iotcps.2024.01.002
18. Ye Z, Strong C, Shi X, Conger S, Huft D (2009) Benefit-cost analysis of maintenance decision support system. Transp Res Rec J Transp Res Board 2107:95–103
19. Liu ZL, Bland J, Bao T, Billmire M, Biniyaz A (2021) Real-time computing of pavement conditions in cold regions: a large-scale application with road weather information system. Cold Reg Sci Technol 184:103228. https://doi.org/10.1016/j.coldregions.2021.103228
20. (2025) ASPI, Info viabilità – Operazioni invernali. Consultato il 29 marzo. https://www.autostrade.it/it/infoviabilita/operazioni-invernali
21. Autostrada del Brennero, Info traffico Consultato il 29 marzo 2025. https://www.autobrennero.it/it/
22. Rossi L (2021) Infrastrutture tecnologiche per la mobilità del futuro. Strade Autostrade 25:76–77 (Speciale "Next generation mobility")
23. Bolego F (2007) La gestione invernale della viabilità in ambiente alpino. L'esperienza Della Prov Auton Di Trento Neve E Valnghe 61:44–61
24. Vignisdottir HR, Ebrahimi B, Booto GK, O'Bornd R, Brattebo H, Wallbaum H, Bohne RA (2019) A review of environmental impacts of winter road maintenance. Cold Reg Sci Technol 158:143–153. https://doi.org/10.1016/j.coldregions.2018.10.013
25. Lai I (2014) Procedure e metodi per la gestione delle operazioni invernali. Tavola rotonda della Provincia Autonoma di Trento
26. Peterson G, Keranen P, Pletan R (2010) Identifying the parameters for effective implementation of liquid-only plow routes. Report No. Clear Roads 09-02. Wisconsin Department of Transportation, Madison
27. Shi X, Bergner D, Du S, Keep D, Reed C (2021) Review and summary of pre-wet methods and procedures. Final report No. CR 18-04. Minnesota Department of Transportation, St. Paul
28. Klein-Paste A, Dalen R (2018) The fundamentals of plowing, anti-icing, de-icing and sanding. In: Shi LF (ed) Sustainable winter road operations. Wiley-Blackwell, Hoboken, pp 82–100

29. Terry LG, Conaway K, Rebar J, Graettinger A (2020) Alternative deicers for winter road maintenance – A Review. Water Air Soil Pollut 231(8):394. https://doi.org/10.1007/s11270-020-04773-x
30. Marin A (2013) Tecnologie brevettate per la viabilità invernale. Strade Autostrade 6:138–140
31. Autelitano F, Giuliani F, Longo S (2022) Phyto-based sodium chloride hydrogel for highway winter maintenance of porous asphalt pavements. Constr Build Mater 319:126082. https://doi.org/10.1016/j.conbuildmat.2021.126082
32. Murazi S, Marin A (2002) Il self-service del sale da disgelo. Strade Autostrade 1:17–22
33. Holik WA, Schneider WH, Huang Q (2016) Winter maintenance fleet savings from implementing specialty winter maintenance equipment. Cold Reg Sci Technol 127:57–64. https://doi.org/10.1016/j.coldregions.2016.04.003
34. PIARC (2019) International developments of application methods of de-icing chemicals – State of the art and best practice. Technical report. Comité technique B.2 "Viabilité hivernale". Associazione Mondiale della Strada Parigi

Capitolo 11
Il ruolo del dato satellitare nel processo di gestione delle Smart Road

Abstract Il capitolo affronta il ruolo strategico delle tecnologie satellitari nel contesto delle Smart Roads, approfondendo i concetti e l'integrazione tra dati di Osservazione della Terra (EO), posizionamento GNSS e comunicazione satellitare. Attraverso un approccio multidisciplinare, si evidenzia come queste tecnologie supportino il monitoraggio continuo, la manutenzione predittiva e la gestione resiliente delle infrastrutture stradali. Particolare attenzione è dedicata al ruolo del Digital Twin, inteso come modello dinamico, aggiornabile in tempo reale tramite l'integrazione di dati da satellite, sensori in situ e rilievi geospaziali. Il capitolo analizza inoltre i vantaggi operativi delle tecnologie satellitari riflettendo sulle prospettive in linea con gli obiettivi di sostenibilità e le iniziative strategiche europee da parte delle pubbliche amministrazioni, enti governativi e agenzie spaziali.

11.1 Introduzione

Il settore delle infrastrutture stradali sta attraversando una trasformazione profonda, dettata da esigenze sempre più urgenti di innovazione, sostenibilità, resilienza e sicurezza. In un contesto caratterizzato da crisi climatiche, urbanizzazione accelerata, aumento dei volumi di traffico e progressiva diffusione della mobilità autonoma e connessa, la gestione delle reti stradali non può più basarsi su modelli tradizionali. Si rende necessario un cambiamento strutturale nel modo in cui le strade vengono progettate, monitorate, mantenute e vissute.

È in questo quadro che emerge con forza il concetto di Smart Road, ovvero un'infrastruttura in grado di interagire in modo intelligente con l'ambiente circostante, con i veicoli che la percorrono e con i sistemi di gestione, grazie a una rete articolata di tecnologie digitali, sensori, dati geospaziali e piattaforme interoperabili. La Smart Road non è più soltanto un'opera fisica, ma un ecosistema dinamico e interconnesso, capace di adattarsi ai cambiamenti e di fornire servizi avanzati agli utenti e agli operatori.

F. Autelitano et al., *Le SMART ROAD - Stato dell'arte e scenari futuri*,
https://doi.org/10.1007/978-3-031-96144-1_11

Alla base di questo nuovo paradigma vi è la crescente capacità di generare, acquisire e gestire grandi volumi di dati, i cosiddetti Big Data, provenienti da diverse fonti eterogenee come sensori installati, dispositivi mobili, veicoli connessi, reti urbane, e sistemi satellitari. La gestione intelligente di questi dati non è più un semplice supporto, ma una condizione abilitante per garantire la funzionalità stessa dell'infrastruttura moderna. È attraverso la raccolta, l'elaborazione e l'analisi in tempo reale dei dati che si possono rilevare anomalie, prevedere eventi critici, ottimizzare i flussi con l'obiettivo di rendere sempre più efficace ed efficiente la manutenzione ed in grado di prevedere decisioni in maniera più tempestiva e precisa.

In questo scenario, le tecnologie satellitari si pongono come sorgente chiave di dati strategici, contribuendo in modo sostanziale all'ecosistema informativo delle Smart Roads. La loro capacità di raccogliere informazioni su vasta scala, in maniera continua e con elevato livello di dettaglio, le rende strumenti fondamentali per alimentare le architetture digitali delle strade intelligenti, completando e rafforzando i dati raccolti a terra.

Una delle direttrici più promettenti di questa evoluzione è rappresentata dall'integrazione delle tecnologie satellitari nei processi di gestione, controllo e sviluppo delle infrastrutture viarie. Negli ultimi anni, infatti, il progresso nelle tecnologie spaziali ha reso disponibile un patrimonio informativo senza precedenti, grazie a costellazioni satellitari che permettono di osservare, localizzare e comunicare su scala globale, in maniera continua e con livelli di precisione sempre maggiori. I dati provenienti dallo spazio, comunemente definiti *space data*, si configurano oggi come una risorsa strategica per supportare decisioni informate e tempestive in ambiti cruciali quali il monitoraggio dello stato delle infrastrutture, la mobilità autonoma, la manutenzione predittiva e la sicurezza stradale.

Un ruolo centrale in questo contesto è svolto dai cosiddetti sistemi di Remote Sensing, ovvero l'insieme delle tecniche di rilevamento a distanza che permettono di acquisire informazioni sul territorio e sulle infrastrutture in maniera non distruttiva, comprendendo una gamma di strumenti e piattaforme che spaziano dai satelliti ai droni, fino ai sensori montati su aerei o su veicoli mobili. L'impiego integrato di queste tecnologie consente di ottenere una visione multi-scala e multi-temporale del comportamento delle infrastrutture, utile per monitorare deformazioni, valutare l'ambiente circostante, misurare parametri fisici e supportare interventi manutentivi.

Parallelamente, lo sviluppo di una vera e propria Space Economy sta ridefinendo il ruolo delle tecnologie spaziali nella società e nei sistemi di trasporto. Non si tratta più soltanto di missioni esplorative di elevato interesse scientifico, ma di un ecosistema economico in espansione che coinvolge imprese, startup, enti pubblici, università, centri di ricerca e pubbliche amministrazioni. Al centro di questo ecosistema vi è la valorizzazione dei servizi downstream, ossia tutte quelle applicazioni pratiche basate sull'utilizzo dei dati spaziali da parte degli utenti finali, nei settori più diversi, che vanno dall'agricoltura di precisione alla gestione energetica, dalla protezione civile all'urbanistica, fino alle infrastrutture di trasporto.

In Europa, un ruolo chiave istituzionale è svolto dal programma Copernicus, lanciato dalla Commissione Europea e coordinato dall'Agenzia Spaziale Europea (ESA). I dati raccolti dalle missioni satellitari Sentinel e da altri importanti satelliti sono resi disponibili gratuitamente e in formato aperto, alimentando un crescente numero di servizi downstream. Per favorire l'utilizzo diffuso ed efficiente di questi dati, è stata istituita la rete Copernicus Academy, una comunità internazionale di università, centri di ricerca e soggetti pubblici e privati impegnati nella formazione e diffusione delle competenze legate all'uso dei dati satellitari nelle applicazioni reali.

Anche in Italia si registra una crescente attenzione istituzionale e industriale verso l'utilizzo del dato satellitare in settori strategici, incluse le infrastrutture. L'Agenzia Spaziale Italiana (ASI), in collaborazione con ESA e con il supporto del Ministero dell'Innovazione e di quello delle Infrastrutture, ha avviato il programma IRIDE: una nuova costellazione nazionale di satelliti di piccole dimensioni (nano e micro-satelliti) che, una volta completata, fornirà un servizio continuo e ad alta frequenza per il monitoraggio del territorio italiano. IRIDE mira a supportare direttamente le esigenze delle amministrazioni pubbliche, tra cui anche gli enti gestori delle reti stradali, offrendo strumenti per il controllo del territorio, la sicurezza infrastrutturale, la prevenzione dei rischi e la risposta rapida alle emergenze [1].

L'approccio delle agenzie spaziali europee e nazionali si caratterizza anche per un forte investimento nella formazione di nuove figure professionali. Si riconosce infatti che l'espansione della space economy richiede competenze altamente specializzate, in grado di coniugare la conoscenza dei dati satellitari con le esigenze di settori applicativi complessi come quello delle infrastrutture. Programmi di formazione avanzata, corsi universitari interdisciplinari e programmi di dottorato stanno emergendo in tutta Europa con l'obiettivo di formare esperti di space-based services, capaci di operare all'interfaccia tra tecnologia, gestione e policy.

L'interesse crescente verso l'integrazione dei dati satellitari nella gestione delle Smart Roads si inserisce quindi in una visione sistemica, sostenuta da iniziative politiche, programmi di ricerca, infrastrutture tecnologiche e strategie di formazione. Le nuove costellazioni, come IRIDE a livello nazionale o le missioni future del programma Copernicus, rappresentano un potenziale concreto per trasformare la mobilità, rendendola più sicura, connessa e sostenibile.

In questo contesto, le strade intelligenti diventano un banco di prova privilegiato per sperimentare soluzioni digitali capaci di dialogare con i dati spaziali. L'impiego combinato di dati provenienti dall' Osservazione della Terra, posizionamento e comunicazione satellitare consente infatti di estendere la copertura delle reti di monitoraggio anche in zone remote o scarsamente raggiungibili, migliorare la tempestività delle informazioni e creare nuovi modelli di gestione delle infrastrutture.

Tuttavia, se da un lato le informazioni acquisite da satellite offrono un valore unico in termini di ampiezza, continuità e accessibilità, è altrettanto evidente che esse non possono sostituire integralmente le informazioni acquisite da sistemi di monitoraggio terrestri. Al contrario, il futuro della gestione stradale si giocherà proprio nella capacità di integrazione tra dati spaziali e non spaziali, in un'ottica sistemica e collaborativa che valorizzi il meglio di entrambe le fonti. Questa visione integrata rappresenta la chiave per costruire infrastrutture più resilienti, efficienti e sostenibili.

Tutto questo si inserisce perfettamente nel quadro degli Obiettivi di Sviluppo Sostenibile (SDG) promossi dalle Nazioni Unite nell'Agenda 2030. La realizzazione di infrastrutture intelligenti e resilienti (SDG 9), la promozione di sistemi di trasporto accessibili e sicuri (SDG 11), e l'adozione di misure concrete contro il cambiamento climatico (SDG 13) trovano oggi negli strumenti satellitari un supporto concreto, scalabile e innovativo. La digitalizzazione e la transizione sostenibile delle infrastrutture, se alimentate da dati affidabili e strumenti interoperabili, possono contribuire in modo sostanziale a questi obiettivi.

Questo capitolo si propone quindi di esplorare il ruolo crescente del Remote Sensing nella costruzione e gestione delle Smart Roads, analizzando in modo strutturato le tre principali direttrici di applicazione: l'osservazione della Terra (EO), il posizionamento satellitare (GNSS), e la comunicazione via satellite. Particolare attenzione sarà dedicata, infine, all'integrazione tra space data e non-space data, e al ruolo centrale di strumenti come il Building Information Modeling (BIM) e i Digital Twin come sistemi efficienti per la gestione dinamica ed interoperabile del dato satellitare nelle infrastrutture di trasporto in un sistema smart.

11.2 L'Osservazione della Terra per il monitoraggio delle infrastrutture

Tra le tecnologie spaziali oggi a disposizione, l'osservazione della Terra (Earth Observation (EO)) rappresenta uno degli strumenti più efficaci ai fini di una corretta ed efficiente gestione delle attività di monitoraggio per le infrastrutture di trasporto. La possibilità di osservare in modo oggettivo, continuo e su scala vasta il comportamento del territorio e delle opere civili consente agli operatori di disporre di una base informativa solida per affrontare le crescenti sfide legate alla sicurezza delle nostre infrastrutture.

Una delle peculiarità più rilevanti del monitoraggio basato su sistemi di osservazione della Terra (EO) risiede nella capacità di estendere l'analisi ben oltre le sole infrastrutture lineari, come strade, ponti e viadotti includendo anche il contesto territoriale e ambientale in cui esse sono inserite. Questo approccio rappresenta un cambio di paradigma nelle strategie di controllo e prevenzione, poiché consente di valutare non solo lo stato fisico delle opere, ma anche i fattori esterni che possono influenzarne la stabilità e la funzionalità. L'integrazione di queste informazioni permette una valutazione del rischio più completa e supporta una pianificazione delle attività manutentive più efficace, basata su dati oggettivi e su una visione sistemica del territorio.

In ambito infrastrutturale, è ancora frequente una tendenza a intervenire sul sintomo più che sulla causa del degrado. Si ripara ciò che appare danneggiato, ma spesso si ignora o si sottovaluta l'origine profonda del problema, anche perché le attività di monitoraggio tradizionali si concentrano sull'opera stessa, isolandola dal contesto. In questo senso, l'osservazione da satellite rappresenta una svolta metodo-

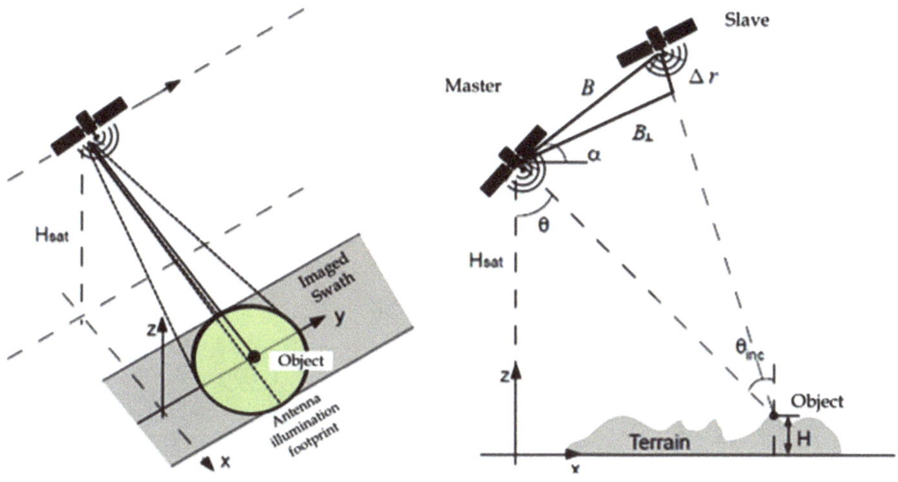

Figura 11.1 Acquisizione dati SAR da satellite [2]

logica: ad esempio, scoprire che un abbassamento anomalo misurato su un viadotto non è causato da una criticità strutturale interna, bensì da una progressiva subsidenza del terreno circostante, consente di orientare le decisioni manutentive in modo molto più efficace, prevenendo danni futuri e ottimizzando le risorse.

Questo tipo di approccio consente di passare da una logica reattiva, basata sull'intervento post-evento, a una logica predittiva e proattiva, in cui le infrastrutture diventano parte di un sistema informativo più ampio, intelligente, integrato.

Questo tipo di osservazione si rivela particolarmente rilevante nell'ambito delle Smart Roads, dove l'obiettivo è quello di dotare l'infrastruttura di capacità predittive e adattive, in grado di reagire dinamicamente a condizioni ambientali, geotecniche e strutturali in evoluzione. I dati EO diventano parte integrante dell'intelligenza della strada, alimentando digital twin in piattaforme di supporto alle decisioni e modelli di manutenzione predittiva.

Tra le tecniche più avanzate nel campo dell'osservazione satellitare, spicca l'Interferometria Radar da Satellite (InSAR), una metodologia che sfrutta i segnali radar acquisiti da sensori in orbita per misurare gli spostamenti millimetrici del terreno o delle strutture nel tempo (Fig. 11.1). Il principio di base si fonda sulla comparazione tra due o più immagini radar acquisite dallo stesso punto di vista in momenti differenti. Le differenze di fase tra i segnali riflessi permettono di rilevare eventuali deformazioni della superficie terrestre, con una sensibilità tale da rendere visibili anche movimenti impercettibili all'occhio umano.

Questa tecnica si rivela estremamente utile per il monitoraggio delle infrastrutture stradali, in particolare in presenza di frane attive, instabilità di versante, cedimenti strutturali o subsidenza. L'InSAR è particolarmente adatta per osservare aree estese nel tempo e nello spazio, offrendo una copertura continua, non invasiva e indipendente dalle condizioni meteorologiche o di illuminazione, grazie all'impiego

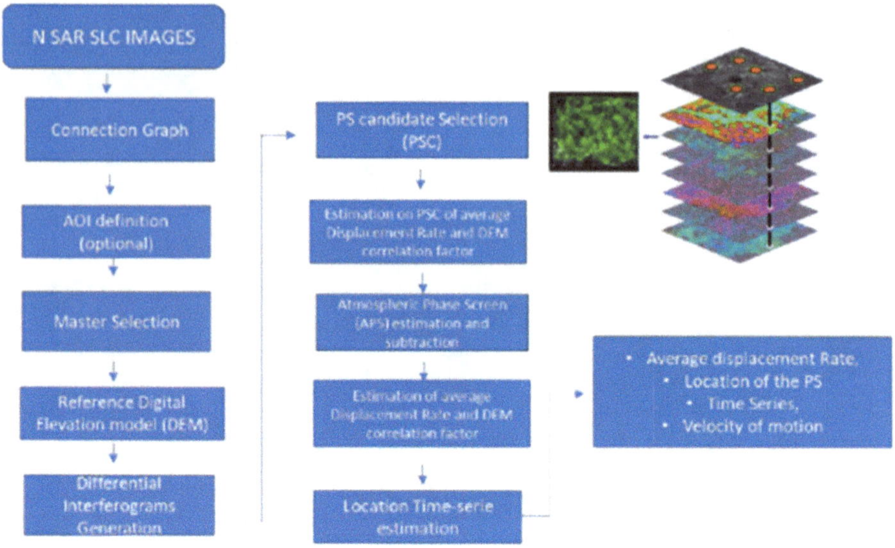

Figura 11.2 Fasi di elaborazione dell'analisi interferometrica dei persistent scatterers PS-InSAR [2]

di segnali radar attivi sui satelliti che produco immagini cosiddette SAR (Synthetic Aperture Radar). Queste caratteristiche la rendono ideale per il monitoraggio regolare e sistematico di intere reti stradali e dei territori urbani ed extraurbani.

Un'evoluzione particolarmente significativa della tecnica InSAR è rappresentata dal metodo dei Persistent Scatterers (PS-InSAR; Fig. 11.2). Questa metodologia si basa sull'analisi di oggetti riflettenti stabili nel tempo, detti appunto scatterer persistenti, che si comportano come veri e propri "punti fissi" radar naturali. Tali oggetti, tipicamente elementi artificiali come edifici, pile di ponti, guardrail, barriere stradali, riflettono in modo costante e coerente il segnale radar da un'acquisizione all'altra, permettendo di misurare con altissima precisione spostamenti verticali o orizzontali dell'ordine di millimetri all'anno.

Il vantaggio del PS-InSAR sta nella capacità di lavorare anche in contesti urbani o infrastrutturali complessi, dove la morfologia del territorio e l'eterogeneità delle superfici rendono difficile l'analisi interferometrica tradizionale. In questi ambienti, la presenza di numerosi oggetti riflettenti consente di ottenere una densità elevata di punti di misura stabili nel tempo, migliorando la risoluzione spaziale e la qualità delle serie temporali. Inoltre, trattandosi di un'analisi differenziale, la tecnica consente di ricostruire l'evoluzione dello spostamento nel tempo, con la possibilità di rilevare anche tendenze lente e progressive che altrimenti passerebbero inosservate.

Nel caso delle infrastrutture stradali, il PS-InSAR può fornire informazioni fondamentali per valutare, ad esempio, la stabilità delle fondazioni di un ponte, il comportamento deformativo di un viadotto nel tempo, oppure l'influenza di movimenti del terreno su tratti stradali critici, in zone soggette a instabilità geologica.

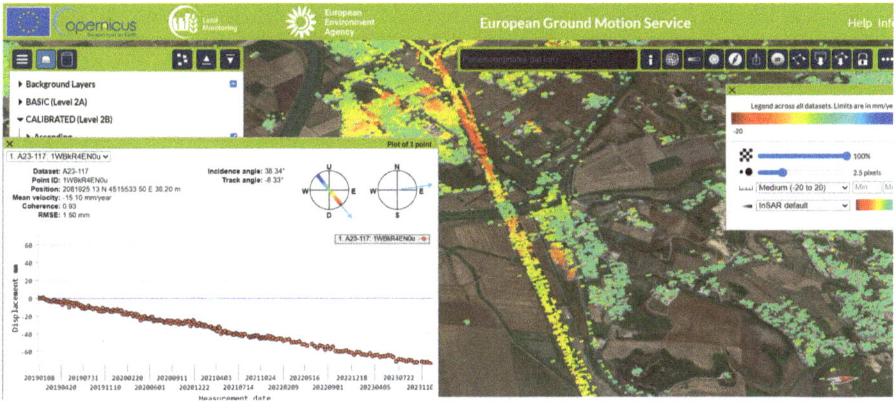

Figura 11.3 PS-Insar per il monitoraggio degli spostamenti in EGMS [3]

Le analisi possono essere condotte in modo retrospettivo, utilizzando archivi storici di immagini radar, oppure in modalità di monitoraggio continuo, grazie alla disponibilità regolare di nuove acquisizioni da parte delle principali missioni satellitari operative.

In questo contesto, la tecnica dei Persistent Scatterers si configura come uno strumento strategico per la manutenzione predittiva, consentendo agli enti gestori di disporre di una base dati dettagliata, oggettiva e costantemente aggiornata su cui basare le scelte operative e pianificare nel dettaglio gli interventi.

A supporto di queste applicazioni, le principali missioni spaziali europee e internazionali mettono a disposizione dati spaziali di vasta importanza. La missione Sentinel-1 del programma europeo Copernicus fornisce immagini radar C-band gratuite e a copertura globale, fondamentali per l'analisi InSAR a scala nazionale e continentale. A fianco di questa, missioni a più alta risoluzione spaziale, come l'italiana COSMO-SkyMed e la nuova costellazione COSMO-SkyMed Second Generation (CSG), lanciate dall'Agenzia Spaziale Italiana (ASI), offrono un dettaglio maggiore e una frequenza di acquisizione superiore, risultando particolarmente utili in contesti infrastrutturali complessi o ad alta densità.

Un'iniziativa di particolare rilievo nel panorama europeo è rappresentata dal portale EGMS (European Ground Motion Service), sviluppato nell'ambito del programma Copernicus e coordinato dall'Agenzia Europea per l'Ambiente (EEA). EGMS fornisce gratuitamente dati di movimento del suolo derivati da tecniche PS-InSAR, su grande parte del territorio europeo, attraverso una piattaforma interattiva facilmente accessibile (Fig. 11.3). Il servizio permette di visualizzare le velocità di spostamento verticale e orizzontale in millimetri all'anno, su un ampio numero di punti distribuiti in tutto il continente europeo.

Sebbene i dati EGMS non raggiungano il livello di dettaglio offerto da missioni commerciali come COSMO-SkyMed – che possono arrivare a risoluzioni inferiori ai 3 metri – il loro valore risiede nella continuità temporale, nella copertura su vasta scala e nella completa gratuità e apertura. Questo li rende una risorsa preziosa per enti pubblici, ricercatori e gestori infrastrutturali che desiderano una visione preliminare dei fenomeni di deformazione.

È però fondamentale sottolineare che, per quanto intuitiva, la consultazione di questi dati richiede una corretta interpretazione tecnica. La presenza di punti che rappresentano movimenti potenzialmente anomali, non implica automaticamente una condizione di rischio strutturale. La validazione e contestualizzazione del dato, in relazione alla tipologia di terreno, alla natura dell'infrastruttura e ad altri fattori locali, deve essere sempre affidata a tecnici esperti e integrata con informazioni provenienti da rilievi di campo o sensori in situ.

Tuttavia, le potenzialità dell'EO sono in costante evoluzione. Le nuove generazioni di missioni radar ad altissima risoluzione stanno aprendo la strada a una maggiore precisione spaziale, a frequenze di acquisizione più elevate e a una maggiore capacità di rilevare deformazioni localizzate, anche su singole componenti infrastrutturali. Questo progresso tecnologico potrà progressivamente ridurre le incertezze interpretative e ampliare l'uso operativo delle tecniche descritte, portandole sempre più vicino a uno standard quotidiano per la diagnostica non invasiva delle infrastrutture critiche [4, 5].

11.3 Navigazione Satellitare GNSS per la localizzazione del sistema Smart Road

I sistemi di posizionamento globale satellitare, noti con l'acronimo GNSS (Global Navigation Satellite Systems), costituiscono una delle tecnologie abilitanti più mature e diffuse nel panorama della mobilità intelligente. Questi sistemi si basano sull'emissione e la ricezione di segnali radio da parte di costellazioni satellitari in orbita, che consentono a un ricevitore – come uno smartphone, un veicolo, un sensore fisso – di calcolare la propria posizione nello spazio e nel tempo con elevata precisione.

Oggi esistono più costellazioni GNSS operative, tra cui GPS, GLONASS, BeiDou e Galileo, il sistema europeo sviluppato e gestito dalla European Union Agency for the Space Programme (EUSPA) [6]. Questi sistemi, insieme, forniscono copertura globale e garantiscono la disponibilità di servizi di posizionamento accurati, continui e affidabili, essenziali per una moltitudine di applicazioni nel mondo della mobilità, delle telecomunicazioni, dell'agricoltura di precisione, e ovviamente delle infrastrutture stradali.

Nel contesto delle Smart Roads, i GNSS giocano un ruolo chiave nella gestione dinamica, localizzata e integrata della rete stradale. Il loro contributo si traduce principalmente nella possibilità di garantire:

- tracciamento preciso di veicoli e asset infrastrutturali;
- coordinamento in tempo reale tra elementi in movimento e infrastrutture;
- un riferimento spaziale affidabile che consente l'integrazione tra dati eterogenei e sistemi digitali.

Grazie al posizionamento satellitare, è oggi possibile conoscere con precisione la posizione di veicoli, sensori mobili, unità operative, cantieri temporanei, droni durante le fasi di ispezione. Questa informazione è essenziale per una gestione fluida del traffico, per la sicurezza degli operatori e per il coordinamento efficiente tra diversi attori che interagiscono con l'infrastruttura.

A livello operativo, i dati GNSS vengono acquisiti e aggregati da piattaforme digitali di monitoraggio del traffico, che permettono di ricostruire i flussi veicolari, segnalare anomalie, stimare tempi di percorrenza e fornire informazioni predittive sulla congestione. Queste piattaforme rappresentano il cuore della gestione delle smart roads, e il posizionamento preciso è ciò che consente loro di trasformare dati grezzi in informazioni utili per la gestione in tempo reale.

Ma il GNSS trova applicazioni ancora più avanzate in ambito infrastrutturale, in particolare per il monitoraggio geometrico e deformativo di opere complesse come ponti, viadotti, gallerie e rilevati. Attraverso l'installazione di sensori GNSS permanenti ad alta precisione, in modalità RTK (Real Time Kinematic) o PPP (Precise Point Positioning), è possibile rilevare microscopiche variazioni della posizione di punti critici, anche nell'ordine del millimetro. Questi sistemi forniscono informazioni preziose sulla dinamica strutturale nel tempo, sulla risposta dell'opera a eventi esterni (carichi, sismi, variazioni termiche), e possono essere integrati con altri strumenti come sensori accelerometrici, inclinometrici, o con i dati derivati da tecniche EO come PS-InSAR (vedi § 10.2) per ottenere un quadro completo e multilivello del comportamento dell'infrastruttura.

Negli ultimi anni, il progresso delle tecnologie GNSS ha permesso di ridurre le incertezze nella misura e di aumentare l'affidabilità operativa anche in ambienti complessi, come contesti urbani densi, canyon stradali o zone con forte disturbo elettromagnetico. In questo scenario si inserisce con forza il programma Galileo, il sistema europeo che, oltre a garantire indipendenza strategica, offre livelli di precisione superiori, grazie a servizi in grado di fornire accuratezze di pochi centimetri, accessibili a un numero crescente di dispositivi.

La disponibilità di GNSS multi-costellazione e multi-frequenza, integrata con sensori locali (IMU, LIDAR) e dati di rete, è una delle premesse fondamentali per lo sviluppo e la diffusione dei veicoli autonomi, che devono conoscere la propria posizione in modo costante e preciso per poter operare in sicurezza. Lo stesso vale per i sistemi V2X (Vehicle-to-Everything), che richiedono una geolocalizzazione accurata per lo scambio di informazioni tra veicoli, infrastrutture, semafori, stazioni base e utenti deboli.

Negli ultimi anni, le tecnologie di posizionamento satellitare hanno compiuto importanti progressi, riducendo significativamente le incertezze nella stima della posizione e aumentando l'affidabilità anche in contesti critici com, infrastrutture a forte riflessione multipla o ambienti con disturbi elettromagnetici. Ciò è stato possibile grazie alla crescente diffusione di sistemi multi-costellazione e multifrequenza, che combinano le informazioni di GPS, Galileo, GLONASS e BeiDou, e all'integrazione di algoritmi avanzati di correzione e predizione, sempre più spesso potenziati da tecniche di intelligenza artificiale.

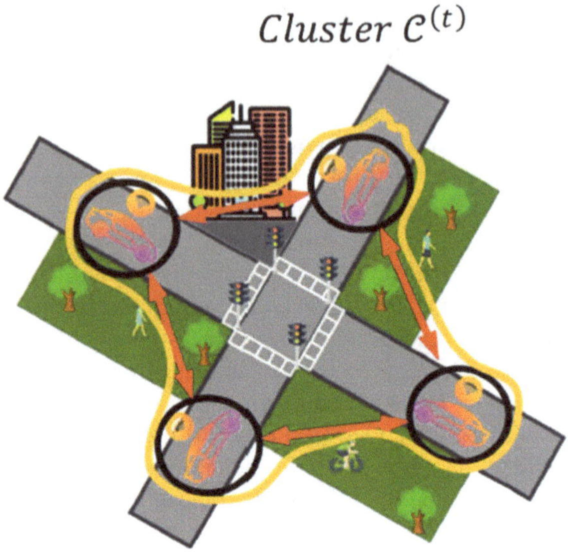

Figura 11.4 Connessione di quattro veicoli a guida autonomi e connessi mediante connessioni V2V [7]

All'interno di questo scenario si distingue in particolare il contributo del sistema europeo Galileo, il quale, grazie a servizi avanzati come l'High Accuracy Service (HAS), consente di raggiungere accuratezze di posizionamento inferiori a 10 cm, rappresentando una svolta concreta per molte applicazioni in ambito stradale e veicolare. La disponibilità di una simile precisione, unita a un'elevata disponibilità e integrità del segnale, apre la strada a usi operativi nei sistemi cooperativi intelligenti di trasporto (C-ITS) e nelle infrastrutture digitali distribuite.

In ambito veicoli autonomi e connessi, il GNSS ad alta precisione diventa uno dei pilastri per la navigazione sicura e autonoma. Tuttavia, da solo non è sufficiente. I veicoli operano in ambienti dinamici, complessi e non sempre perfettamente visibili al cielo. Per questo motivo, la localizzazione oggi si basa su architetture di sensor fusion che integrano il GNSS con LIDAR, IMU (Inertial Measurement Unit), camere stereo e sensori radar. Questa combinazione consente di stimare in tempo reale la posizione e l'orientamento del veicolo in maniera continua, anche in assenza temporanea del segnale satellitare.

Un'area in forte espansione riguarda la localizzazione cooperativa, in cui ogni veicolo non solo calcola la propria posizione ma scambia dati di posizionamento, velocità e traiettoria con altri veicoli e con l'infrastruttura stradale (Vehicle-to-Everything, V2X; Fig. 11.4). Questo scambio consente di migliorare la percezione dello spazio circostante, estendendo la visibilità oltre il campo diretto dei sensori, e di anticipare situazioni di rischio in tempo reale. Tali tecniche si basano su sofisticati algoritmi distribuiti, in grado di gestire topologie di rete variabili, latenza ridotta e ambienti affollati, anche in presenza di ostacoli o interferenze [7].

Un ruolo sempre più importante è svolto anche dalle nuove tecnologie per l'elaborazione dei dati LIDAR, che consentono la ricostruzione tridimensionale ad

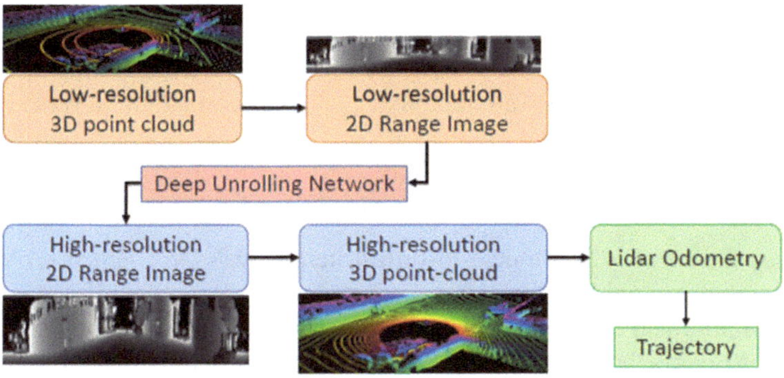

Figura 11.5 Esempio di utilizzo dati LIDAR per la ricostruzione delle traiettorie [8]

alta risoluzione dell'ambiente circostante, con un dettaglio sufficiente per il riconoscimento di oggetti, ostacoli, margini stradali e segnaletica. Recenti sviluppi nel campo dell'apprendimento automatico hanno reso possibile il miglioramento della risoluzione spaziale dei dati LIDAR anche utilizzando sensori a basso costo, grazie a reti neurali profonde in grado di interpolare e raffinare l'informazione spaziale con grande accuratezza [8] (Fig. 11.5).

Queste tecniche permettono di ottenere stime della traiettoria più stabili e robuste, anche in ambienti caratterizzati da alta densità di oggetti, traffico intenso o architetture urbane complesse. La combinazione tra GNSS ad alta precisione, sensor fusion locale e localizzazione cooperativa basata su V2X costituisce oggi il riferimento tecnologico per la nuova generazione di veicoli autonomi, e sarà alla base delle infrastrutture digitali intelligenti capaci di supportarne la diffusione in sicurezza.

Infine, il posizionamento satellitare GNSS rappresenta il motore tecnologico delle On-Board Units (OBU), dispositivi elettronici installati a bordo dei veicoli che fungono da veri e propri nodi mobili connessi all'interno dell'infrastruttura digitale. Le OBU, inizialmente sviluppate per applicazioni come il telepedaggio elettronico e il fleet management, stanno oggi assumendo un ruolo sempre più strategico nella costruzione delle Smart Roads, grazie alla loro capacità di generare, raccogliere e trasmettere dati in tempo reale relativi alla posizione, velocità, traiettoria, accelerazione e condizioni di guida.

Le OBU non sono più semplici terminali passivi, ma diventano sensori mobili intelligenti che, integrando GNSS, accelerometri, interfacce V2X e connettività 5G, sono in grado di fornire una rappresentazione dinamica e ad alta risoluzione dello stato del traffico e dell'interazione tra veicoli e infrastruttura. Questi dispositivi generano continuamente dati geospaziali che possono essere raccolti da piattaforme cloud al fine di alimentare sistemi di supporto decisionale, manutenzione predittiva e gestione automatizzata del traffico.

L'integrazione tra i dati provenienti dalle OBU e quelli satellitari (GNSS ed EO) consente di costruire un modello informativo distribuito in grado di:

- monitorare la rete stradale in tempo reale, anche in condizioni avverse o in aree isolate;
- predire scenari di congestione o rischio;
- coordinare i flussi di traffico sulla base di informazioni cooperative;

Supportare i servizi V2I (Vehicle-to-Infrastructure) e V2V (Vehicle-to-Vehicle), fondamentali per la guida autonoma.

Le OBU abilitano inoltre il concetto di situational awareness cooperativa, in cui ogni veicolo partecipa attivamente alla costruzione di una mappa condivisa della realtà circostante. Questa consapevolezza spaziale condivisa si basa su tecniche avanzate di localizzazione distribuita e sensor fusion multi-modale, che combinano dati GNSS, LIDAR, telecamere e dati V2X per ricostruire le posizioni relative tra veicoli e ostacoli con elevata precisione, anche in presenza di segnale GNSS degradato o assente.

In ambienti come intersezioni urbane e gallerie, le OBU permettono di superare i limiti della sola percezione locale, estendendo la visibilità del veicolo attraverso lo scambio di dati con altri veicoli o con l'infrastruttura. Inoltre, i dati generati possono essere aggregati in tempo reale da piattaforme edge o cloud per alimentare modelli predittivi di manutenzione e sicurezza, rilevando comportamenti anomali, degrado infrastrutturale o condizioni di rischio con anticipo.

Una particolare attenzione va posta alla qualità e sincronizzazione dei dati trasmessi dalle OBU, soprattutto in reti a bassa latenza e alta densità. La letteratura recente evidenzia l'importanza di strategie robuste di associazione dati e mitigazione del ritardo di rete, fondamentali per garantire che le informazioni scambiate tra veicoli siano accurate, tempestive e affidabili anche in condizioni di carico variabile [7].

In prospettiva, le OBU diventeranno una componente infrastrutturale mobile imprescindibile delle Smart Roads, grazie alla loro capacità di raccogliere informazioni importanti sulla mobilità e sull'interazione tra gli attori della rete, contribuendo alla realizzazione di un ecosistema stradale resiliente e sicuro.

11.4 Sistemi di comunicazione satellitare

Nell'ecosistema delle Smart Roads, la connettività rappresenta una condizione fondamentale ed imprescindibile se si vuole garantire il continuo flusso di informazioni in tempo reale. La capacità di scambiare informazioni in tempo reale tra veicoli, infrastrutture e piattaforme di controllo costituisce il fondamento per una mobilità più sicura ed efficiente. Tuttavia, per quanto le reti terrestri, come il 4G/5G o il Wi-Fi, si stiano sempre più evolvendo, esse restano fortemente condizionate dalla disponibilità infrastrutturale locale, dai vincoli topografici e dalla densità urbana.

In molti contesti, soprattutto in aree montane, rurali o a copertura instabile, queste tecnologie non sono sufficienti per garantire comunicazioni affidabili e continue.

È in questo scenario che le comunicazioni satellitari assumono un ruolo strategico. Esse permettono di colmare il gap lasciato dalle reti terrestri, offrendo una copertura globale, resilienza in condizioni critiche e la possibilità di garantire il flusso informativo anche in contesti isolati o emergenziali. Le tecnologie satellitari non intendono sostituire le reti terrestri, ma piuttosto completarle e estenderle, creando un ambiente di comunicazione ibrido, dove ogni nodo della rete stradale, fisso o mobile, può rimanere connesso [9, 10].

I principali vantaggi della comunicazione satellitare sono:

- copertura globale e continua, anche in aree non infrastrutturate;
- resilienza operativa, utile in caso di eventi estremi o interruzioni delle reti terrestri;
- scalabilità, con capacità di servire grandi numeri di utenti e veicoli in movimento.

Tali sistemi, stanno rapidamente evolvendo per offrire una connettività satellitare con prestazioni sempre più vicine a quelle delle reti terrestri. Tuttavia, il vero punto di forza di queste architetture risiede nella capacità di raggiungere ogni angolo del territorio, incluse le aree remote, marginali o strutturalmente deboli, dove l'installazione di reti mobili tradizionali risulta complessa o economicamente non sostenibile.

In questo contesto, la comunicazione satellitare rappresenta una leva fondamentale per l'estensione della connettività lungo l'intero network delle reti stradali, anche in tratti montani, rurali o scarsamente abitati, dove oggi persistono spesso vuoti digitali. L'abilitazione della connettività in queste aree non ha solo un valore tecnologico, ma anche sociale e territoriale, perché consente di rendere accessibili servizi a tutti gli utenti della strada, indipendentemente dalla loro posizione geografica, e contribuendo quindi a ridurre il divario tra territori, a migliorare l'accesso ai servizi in aree svantaggiate, e a promuovere un modello di mobilità più equa e resiliente [11].

Questa capacità di garantire inclusione digitale e continuità operativa su scala nazionale è perfettamente coerente con i principi dello sviluppo sostenibile promossi dall'Agenda 2030, in particolare con gli Obiettivi 9 (Costruire infrastrutture resilienti, promuovere l'industrializzazione inclusiva e sostenibile) e 11 (Rendere le città e gli insediamenti umani inclusivi, sicuri, duraturi e sostenibili).

Le architetture di comunicazione satellitare si distinguono principalmente in funzione dell'orbita in cui operano:

- i satelliti geostazionari (GEO), posizionati a circa 36.000 km dalla Terra, offrono una copertura ampia e stabile, ma sono penalizzati da una latenza elevata che ne limita l'uso per applicazioni a bassa latenza;
- i satelliti in orbita media (MEO), come quelli del sistema Galileo, offrono migliori prestazioni in termini di latenza e sono fondamentali per la sincronizzazione temporale;

- i satelliti in orbita bassa (LEO), come quelli delle costellazioni emergenti Starlink, OneWeb, Kuiper, operano tra i 500 e i 2.000 km di altitudine e sono progettati per fornire connettività a bassa latenza e ad alta larghezza di banda, rendendoli particolarmente adatti per applicazioni V2X e per la gestione della mobilità intelligente [12].

Le nuove costellazioni stanno rapidamente evolvendo per offrire connettività satellitare continua e scalabile, con tempi di latenza simili a quelli delle reti terrestri, ma con il vantaggio della copertura ubiquitaria. Queste tecnologie possono giocare un ruolo cruciale non solo per l'accesso a Internet nelle aree non servite, ma anche per abilitare servizi di sicurezza e gestione dinamica delle infrastrutture stradali.

Nel contesto della Smart Road, la comunicazione satellitare trova applicazioni trasversali e complementari. Può garantire la trasmissione di dati V2X in aree dove le reti terrestri non arrivano, oppure fungere da canale di backup in caso di disservizi o disastri naturali. È particolarmente utile per coordinare veicoli autonomi in ambienti remoti, trasmettere dati da piattaforme mobili come droni, mezzi di ispezione o altra strumentazione per ispezioni verso il centro di controllo. Inoltre, una delle applicazioni più promettenti delle comunicazioni satellitari, è quella di riuscire a combinare dati EO e GNSS in tempo reale, alimentando i Digital Twin delle infrastrutture con informazioni sempre aggiornate, rappresenta. In questo modo, è possibile mantenere modelli digitali dinamici costantemente sincronizzati con il comportamento reale delle opere, anche in aree prive di rete terrestre, abilitando un monitoraggio continuo, predittivo e distribuito (§ 11.5).

Altro importante ruolo è svolto dalle già citate OBU (On-Board Units) di nuova generazione, le quali, se dotate di connettività satellitare, possono garantire il flusso continuo di dati anche fuori dai centri urbani, mantenendo attivi i servizi di telemetria, manutenzione predittiva, e controllo del traffico in ogni condizione. Tuttavia, esistono ancora alcuni limiti operativi, legati ai costi di accesso, alla gestione della latenza (soprattutto per GEO), alla necessità di integrazione efficace con le reti terrestri e alla complessità nella gestione del traffico di rete in tempo reale.

In prospettiva, la combinazione tra comunicazione satellitare LEO, reti 5G e edge computing consentirà di costruire un'infrastruttura digitale distribuita e flessibile, capace di garantire connettività ubiquitaria e supportare il pieno sviluppo della mobilità autonoma e connessa [11, 13]. Programmi come IRIDE, promosso dall'Agenzia Spaziale Italiana, potrebbero contribuire a questo scenario.

11.5 Integrazione satellitare nei Digital Twin per il monitoraggio dinamico delle Smart Road

L'evoluzione delle infrastrutture stradali verso modelli di gestione degli asset in chiave smart road impone una revisione profonda dei paradigmi di monitoraggio, gestione e manutenzione. In questo contesto, i dati provenienti da tecnologie spaziali, come l'Earth Observation (EO), i sistemi di posizionamento GNSS, e la comunicazione satellitare, stanno diventando una componente chiave nella costruzione di modelli digitali dinamici e interoperabili, capaci di rappresentare con accuratezza sia lo stato dell'infrastruttura sia il contesto territoriale e ambientale in cui essa si inserisce.

Questa nuova generazione di modelli digitali consente non solo di osservare e descrivere il comportamento dell'infrastruttura nel tempo, ma anche di simulare scenari futuri, anticipare criticità e supportare decisioni.

Uno scenario di contesto ove si collocano numerose iniziative nazionali ed internazionali, come il programma europeo Destination Earth [14], promosso dalla Commissione Europea in collaborazione con ESA, EUMETSAT e ECMWF. L'obiettivo di DestinE è la realizzazione di una Digital Twin altamente accurato del pianeta Terra, con tutti gli elementi che lo compongono, capace di simulare, prevedere e valutare l'impatto dei cambiamenti climatici e delle attività antropiche a supporto delle politiche ambientali e infrastrutturali. Il progetto rappresenta una chiara testimonianza della direzione strategica che l'Europa intende intraprendere nel campo dei Digital Twin: dalla scala planetaria, verso applicazioni sempre più mirate su scala regionale, urbana e infrastrutturale.

DestinE si fonda su una piattaforma che integra dati satellitari (principalmente Copernicus), modelli numerici, intelligenza artificiale e ambienti di calcolo distribuiti, con l'obiettivo di offrire un ecosistema aperto e interoperabile per simulazioni predittive complesse. Il paradigma proposto da DestinE dimostra come la realizzazione di Digital Twin non sia più confinata a casi d'uso isolati, ma stia diventando una priorità strategica e sistemica, con impatti concreti sulla gestione del territorio e delle infrastrutture critiche. In questo contesto, l'applicazione del modello Digital Twin alle infrastrutture stradali si inserisce pienamente nella visione europea di un'infrastruttura digitale distribuita, resiliente e integrata con le politiche di sostenibilità e adattamento climatico.

In tale contesto, nell'ambito della realizzazione di Digital Twin integrati da dati satellitari, il Building Information Modeling (BIM) rappresenta il punto di partenza fondamentale per questa evoluzione: un modello informativo tridimensionale, ricco di attributi tecnici, geometrici e funzionali, che costituisce la base dati per la gestione dell'opera durante l'intero ciclo di vita. Tuttavia, per quanto avanzato, il modello BIM statico non è sufficiente a rispondere alle esigenze di monitoraggio continuo, diagnostica avanzata e manutenzione predittiva. È qui che il concetto di Digital Twin, come proposto dalla letteratura più recente, si afferma come evoluzione del BIM, come una replica dinamica e interattiva della reale infrastruttura fisica, capace di aggiornarsi in real time o quasi-real time, grazie all'integrazione di dati provenienti da satelliti, integrati con sensori in-situ, ispezioni visive e tecnologie di rilievo non distruttive avanzate come il Ground Penetrating Radar (GPR), il Terrestrial Laser Scanning (TLS) e le tecniche di Interferometria SAR Multitemporale (MT-InSAR) [15] (Fig. 11.6).

Questa integrazione tra "Space Data" e "Non-Space Data" consente di superare la visione frammentata e compartimentata del monitoraggio tradizionale, dando vita ad un olistico sistema di monitoraggio dinamico ed interoperabile. I dati spaziali permettono di estendere il monitoraggio a livello territoriale, offrendo informazioni

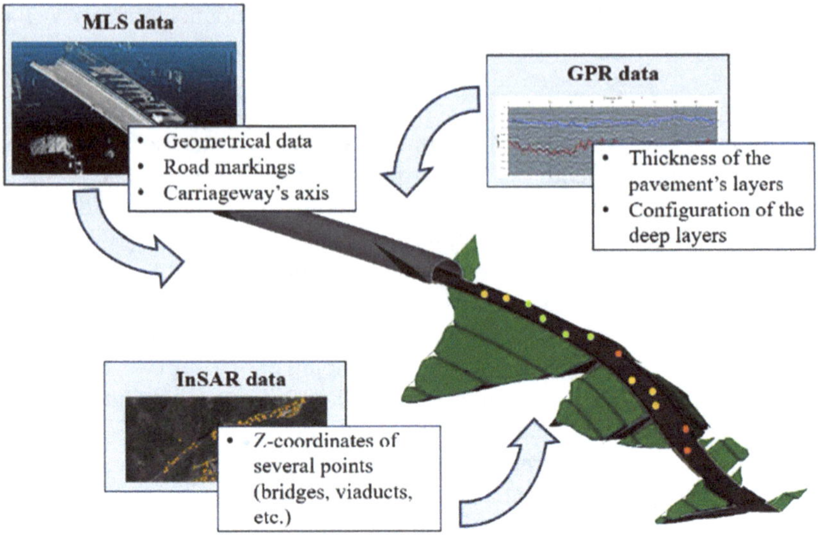

Figura 11.6 Sistema integrazione dati multi-sorgente e multiscala [15]

preziose su deformazioni del terreno, instabilità geologiche e fenomeni di subsidenza. I dati da campo (laser scanning, GNSS statico, rilievi geotecnici, droni), invece, forniscono una risoluzione e una precisione locale indispensabili per l'analisi di dettaglio [16].

In questo tema risulta necessario individuare un processo di Data Integration e Data Fusion che consente di raggiungere la creazione di un Digital Twin nutrito da differenti tipologie di dati Multi-scala, multi-sorgente multi- sensore, per una gestione completa dell'intero asset infrastrutturale dell'ambiente circostante (Fig. 11.7).

Le fasi di modellazione digitale delle infrastrutture stradali intelligenti comprendono lo sviluppo di modelli tridimensionali ad alta fedeltà, in grado di rappresentare fedelmente le opere reali e i loro elementi strutturali, dalle spalle ai viadotti, fino alle barriere e segnaletiche integrate, includendo tutte le proprietà progettuali, strutturali e dei materiali.

Questa fase è essenziale per la creazione del Digital Twin di una smart road o di uno dei suoi componenti, poiché ne costituisce il fondamento geometrico e informativo. Una volta integrati nel modello, i dati da rilievo, consentono di costruire un modello digitale completo e continuamente aggiornabile, in grado di riflettere in tempo reale le condizioni fisiche e funzionali dell'opera (Fig. 11.8).

Una volta integrati nel modello, i dati da rilievo consentono di costruire un modello digitale completo e continuamente aggiornabile, in grado di riflettere in tempo reale le condizioni fisiche e funzionali dell'opera.

Qui entra in gioco l'importanza dell'utilizzo del dato satellitare, che consente di raggiungere un sistema di monitoraggio near real-time [17].

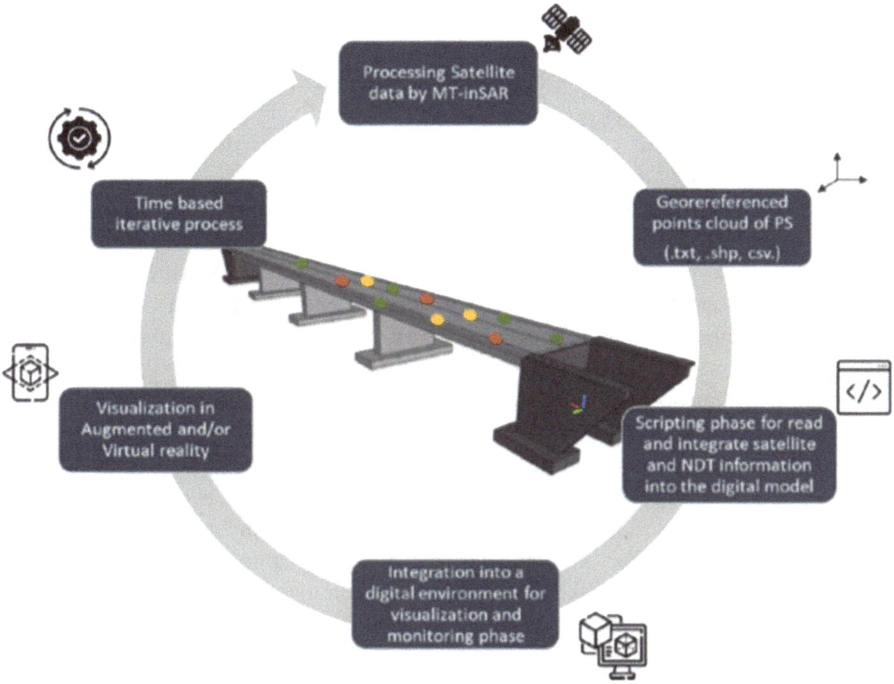

Figura 11.7 Approccio metodologico monitoraggio con dati satellitari in un modello digitale [16]

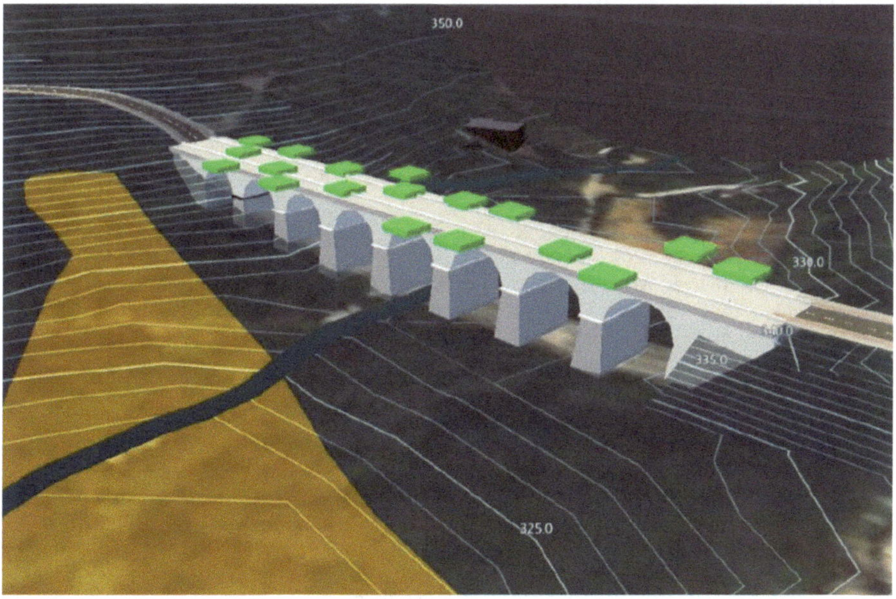

Figura 11.8 Modello digitale dinamico integrato da dati EO [17]

Accanto all'osservazione della Terra, un aspetto fondamentale è la geolocalizzazione precisa del modello digitale. Tecnologie permettono di ottenere accuratezze sub-centimetriche nella localizzazione dei modelli digitali, favorendo un corretto allineamento grazie all'utilizzo di sistemi di riferimento geografici. Questo è essenziale per verificare il corretto posizionamento degli elementi durante la costruzione e per confrontare le variazioni morfologiche rilevate nel tempo.

Infine, un ruolo sempre più strategico è svolto dalla comunicazione satellitare, che abilita la trasmissione rapida e sicura dei dati tra le infrastrutture monitorate e le piattaforme di gestione digitale. Grazie a reti satellitari come Starlink, è oggi possibile garantire connettività ad alta velocità e bassa latenza anche in contesti remoti o in cui non è presente una rete mobile terrestre. Questo permette di aggiornare e sincronizzare in tempo reale il Digital Twin sul campo, consentendo agli operatori di accedere alle informazioni più recenti, visualizzare alert, confrontare modifiche e prendere decisioni informate in modo tempestivo.

La capacità di integrare dati da sorgenti multiple (EO, GNSS, sensori in situ) all'interno di un Digital Twin dinamico, georeferenziato con precisione e connesso in tempo reale attraverso reti di comunicazione satellitare, rappresenta una condizione fondamentale per una gestione intelligente e predittiva delle Smart Roads. Questo approccio costituisce una base solida per la manutenzione avanzata, la sicurezza infrastrutturale e la continuità operativa, in linea con le sfide future della mobilità sostenibile e connessa.

Riferimenti bibliografici

1. Agenzia Spaziale Italiana Sito ufficiale dell'Agenzia Spaziale Italiana. Estratto il 31 marzo 2025 da. https://www.asi.it
2. Gagliardi V, Tosti F, Bianchini Ciampoli L, Battagliere ML, D'Amato L, Alani AM, Benedetto A (2023) Satellite remote sensing and non-destructive testing methods for transport infrastructure monitoring: Advances, challenges and perspectives. Remote Sens 15(3):792. https://doi.org/10.3390/rs15030792
3. Copernicus Land Monitoring Service European Ground Motion Service (EGMS). Estratto il 31 marzo 2025 da. https://land.copernicus.eu/en/products/european-ground-motion-service
4. Crosetto M, Solari L, Mróz M, Balasis-Levinsen J, Casagli N, Frei M, Andersen HS (2020) The evolution of wide-area DInSAR: From regional and national services to the European Ground Motion Service. Remote Sens 12(12):2043
5. Wang Y, Zh X, Zeisl B, Pollefeys M (2017) Fusing meter-resolution 4-D InSAR point clouds and optical images for semantic urban infrastructure monitoring. IEEE Trans Geosci Remote Sens 55(1):14–26. https://doi.org/10.1109/TGRS.2016.2554563
6. European Union Agency for the Space Programme (EUSPA) Sito ufficiale di EUSPA. Estratto il 31 marzo 2025 da. https://www.euspa.europa.eu
7. Piperigkos N, Anagnostopoulos C, Lalos AS, Berberidis K (2024) Extending online 4D situational awareness in connected and automated vehicles. IEEE Trans Intell Veh 9(8):5316–5330. https://doi.org/10.1109/TIV.2023.3335605
8. Gkillas A, Lalos AS, Ampeliotis D (2023) An efficient deep unrolling super-resolution network for Lidar automotive scenes. In: 2023 IEEE International Conference on Image Processing (ICIP), pp 1840–1844 https://doi.org/10.1109/ICIP49359.2023.10222856

9. Zhao Y, Liang H (2022) Satellite-based Internet-of-things for intelligent transportation systems: a survey. IEEE Internet Thing J 9(15):13400–13421
10. Campolo C, Molinaro, Scopigno R (2020) Vehicular ad hoc networks: standards, solutions, and research. Springer
11. European Space Agency (ESA) (2023) Telecommunications and integrated applications programme – Satcom for mobility and safety
12. Wang R et al (2021) Enabling V2X communications in remote areas using LEO satellite networks. IEEE Commun Mag 59(12):68–74
13. Wang X, Zhang M (2023) 5G and satellite integration for V2X: architecture and challenges. Sensors 23(1):125
14. European Commission Destination Earth (DestinE). Estratto il 1° aprile 2025 da. https://digital-strategy.ec.europa.eu/en/policies/destination-earth
15. D'Amico F, Bertolini L, Napolitano A, Gagliardi V, Bianchini Ciampoli L (2021) A novel BIM approach for supporting technical decision-making process in transport infrastructure management. In: Ehlers M, Michel U, Civco D (eds) Earth Resources and Environmental Remote Sensing/GIS Applications XII SPIE. vol 11863, 118630L. https://doi.org/10.1117/12.2600140
16. Gagliardi V, Napolitano A, D'Amico F, Calvi A, Benedetto A (2023) Digital twin implementation by multisensors data for smart evaluation of transport infrastructure. In: Stella E, Soldovieri F, Ceglarek D, Kemao Q (eds) Multimodal Sensing and Artificial Intelligence: Technologies and Applications III SPIE. vol 12621, 1262103. https://doi.org/10.1117/12.2677307
17. Napolitano A, Gagliardi V, D'Amico F, Benedetto A (2024) Integration of satellite monitoring data in a digital twin of transport infrastructure. In: Ehlers M, Michel U, Civco D (eds) Earth Resources and Environmental Remote Sensing/GIS Applications XV. Proceedings of SPIE, 13197, 131970Y. https://doi.org/10.1117/12.3034395

Capitolo 12
Electric Road Systems e "Dynamic Wireless Power Transfer System". Il caso studio dell'Arena del Futuro

Abstract L'ingente richiesta di ecosostenibilità nello svolgimento delle attività antropiche riguarda anche l'ingegneria delle infrastrutture viarie e dei trasporti. Oggi è necessario creare una nuova generazione di infrastrutture a sostegno della mobilità di veicoli elettrici (EV) per incentivare la decarbonizzazione dei trasporti su gomma. Anche a causa di specifiche normative e strategie Europee ("Green Deal"), nel prossimo futuro ci sarà una sempre crescente presenza di veicoli con motori elettrici. Si stanno quindi avviando anche trasformazioni tecnologiche delle Smart Road per renderle meglio compatibili con i veicoli a trazione elettrica. In questo capitolo si illustrano gli Electric Road Systems e la tecnologia "Dynamic Wireless Power Transfer System", nonché alcune attività di ricerca sperimentale svolte in Italia nell'ambito della cosiddetta "Arena del Futuro".

12.1 Introduzione

Lo sviluppo sostenibile del mondo trasportistico è diventato negli ultimi anni una necessità ormai imprescindibile che sta orientando investimenti ed obiettivi volti alla progressiva decarbonizzazione del settore. La crescente consapevolezza sui cambiamenti climatici e l'inquinamento atmosferico hanno indotto molti Paesi a introdurre politiche green in vari ambiti.

L'Unione Europea ha intrapreso la rivoluzione green, stipulando varie proposte e numerosi accordi per porre importanti obiettivi che mirano a contrastare il cambiamento climatico. Il principale quadro normativo è costituito dal Green Deal europeo, che racchiude le iniziative proposte dalla Commissione europea pensate per raggiungere la neutralità climatica in Europa entro il 2050. Al fine di garantire una maggiore tutela ambientale e progredire verso la resilienza climatica, il piano prevede la revisione di diverse leggi e la formulazione di nuove linee guida per lo sviluppo nei diversi settori economici, tra cui i sistemi di trasporto e lo stabilirsi del concetto di mobilità sostenibile. Ad oggi, l'adozione di veicoli elettrici alimentati da batterie ricaricabili, rappresenta una delle strategie fondamentali e con un poten-

F. Autelitano et al., *Le SMART ROAD - Stato dell'arte e scenari futuri*,
https://doi.org/10.1007/978-3-031-96144-1_12

ziale di estensione tecnologica maggiore per lo sviluppo della mobilità sostenibile per conseguire una soddisfacente riduzione di gas serra e il miglioramento della qualità dell'aria.

Nel contesto del Green Deal, il "Fit for 55" è un importante programma che prevede la riduzione delle emissioni di CO_2 del 55% entro il 2030 rispetto ai livelli registrati nel 1990. Il provvedimento europeo, entrato in vigore nell'aprile 2023, consente l'immissione nel mercato esclusivamente di veicoli nuovi a emissioni zero [1]. A causa dell'impulso normativo, consegue che a partire dal 2035, solo auto elettriche o dotate di altre tecnologie che consentono di azzerare le emissioni potranno essere vendute, comportando inevitabilmente una svolta senza precedenti anche per l'industria automobilistica.

Attualmente, il provvedimento non prevede esplicitamente il passaggio obbligatorio degli utenti a veicoli elettrici nel 2035, ma implicita, comunque, un inequivocabile stop all'impiego di carburanti inquinanti per i trasporti su gomma, comportando necessariamente lo stabilirsi di nuove direttive di costruzione e gestione delle infrastrutture viarie per garantire un soddisfacente livello di servizio della futura e-mobility [2]. La responsabilità ambientale è cresciuta e continuerà a crescere con lo sviluppo dell'attività antropica e ha posto nuove sfide e nuovi obiettivi. Anche se la tecnologia automobilistica ha fatto grandi passi avanti e le auto di oggi non sono nemmeno paragonabili a quelle di 50 anni fa in termini di comfort, prestazioni e sicurezza, l'aumento della motorizzazione di massa ha cambiato il nostro stile di vita e, il nostro rapporto con l'ambiente e la produzione di inquinamento atmosferico.

Ci troviamo ora di fronte a sfide nuove e importanti. Una delle più urgenti è la necessità di optare per l'uso di combustibili meno inquinanti per l'ambiente, al fine di facilitare la transizione verso l'adozione dell'energia verde, ovvero forme di energia eco-sostenibile. I veicoli a benzina o diesel non solo dipendono troppo dal mercato del petrolio, ma hanno anche un elevato impatto ambientale e sanitario sulla collettività. La sfida principale è il "ritorno all'auto elettrica" che ha fatto grandi passi avanti solo negli ultimi anni.

12.2 La trasformazione delle infrastrutture viarie

Fin dai tempi più antichi, l'infrastruttura stradale si è evoluta, oltre che in base alle caratteristiche geomorfologiche del territorio, anche in funzione dei mezzi di trasporto. L'integrazione delle moderne tecnologie informatiche e di comunicazione ha portato allo sviluppo dei sistemi intelligenti di trasporto (ITS). La navigazione GPS, i sistemi di gestione del traffico e il tracciamento in tempo reale sono diventati componenti integranti dei moderni trasporti automobilistici, migliorando l'efficienza e contribuiscono a ridurre la congestione dei flussi di traffico. Se da un lato l'automobile ha portato una comodità senza precedenti e il panorama automobilistico continua ad evolversi compiendo progressi per quanto riguarda il miglioramento dell'efficienza dei motori a combustione interna, dall'altro ha posto anche delle sfide ambientali. Le preoccupazioni per l'inquinamento atmosferico e la dipendenza dai combustibili fossili hanno portato alla richiesta di sviluppo di tecnologie più pulite ed efficienti per la riduzione degli agenti inquinanti.

Attualmente, la soluzione individuata dal settore trasportistico per abbattere l'impiego di combustibili fossili e con un potenziale superiore di crescita tecnologica propone un ritorno all'incipit della storia della motorizzazione, ovvero, alla fine dell'Ottocento e l'inizio del Novecento, quando le automobili elettriche erano considerate come i veicoli maggiormente efficienti e che detenevano i record di velocità e durata. I veicoli elettrici, ed in una fase di transizione i veicoli ibridi, sono riemersi come valide alternative, segnando una nuova era, o forse un ritorno, per il trasporto sostenibile.

Le preoccupazioni per la sostenibilità ambientale e i progressi nella tecnologia delle batterie hanno alimentato lo sviluppo e l'adozione di veicoli elettrici (EV).

Ciò è dovuto anche al contributo di importanti costruttori dell'industria automobilistica, come Tesla, che hanno svolto un ruolo significativo nella diffusione delle auto elettriche, contribuendo alla transizione verso trasporti più puliti e sostenibili per la tutela della salute ambientale ed umana. Inoltre, la motorizzazione elettrica affiancata all'emergere dei veicoli autonomi (o a guida autonoma) promette di rivoluzionare il concetto di trasporto personale e commerciale nei prossimi anni. L'ulteriore elettrificazione è sempre più al centro dell'attenzione a livello mondiale. L'industria, spinta dalle priorità ambientali imposte, sta entrando in un'era di trasformazione; i veicoli elettrici e a idrogeno stanno diventando una futura proposta per la trazione dei veicoli.

Naturalmente, il passaggio dai motori a combustione interna ai motori elettrici comporterà anche tutta una serie di cambiamenti radicali nella società e nel reimmaginare il concetto di mobilità.

12.3 I veicoli elettrici: principali vantaggi e svantaggi

I due punti chiave per l'auto del futuro sono il raggiungimento di un impatto ambientale prossimo allo zero e un minor consumo di risorse ambientali ed economiche [3]. Un primo passo è stato compiuto con l'introduzione sul mercato di vetture ibride (Mild Hybrid, Full Hybrid, Plug-in Hybrid), che consentono al veicolo di ridurre drasticamente il consumo di carburante. Un altro passo importante è, invece, rinvenibile nell'avvento dei veicoli completamente elettrici con impatto quasi nullo sull'ambiente.

Un veicolo elettrico è alimentato dell'energia immagazzinata nelle batterie ricaricabili. Il motore del veicolo elettrico utilizza l'energia elettrica immagazzinata nella batteria agli ioni di litio, installata sul pianale o nel bagagliaio del veicolo, e la trasforma in energia meccanica, necessaria per lo spostamento. Talvolta, lo stesso motore elettrico funge anche da generatore e ricarica della batteria: ciò avviene nel momento in cui l'utente rilascia l'acceleratore o attiva l'azione di arresto del veicolo generando la frenata rigenerativa. In genere, l'autonomia di viaggio dei veicoli elettrici presenti sul mercato è di circa 200–400 km per i veicoli più economici, mentre i modelli più avanzati possono raggiungere fino a 600–800 km [4].

Attualmente, l'autonomia di viaggio rimane l'unica limitazione che sfiducia gli utenti che desiderano acquistare veicoli elettrici. Infatti, il motore elettrico non è carente in termini di prestazioni rispetto al motore convenzionale. Al contrario, grazie all'elevata coppia prodotta, consente un'accelerazione fluida ed estremamente reattiva che può in molti casi superare le prestazioni di accelerazione fornite da un motore endotermico. Inoltre, la propulsione elettrica ha un'efficienza energetica con rendimento vicino al 90%, di molto superiore a quella dei veicoli a benzina o diesel (circa tre volte meno efficienti nella trasformazione in energia meccanica per il moto), e anche in termini di costo-efficacia per l'utente. Difatti, uno studio condotto dall'Istituto di Ricerca Enel, ha stimato che uno stesso prototipo di veicolo con lunghezza pari a 4,40 m funzionante con motore a combustione interna consuma 11,12 €/100 km di benzina o 8,29 €/100 km di diesel, a fronte di 5,15 €/100 km spesi per il funzionamento del motore elettrico nel caso di un veicolo Full Electric (EV) [5]. Tuttavia, il sentimento di insicurezza che scaturisce nell'utente a causa della ridotta autonomia di viaggio ("Range Anxiety") tende a rendere gli acquirenti diffidenti nella scelta di un veicolo elettrico [6]. Al momento la ricarica dei veicoli elettrici avviene mediante la metodologia plug-in in cui si prevede la connessione del veicolo con una fonte di energia elettrica attraverso un apposito dispositivo di trasmissione. Le soluzioni possibili per ricaricare un veicolo elettrico sono principalmente due: tramite la connessione del veicolo presso una stazione di ricarica pubblica o presso la propria abitazione, attraverso una semplice presa domestica dotata di trasformatori di energia al fine di rendere la connessione tra il veicolo e l'infrastruttura di ricarica adeguata al modello del veicolo e sicura per l'utente [7]. Le città sono spesso carenti di strutture di ricarica sufficienti per garantire il soddisfacimento di tutti gli utenti, mentre, in ambito extraurbano le infrastrutture viarie non sempre presentano aree di sosta attrezzate. Un ulteriore, e altrettanto non trascurabile, impedimento alla diffusione di massa dei veicoli elettrici è riscontrabile nel tempo necessario impegnato all'ottenimento del livello di ricarica minimo per il proseguimento del viaggio. Avere una maggiore disponibilità di punti di ricarica significa predisporre aree di sosta pubbliche e private in cui il veicolo elettrico possa permanere in condizioni statiche per un tempo sufficiente e necessario alla ricarica del mezzo, ma ciò significherebbe anche dover impegnare un ingente consumo del suolo, sia in aree urbane che in aree extraurbane, comportando, di conseguenza, ulteriori problematiche sociali ed economiche non meno marginali. La realtà tecnologica dei veicoli elettrici attuali, e soprattutto la gestione della modalità di ricarica mediante sistema plug-in, costituiscono i quesiti basilari per i quali partner industriali scientifici ed istituzionali, oltre che a centri di ricerca specializzati, hanno iniziato a sviluppare progetti di ricerca e attività di sperimentazione in grado di offrire soluzioni migliori a quella oggigiorno impiegata [8].

12.4 Plug-in system

I proprietari di veicoli elettrici attualmente dispongono di stazioni di ricarica per ricaricare le batterie dei loro veicoli. Queste infrastrutture, essenziali per la diffusione della mobilità sostenibile, sono disciplinate da regolamenti speciali che determinano i metodi consentiti per ogni classe di veicolo a cui viene associata una diversa fascia di tariffazione [7]. Una stazione di ricarica consiste in un dispositivo di connessione al veicolo che consente la trasmissione di energia elettrica da una rete di distribuzione, pubblica o privata, attraverso il quale può essere ricaricata la batteria dei veicoli dotati di un gruppo propulsore elettrico. Ovviamente, oltre ai dispositivi di ricarica fissa, quali le colonnine di ricarica, sono disponibili anche dispositivi di ricarica portatili, con minore capacità di trasmissione, dispositivi per la trasmissione DC o AC e con varia potenza [4]. Le stazioni di ricarica per auto elettriche sono regolamentate dalla norma IEC 61851-1 che stabilisce i parametri tecnici da soddisfare per diversi tipi di stazioni di ricarica elettrica, ad esempio, indicando quando un sistema di controllo elettronico utilizza un circuito che richiede il PWM (modulazione di larghezza d'impulso).

La norma IEC 61851-1 prevede quattro modalità di ricarica per veicoli elettrici: le prime tre modalità di carica prevedono l'utilizzo di AC, con flusso di trasmissione di energia lento, medio e veloce, mentre la quarta modalità di ricarica prevede un flusso di energia ultra veloce con utilizzo di DC. Per le modalità 1, 2 e 3 nelle soluzioni AC, il caricabatterie è integrato nel veicolo. Per la modalità 4, invece, dove si utilizza DC, esistono altri tipi di connettori standard: CHAdeMo, CCs e COMBOs [6]. Schematicamente, i tipi di connettori possono essere riassunti come rappresentato in Fig. 12.1.

Al fine di rendere sicura la ricarica dei EV in Europa, dal 2021, è stata resa obbligatoria la "nuova etichetta di ricarica", un documento informativo con tutti i dati e le specifiche tecniche da apporre sui veicoli elettrici e sui dispositivi di ricarica.

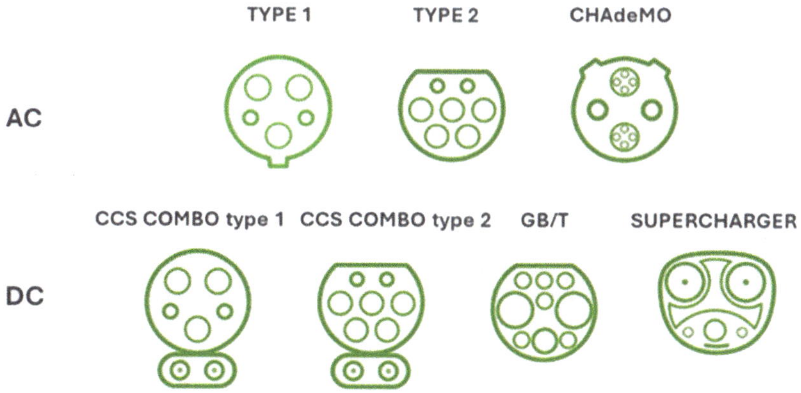

Figura 12.1 Tipologie di prese di ricarica per veicoli elettrici

Per facilitare l'integrazione dei servizi di ricarica in tutto il continente, l'etichetta identifica tutti i tipi di ricarica AC e DC, con una presentazione grafica europea standardizzata, ma non risolve ancora il problema che sta dietro omologazione del modo e del tipo di fornitura di energia dei veicoli elettrici.

Tuttavia, la disponibilità di stazioni di ricarica non rimane l'unico problema, ad es. l'installazione e la manutenzione delle stazioni di ricarica sono spesso complesse e vi è una chiara necessità di affrontare i problemi relativi al loro uso.

La mancanza di piani strategici nazionali per l'introduzione di stazioni di ricarica delle auto elettriche è uno dei principali ostacoli alla transizione verso una mobilità sostenibile. In Italia, ad esempio, le principali strategie e iniziative relative al settore dei veicoli elettrici sono state formulate in modo piuttosto frammentario e spesso sono state prese decisioni non coordinate.

In Tab. 12.1 sono riassunti le principali criticità della ricarica dei EVs con modalità Plug-In.

Tabella 12.1 Svantaggi tecnici della ricarica dei EVs con modalità Plug-In

Limitazioni Ricarica Plug-In per EVs	
Tempo di ricarica	I tempi di ricarica possono variare, ma anche con caricabatterie veloci, la ricarica può richiedere da 30 minuti a un'ora o più per caricare completamente un veicolo.
Costi iniziali e problemi di installazione delle colonnine di ricarica	La costruzione e l'installazione di stazioni di ricarica possono essere costose. Questo costo può ostacolare il rapido dispiegamento delle infrastrutture di ricarica. Inoltre, alcune località possono incontrare difficoltà nell'ottenere i permessi necessari e nel rispettare le normative di pianificazione.
Tensione di rete	L'adozione diffusa di veicoli elettrici potrebbe mettere potenzialmente a dura prova la rete, soprattutto nelle ore di punta. Ciò potrebbe richiedere sostanziali aggiornamenti delle infrastrutture di rete per far fronte all'aumento della domanda di elettricità.
Ansia da range	Nonostante i miglioramenti nella tecnologia delle batterie, i veicoli elettrici hanno ancora un'autonomia limitata rispetto ai veicoli convenzionali. L'ansia da autonomia, cioè il timore di esaurire la carica della batteria prima di raggiungere una stazione di ricarica, resta un problema per i potenziali acquirenti di veicoli elettrici.
Degradazione della batteria e costi di sostituzione	Il surriscaldamento ripetuto delle batterie dei veicoli elettrici durante la ricarica con dispositivi plug-in produce un degrado delle componenti della batteria riducendone la capacità e l'autonomia complessiva nel tempo. Il costo della sostituzione delle batterie può essere significativo sia dal punto di vista economico che ambientale.
Problemi di compatibilità e standardizzazione	Gli standard di ricarica e i connettori utilizzati a livello mondiale differiscono, con conseguenti problemi di compatibilità tra veicoli elettrici e stazioni di ricarica. Questa mancanza di standardizzazione può creare disagi per gli utenti dei veicoli elettrici e rallentare lo sviluppo delle infrastrutture di ricarica.

Tabella 12.1 (continua)

Limitazioni Ricarica Plug-In per EVs	
Problemi di manutenzione	Sebbene i veicoli elettrici abbiano generalmente meno parti mobili rispetto ai veicoli convenzionali, le stazioni di ricarica presentano problemi di manutenzione. Garantire l'affidabilità e la funzionalità delle stazioni di ricarica nel tempo richiede una manutenzione e un aggiornamento continuo.
Spazio di parcheggio limitato	Le aree urbane spesso dispongono di spazi limitati per il parcheggio e la dedicazione di spazio alle stazioni di ricarica può ridurre la disponibilità complessiva dei parcheggi. Questo può essere un problema nelle città densamente popolate, dove i parcheggi sono già limitati e molto costosi.
Uso del suolo e alla zonizzazione	L'installazione di infrastrutture per la tariffazione nelle città può incontrare problemi legati alle normative in materia di uso del suolo e zonizzazione. Ottenere le autorizzazioni e le approvazioni necessarie può essere un processo lungo, che rallenta la diffusione delle stazioni di ricarica.
Sfide della pianificazione urbana	L'integrazione delle stazioni di ricarica nelle infrastrutture urbane esistenti può richiedere un'attenta pianificazione. Per mantenere la funzionalità e l'attrattiva degli spazi urbani, è necessario considerare fattori quali il flusso del traffico, la sicurezza dei pedoni e l'estetica delle stazioni di ricarica.
Densità delle stazioni di ricarica	Per soddisfare le esigenze di un numero crescente di utenti di veicoli elettrici, è fondamentale raggiungere una densità adeguata di stazioni di ricarica nelle aree urbane. Tuttavia, a causa dei vincoli di spazio e di altre difficoltà logistiche, può essere difficile garantire un numero sufficiente di stazioni di ricarica convenientemente situate.
Vandalismo e furto	Le stazioni di ricarica, specialmente quelle situate in spazi pubblici, possono essere soggette a vandalismo e furto. Ciò può comportare problemi di manutenzione, aumento dei costi operativi e interruzioni del servizio.
Costo dei terreni e degli edifici	Negli ambienti urbani, il costo dei terreni e degli edifici è generalmente elevato. Garantire luoghi adatti per le stazioni di ricarica può essere una sfida finanziaria e questo costo può essere trasferito agli utenti o alle parti interessate.
Problemi estetici	Le città spesso danno la priorità all'estetica e al design urbano. L'impatto visivo delle stazioni di ricarica, soprattutto se sono percepite come sgradevoli o incompatibili con l'architettura della città, può essere un punto di controversia.
Congestione del traffico durante la ricarica	Nelle aree urbane trafficate, gli utenti di veicoli elettrici che ricaricano i propri veicoli possono contribuire alla congestione del traffico, soprattutto se i parcheggi con l'infrastruttura di ricarica sono limitati. Questa congestione può influire sul flusso del traffico e sull'efficienza complessiva dei trasporti urbani.
Sfide per gli abitanti di appartamenti	Molti cittadini vivono in appartamenti o condomini senza spazi di parcheggio dedicati. Fornire opzioni di ricarica per questi residenti, come la ricarica a bordo strada o le stazioni di ricarica della comunità, può essere logisticamente complesso.

12.5 Electric Road Systems: lo stato dell'arte

Le limitazioni dall'attuale sistema plug-in per la ricarica dei veicoli elettrici hanno contribuito allo sviluppo di tecnologie come l'Electric Road System, fulcro dello studio sperimentale presentato in questo capitolo.

La decarbonizzazione del settore dei trasporti sarà necessariamente accompagnata da una crescente sostituzione dei veicoli più vecchi e ad alte emissioni a favore di modelli dotati di tecnologie di abbattimento delle emissioni. È ormai assodato che questo cambiamento sarà sostenibile e fattibile solo in concomitanza a due altri fattori:

- una graduale penetrazione delle energie rinnovabili (ad esempio, solare e eolica) nelle combinazioni di produzione di energia per sostituire le fonti fossili (ad esempio carbone, petrolio e gas);
- un'infrastruttura di ricarica adeguata e diffusa.

Nella ricerca di soluzioni di trasporto sostenibili ed efficienti, il concetto dei sistemi stradali elettrici (ERS – Electric Road System) è emerso come una frontiera promettente [9]. L'ERS comprende varie tecnologie progettate per ricaricare i veicoli elettrici in movimento. Un approccio importante è il sistema di ricarica dinamica induttiva senza fili, chiamato anche *Dynamic Wireless Power Transfer* (DWPT): le strade sono dotate di tecnologie di ricarica induttiva che trasferisce l'elettricità in modalità wireless a veicoli dotati di un apparato ricevitore composto da una bobina elettromagnetica. Sfruttando questo tipo di tecnologia, la ricarica può avvenire sia quando il veicolo è in condizione di statiche, in sosta, che in modalità dinamica, in viaggio.

Un altro approccio, denominato *Aerial Charging Cables*, prevede l'uso di cavi sopraelevati o sistemi catenari, simili a quelli utilizzati in ambito urbano per il trasporto collettivo per l'alimentazione di tram o filobus. I veicoli dotati di pantografi sono alimentati dai cavi aerei, consentendo una propulsione elettrica continua. Questo metodo è particolarmente adatto per i trasporti pesanti, come autocarri e autobus, proprio per la capacità di aggancio all'infrastruttura elettrica grazie alle dimensioni (altezza) del veicolo.

L'altra tecnologia è l'alimentazione a livello del suolo o *Embedded Rail Systems*, in cui l'infrastruttura stradale è dotata di un doppio binario alimentato da potenza elettrica a cui il veicolo si "allaccia" mediante un organo meccanico retrattile. I vantaggi potenziali dell'ERS sono molteplici. Estendendo l'autonomia dei veicoli elettrici e riducendo la dipendenza dalle batterie grandi e pesanti, l'ERS potrebbe svolgere un ruolo chiave nell'integrazione della mobilità elettrica, in particolare nei settori che richiedono trasporti a lunga distanza. Tuttavia, lo sviluppo e l'attuazione del sistema ERS comportano una serie di sfide. Gli elevati costi iniziali delle infrastrutture, la necessità di standardizzazione per adattarsi a diversi tipi di veicoli e le considerazioni ambientali sono tra i fattori che richiedono un'attenta pianificazione e collaborazione di competenze scientifiche trasversali [10–14].

In sintesi, l'ERS può essere descritto in quattro sottosistemi principali [15]:

- Infrastruttura della rete elettrica: reti elettriche, punti di collegamento, punti di alimentazione;
- Infrastruttura ERS: strade, tecnologia di trasferimento dell'energia, sistema di misurazione dell'elettricità;
- Servizi correlati all'ERS: fatturazione del consumo per utente, controllo degli accessi, gestione delle informazioni;
- Responsabilità relative all'ERS: manutenzione, funzionamento, finanziamento e proprietà.

L'elettrificazione delle strade non solo ha il potenziale di rivoluzionare il modo in cui intendiamo e mettiamo in atto il sistema di mobilità, ma contribuisce soprattutto a un futuro più pulito e verde per i trasporti su scala globale [16].

12.5.1 Aerial Charging Cables

Questa tecnologia richiede una rete di cavi di ricarica sospesi sopra le strade, molto simile all'infrastruttura dei tradizionali sistemi di trasporto collettivo in aree urbane e suburbane che prevedono l'utilizzo di pantografi. I veicoli elettrici dotati di ricevitori o collettori specifici al raggiungimento della rete aerea ricevono una ricarica continua e dinamica sulle strade che sono provviste del sistema, mentre, laddove l'infrastruttura non ne è dotata sganciano e ritirano il braccio meccanico per la connessione nell'alloggiamento predisposto sulla parte superiore del veicolo (Fig. 12.2).

I cavi di ricarica aerea rappresentano una soluzione interessante solo per i veicoli pesanti di altezza tale da non riscontrare difficoltà nelle operazioni di aggancio e scollegamento.

Figura 12.2 Circuito pilota della eHighway inaugurata in prossimità della E16 a Sandviken (Svezia) ed esempio di un prototipo di autoarticolato Scania collegato al sistema di ricarica aerea sulla A5. (Veicolo sperimentale circolante su strada aperta a traffico in esercizio, fonte: Scania; [17])

Le linee elettriche aeree sono state testate per la prima volta con la tecnologia Siemens. Il primo circuito pilota, nominato eHighway è stato inaugurato nel giugno 2016 nel comune di Sandviken, nella Svezia centrale, ed affianca l'autostrada E16 (Fig. 12.2). Il tratto sperimentale, di lunghezza pari a 2 chilometri, è allestito da cavi posti a 5,4 metri di altezza, che forniscono 750 volt di corrente continua; il sistema può fornire una potenza di 500 kW [18]. Il pantografo di cui è dotato il veicolo elettrico consente un certo grado di movimento in direzione trasversale al moto, nel caso di manovra di cambio di corsia, il carrello di connessione si abbassa automaticamente e il veicolo viene alimentato da una batteria.

Nel 2018, dopo il progetto eHighway in Svezia, la Germania ha affidato a Siemens l'installazione di una sezione sperimentale di 17 chilometri a Bundesautoban (A5) completamente elettrificata. La catenaria costruita permette di alimentare i camion elettrici Scania per dodici chilometri verso Darmstadt e cinque chilometri verso Francoforte (Fig. 12.2).

Anche se si tratta di tecnologia relativamente avanza, è difficile immaginare un futuro in cui le auto elettriche, gli autobus ed i camion possano coesistere in sicurezza sulla stessa piattaforma stradale e al contempo essere collegati ad una rete di cavi di ricarica [19].

12.5.2 Ground Level Power Supply

L'alimentazione elettrica a livello del suolo per la ricarica dei veicoli elettrici è simile alla tecnologia di ricarica conduttiva aerea ma in questo caso l'energia viene trasferita al veicolo tramite binari incorporati o appoggiati sulla pavimentazione stradale. Il funzionamento di questa tecnologia comporta che un braccio meccanico, integrato con il veicolo, che si pone a contatto con l'infrastruttura di ricarica (Fig. 12.3). Anche per questa tecnologia, la Svezia è uno dei paesi europei che più investe in ricerca [20]. Ciò anche in ragione del fatto che la Svezia ha fissato tra i propri obiettivi ambientale quello di raggiungere un parco di veicoli completamente privo di combustibili fossili entro il 2030 ed una riduzione del 70 per cento dell'uso di combustibili fossili nel settore dei trasporti [21].

La Svezia sta sperimentando questo tipo di ricarica dal 2018 con la costruzione di un tratto stradale pilota, lungo circa 2 km, situato su una strada vicino a Stoccolma, battezzata eRoadArlanda. Nonostante, il sistema sia stato inizialmente progettato per alimentare veicoli più pesanti, come i camion, esso è stato poi sviluppato per funzionare anche con automobili e autobus.

Tra i vantaggi, rispetto all'uso delle stazioni di ricarica statica, si cita la possibilità di ridurre le dimensioni e il peso delle batterie dei veicoli e i loro costi di produzione. Di conseguenza, i veicoli compatibili con questo sistema avranno costi di produzione minore, e, in ultima analisi, anche lo smaltimento e i cicli produttivi delle batterie saranno più sostenibili. Ciò vale in particolare per i veicoli pesanti; infatti, la batteria di un autocarro elettrico al 100% può pesare fino a 4 tonnellate. Al contrario, se una tecnologia come quella di eRoad fosse prontamente disponibile,

Figura 12.3 Esempi di Ground Level Power Supply. (Fonte: Volvo)

la batteria degli autocarri potrebbe pesare appena 600 kg con benefici conseguenti anche sulla vita utile della sovrastruttura stradale. La zona adiacente alla rotaia non è interessata dall'elettricità e la rotaia viene elettrificata soltanto se vi passa sopra un veicolo autorizzato [22].

Tra tutte le tecnologie di alimentazione a terra, il GLPS (Fig. 12.3) è la più complessa in termini di omologazione. L'adozione della tecnologia GLPS comporta il completo "ammodernamento" delle strade e rilevanti costi di installazione degli impianti. Oltre all'investimento iniziale, vi sono naturalmente i costi di manutenzione ordinaria e straordinaria del sistema, tra l'altro molto complesse da eseguire.

12.5.3 Dynamic Wireless Power Transfer system

Il sistema Dynamic Wireless Power Transfer è un sistema dinamico di trasferimento di potenza senza fili (DWPT) e consente il trasferimento di energia elettrica tra una fonte di alimentazione, apparato sorgente, e un dispositivo di ricezione, apparato ricevente, senza la necessità di connettori fisici. A differenza dei sistemi di ricarica wireless statici che richiedono un allineamento stazionario tra il pad di ricarica e il dispositivo, il trasferimento dinamico di potenza wireless consente la ricarica mentre il dispositivo è in movimento. Questo concetto è particolarmente rilevante per i veicoli elettrici ed applicabile anche ad altre applicazioni mobili.

Il trasferimento dinamico di energia senza fili si basa sul principio fisico di un campo magnetico oscillante e dell'accoppiamento induttivo di bobine elettromagnetiche, o coils eletromagnetici, come metodo di trasmissione dell'energia. Nel contesto dei veicoli elettrici si traduce nell'instaurarsi di un campo elettromagnetico magnetico tra una bobina trasmittente (su strada o binario) e una bobina ricevente (sul veicolo). Il movimento relativo tra le bobine induce una corrente elettrica nella bobina di ricezione, che viene utilizzata per caricare la batteria del veicolo.

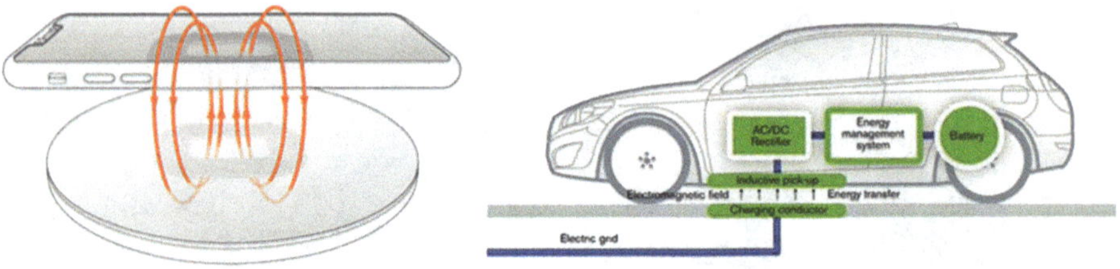

Figura 12.4 A sinistra: Rappresentazione delle line di flusso del campo elettromagnetico tra apparato sorgente (pad di ricarica) e apparato ricevente (smartphone); a destra: Schematizzazione del funzionamento del sistema DWPT

La ricarica del veicolo in modalità wireless avviene in un processo senza contatto, ovvero si ripristina il livello di energia nella batteria del veicolo senza una connessione fisica tra l'auto e la fonte di energia.

Al fine di comprendere meglio il principio di funzionamento del DWPT, un semplice confronto può essere fatto prendendo come esempio i dispositivi smartphone predisposti alla modalità di ricarica wireless e il loro pad di ricarica. Sia il dispositivo di ricarica, ovvero la sorgente costituita dal pad di ricarica del cellulare, nel nostro caso studio il sistema DWPT, e il dispositivo da caricare, ovvero lo smartphone, nel nostro caso studio il veicolo elettrico, hanno bobine elettromagnetiche all'interno del loro apparato (Fig. 12.4).

La procedura di ricarica senza fili si basa sull'induzione elettromagnetica, un concetto introdotto da Michael Faraday [23]. La comunicazione reciproca tra due bobine, una bobina trasmittente nel caricabatterie e una bobina ricevente all'interno del dispositivo, crea un circuito elettrico stabilito da una differenza di potenziale di intensità uguale alla variazione nel tempo del flusso elettromagnetico che attraversa il circuito. In particolare, il sistema DWPT è costituito da convertitori di energia ed elementi passivi, compreso il dispositivo magnetico che comunica con la batteria ricevente.

Il concetto di trasferimento di energia senza fili è stato esplorato per decenni, ma la ricerca specifica sul caricamento dinamico senza fili per i veicoli elettrici ha preso piede nei primi anni 2000, quando le prime attività sperimentali hanno iniziato ad ipotizzare ed esaminare la fattibilità della ricarica dei veicoli elettrici sfruttando tempi di inattività durante il percorso di viaggio dei mezzi in circolazione. Nel 2009, la Corea del Sud ha introdotto il sistema OLEV (On-Line Electric Vehicle), che utilizzava cavi sotterranei per l'installazione di bobine elettromagnetiche in prossimità delle fermate di linea degli autobus elettrici a servizio del trasporto pubblico urbano. Questa tecnologia mirava a risolvere il problema della limitata gamma di autobus elettrici utilizzati per i trasporti pubblici urbani, fornendo una ricarica continua attraverso l'infrastruttura stradale (Fig. 12.5).

L' esperimento, avviato dal Korea Institute of Science and Technology (KAIST), ha condotto i primi test del sistema di ricarica wireless, progettato specificamente per gli OLEV, su autobus elettrici la cui ricarica si basava interamente su induzione elettromagnetica. L'energia necessaria alla ricarica del veicolo avveniva in modalità

Figura 12.5 Autobus OLEV utilizzato per la ricarica a induzione in Corea del Sud per il programma di test KAIST. (Fonte: OLEV KAIST; [24])

trasparente attraverso la superficie stradale, senza necessità di alcun collegamento fisico, quando l'autobus si trovava in prossimità delle fermate di linea, durante il tempo che i passeggeri impiegavano per salire a bordo e scendere dal mezzo. In particolare, la sperimentazione è stata condotta su un autobus urbano appositamente modificato con tecnologia OLEV e le fasi sperimentali sono state effettuate su un tratto di strada di 24 chilometri nella città meridionale di Gumi, una città della provincia sudcoreana di North Gyeongsang. La capacità di ricezione di energia elettrica del veicolo mediante induzione è stata registrata pari a 20 kHz e 100 kW di elettricità ad un tasso massimo di efficienza di trasmissione dell'85%, sufficiente ad eliminare la necessità di grandi batterie a bordo del veicolo o tempi di inattività per la ricarica. Il sistema coreano ha sviluppato una tecnologia che era già stata progettata per la prima volta in California nel 1990, e sostiene di aver superato un certo numero di problemi, tra cui la protezione degli utenti dagli effetti potenzialmente dannosi delle radiazioni elettromagnetiche. Inoltre, i generatori integrati nel percorso disponevano di un sistema di controllo intelligente che li induceva ad attivare il campo elettromagnetico solo quando passavano gli OLEV [25]. Durante gli anni 2010, diversi istituti di ricerca, aziende e start-up hanno lavorato allo sviluppo di sistemi dinamici di ricarica senza fili per veicoli elettrici al fine di verificare la fattibilità e l'efficienza della ricarica.

Ad esempio, la società statunitense Qualcomm, che si occupa di ricerca e sviluppo nel campo delle telecomunicazioni, ha presentato la sua tecnologia di ricarica per veicoli elettrici senza fili Halo, dimostrando la capacità di caricare i veicoli elettrici in modalità wireless mentre sono parcheggiati. Tuttavia, non si tratta specificatamente di una ricarica dinamica, in quanto ha la proprietà di essere wireless ma il campo magnetico può essere generato solo quando il veicolo è parcheggiato (Fig. 12.6) [26].

Dal 2015, sono stati condotti in varie parti del mondo diversi test e dimostrazioni di ricarica dinamica che sfruttano il principio conduttivo (GLPS), non interamente senza connessione, o con il principio induttivo (DWPT). Tra i progetti più signifi-

Figura 12.6 Bobina di ricarica statica Qualcomm Halo, ricarica wireless utilizzata per migliorare la ricarica dei veicoli Formula E. (Fonte: HD Motori; [26])

Figura 12.7 Fasi di costruzione della pista lunga 2 km a Tel Aviv per la sperimentazione della ricarica dinamica senza fili dei veicoli elettrici. Installazione e collegamento dei cavi elettrici dalla rete alle bobine elettromagnetiche. (Fonte: Electreon; [29])

cativi vi sono le prove su strade pubbliche in Svezia e Germania, già brevemente discusse ai § 12.1 e 12.2, che hanno mostrato il potenziale della ricarica continua mentre i veicoli sono in movimento [27, 28].

Dal 2017, gli investimenti nella ricarica wireless per le strade elettriche hanno acquisito un valore aggiunto grazie all’arrivo sul mercato della tecnologia brevettata dalla società israeliana Electreon, specializzata nella produzione di bobine elettromagnetiche per la ricarica dei veicoli elettrici in movimento (Fig. 12.7). La sua tecnologia prevede sempre il posizionamento di bobine elettromagnetiche ad una quota prestabilita dalla superficie stradale, ma oltre a consentire la ricarica wireless in modalità statica, presenta l’innovazione di essere efficace anche con veicoli in movimento [29].

Sebbene le dimostrazioni iniziali si siano spesso concentrate sugli autobus elettrici, la tecnologia di Electreon è progettata per essere applicata a vari tipi di veicoli elettrici, comprese le autovetture di carattere utilitario e altre tipologie di veicoli commerciali. A differenza dei sistemi con plug-in, ricarica aerea e Ground Level

Power Supply prima descritti, il sistema DWPT consente una perfetta integrazione dell'infrastruttura di ricarica nelle strade, consentendo ai veicoli elettrici di ricaricarsi senza soste dedicate riducendo così le code in prossimità delle stazioni di ricarica [30]. I sistemi DWPT possono essere integrati in infrastrutture intelligenti, dotati di connettività 5G avanzata per garantire la massima sicurezza stradale e le comunicazioni V2I, consentendo così una comunicazione continua tra veicoli e programmi di gestione dell'infrastruttura di ricarica [30, 31]. Questa integrazione può ottimizzare i tassi di ricarica, gestire la distribuzione dell'energia e migliorare l'efficienza generale del sistema.

Si precisa, infine, che l'omologazione del sistema di ricarica dei veicoli elettrici con una tecnologia unica riconosciuta a livello mondiale è il solo modo per rendere il sistema DWPT efficiente, affidabile e utilizzabile in tutte le condizioni, e per consentirne la diffusione.

12.6 Arena del Futuro: l'esperienza italiana sugli Electric Road Systems

In questa sezione si illustra il progetto e lo sviluppo dello studio sperimentale di una pavimentazione stradale in conglomerato bituminoso per consentire la ricarica dinamica in modalità wireless dei veicoli elettrici. Il progetto e l'attività di ricerca sono stati resi possibili grazie all'investimento della società autostradale A35-BreBeMi S.p.A. che ha portato alla nascita di un progetto denominato "Arena del Futuro". Si tratta di un circuito pilota nato per testare la tecnologia del sistema dinamico di ricarica a trasferimento di potenza wireless per la ricarica continua dei veicoli elettrici e rappresenta ad oggi l'unica esperienza italiana per lo sviluppo nell'ambito dell'ERS.

Il percorso intrapreso per la costruzione del circuito pilota per lo studio delle tecnologie ERS è iniziato a Gennaio 2019 con il progetto di fattibilità tecnica ed economica e l'analisi degli standard di riferimento per le 3 tipologie di trasmissioni elettriche disponibili per l'ERS (OCL, GLPS, DWPT).

L'analisi ha riguardato l'individuazione e la valutazione di specifici indicatori chiave di prestazione (Key Performance Indicator – KPI). In particolare, la scelta del tipo di ERS è stata dettata dai seguenti KPI:

- Indicatori di rendimento relativi ai diversi settori (sviluppo tecnologico, standardizzazione, sicurezza, affidabilità degli operatori, competenza tecnologica, facilità di manutenzione, accessibilità economica, impatto visivo, utilizzabilità di più tecnologie per i veicoli, semplificazione dei componenti installati a bordo dei veicoli ed adattabilità all'utilizzo da parte dell'utente);
- trasferimento sicuro di energia e individuazione della tecnologia con il maggior potenziale tra le tre studiate;
- stima dei costi d'investimento (a livello di prototipo) e dei costi operativi e di manutenzione, sia nella prima fase di messa in servizio, che nel lungo periodo.

Figura 12.8 Area geografica di costruzione del circuito pilota Arena del Futuro. Il campo di prova è costruito in affiancamento all'autostrada A35, in direzione sud

L'obiettivo è stato quello di studiare una nuova pavimentazione intesa come strumento attivo e resiliente facente parte dell'ecosistema della mobilità. Il contributo apportato dall'elettrificazione della rete stradale è stato proposto come un vantaggio primario risolvente il problema generato dal sentimento di *"range anxiety"* e la necessità di minimizzare l'impatto di consumo del suolo per creare ulteriori punti dedicati alla ricarica dei veicoli. Alla luce dei risultati delle analisi comparative effettuate si è individuato quale migliore tra i sistemi il DWPT.

Nel 2020 e 2021 è stata realizzata la seconda fase del progetto, relativa alla definizione di linee guida specifiche e tecniche per la progettazione esecutiva della sezione pilota. La tecnologia, attualmente brevettata, prevede il trasferimento di potenza e quindi di energia elettrica sfruttando il campo elettromagnetico prodotto direttamente da un sistema di bobine interposte al di sotto dello strato di pavimentazione composto da usura + binder. In modo alternativo l'applicazione potrebbe essere interpretata come un'infrastruttura tradizionale che copre un'ulteriore infrastruttura battezzabile come "infrastruttura nascosta". L'infrastruttura nascosta è quella elettrica, invisibile all'osservatore, sovrapposta all'infrastruttura stradale tradizionale.

Una volta conclusa la fase di definizione delle linee guida specifiche e tecniche, in cui la tecnologia DWPT è risultata vincente rispetto a OCL e GLPS, e terminata la progettazione del layout geometrico e strutturale della pavimentazione stradale, a cura di studi scientifici condotti dal gruppo di ricerca del Dipartimento di Ingegneria e Architettura dell'Università di Parma, è iniziata, nella prima metà del 2022, la prima fase di costruzione del circuito pilota, in un'area di competenza dell'autostrada A35 Brebemi presso l'uscita autostradale di Chiari Ovest, in provincia di Brescia (Fig. 12.8).

Il circuito pilota ha una forma ad anello e una lunghezza di circa 1 km, è composto da una carreggiata a due corsie, una corsia con proprietà costruttive tradizionali e una corsia sperimentale ospitante la tecnologia DWPT. Anche la configurazione e lo schema di distribuzione elettrica adottati sono stati definiti come tipo ad anello, in modo da poter diminuire la lunghezza dei cavi di distribuzione e garantire, tra l'altro, la possibilità di alimentare il sistema anche da diverse sottostazioni. Inoltre, la geometria dell'anello ha permesso di ottimizzare lo spazio disponibile e di misurare l'aumento della capacità di ricarica attraverso la decelerazione imposta nella manovra di inscrizione in curva del veicolo. Originariamente lungo lo sviluppo del circuito si alternavano sette sezioni trasversali differenti per stratigrafia e per miscela del conglomerato bituminoso. Dopo le prime sessioni della campagna di test, sono stati individuati i primi problemi e le variabili fondamentali da gestire per l'aggiornamento e miglioramento del sistema di ricarica.

Tra gennaio e aprile 2023, a causa di un corto circuito elettrico avvenuto nel giugno 2022, che ha bruciato i dispositivi elettrici di alcune sezioni delle bobine predisposte, è stato necessario il rifacimento di una parte del circuito. Nella seconda versione costruita, che è stata completata nell'aprile 2023, ad oggi ancora attiva e in continuo monitoraggio con test sempre più frequenti finalizzati al miglioramento degli aspetti di performance forniti dai materiali ed efficienza del sistema di ricarica elettrica dei veicoli, sono state incluse miscele di conglomerato bituminoso di pavimentazioni stradali aperte al traffico, al fine di conoscere l'evoluzione delle proprietà meccaniche dei materiali sottoposti alle azioni delle variabili dovute al funzionamento del sistema di ricarica.

Come verrà illustrato di seguito, l'attività sperimentale in sito, è stata arricchita in parallelo dall'attività di sperimentazione in scala di laboratorio, avvenuta grazie alla costruzione di un prototipo riproducente in scala ridotta le medesime grandezze fisiche essenziali per la ricarica dei veicoli elettrici. La simultanea attività sperimentale condotta in scala reale e in condizioni controllate di laboratorio ha permesso l'identificazione e la separazione dei fattori governanti il complesso sistema di ricarica e di individuare gli elementi di potenziamento e avanzamento del progetto. In particolare, in laboratorio si è provveduto ad individuare additivi di carattere innovativo al fine di garantire un prolungamento della vita utile della pavimentazione. Dal punto di vista strutturale, il pacchetto stradale presenta un'atipicità rispetto alle condizioni usuali, cioè l'interposizione della bobina elettromagnetica all'interno della stratigrafia. Tra le differenze rispetto alle pavimentazioni stradali tradizionali vi sono ulteriori fattori ai quali l'infrastruttura deve rispondere, in primo luogo l'influenza del carico induttivo generato dal funzionamento dell'infrastruttura elettrica per la ricarica dei veicoli elettrici sui materiali della pavimentazione, e in secondo luogo la necessità di realizzare le migliori condizioni di posizionamento delle bobine all'interno della stratigrafia. Lo scopo di progettare una pavimentazione stradale ad hoc è quello di migliorare l'efficienza della tecnologia DWPT e non degradare le prestazioni a cui l'utente è abituato, sia in termini di sicurezza che di comfort di guida.

12.6.1 L'infrastruttura nascosta: schema di funzionamento del sistema DWPT

Dal punto di vista dell'allestimento elettrico, le scelte progettuali hanno seguito per quanto possibile un profilo di eco-sostenibilità e l'utilizzo, ove possibile, di energie rinnovabili a supporto del funzionamento del sistema di ricarica. Per limitare i consumi e ottimizzare il trasferimento di energia elettrica, si è deciso di adottare un sistema di distribuzione a corrente continua, in grado di utilizzare direttamente l'energia prodotta dai sistemi fotovoltaici installati nel campo sperimentale per alimentare il sistema DWPT.

La progettazione e le specifiche tecniche per l'installazione dei sistemi ERS nel tracciato di prova dell'A35 BreBeMi sono state basate su un'analisi di un sistema di trasferimento di potenza senza fili (WPT) che è stato poi installato per trasferire energia dalla strada al veicolo tramite un sistema induttivo dinamico (DWPT). Un sistema di ricarica induttivo dinamico è generalmente composto da un'unità stradale e da un'unità di gestione. L'unità stradale è quella costituita dall'infrastruttura elettrica, al di sotto della pavimentazione in conglomerato bituminoso, anche battezzata come l'infrastruttura nascosta.

L'unità di gestione è l'unità di alimentazione e controllo che riceve energia dal sistema di alimentazione e fornisce corrente ad alta frequenza a ciascuna bobina installata.

Pertanto, il sistema di alimentazione elettrica è stato composto dalla presenza di un alimentatore, di un organo di trasformazione e di una cabina di conversione per la trasformazione dell'energia elettrica da AC a DC con una potenza installata di 1 MW. La linea di distribuzione DC è stata interamente realizzata con cavi in alluminio di ultima generazione completamente riciclabili (compreso il materiale adottato per garantire l'isolamento dei cavi). Inoltre, il circuito è stato dotato di 12 quadri per l'alimentazione e il controllo del sistema dinamico di carica (unità di gestione-management unit), in modo che sia le anomalie che i guasti verificatisi durante la sperimentazione possano essere identificati e gestiti separatamente (Fig. 12.9).

Il trasferimento di potenza avviene tra le bobine trasmittenti, posizionate tra lo strato di base e lo strato di binder, e le bobine riceventi installate nei veicoli (Fig. 12.10).

Ogni bobina può trasmettere una potenza fino a 40 kW; quindi, la potenza totale ricevuta dal veicolo dipende dal numero di bobine di ricezione con cui è equipaggiato. Le bobine trasmittenti vengono alimentate solo quando un veicolo passa sopra di esse attraverso le unità di gestione (MU) situate sul lato della strada. Questa modalità è resa possibile dalla geolocalizzazione computerizzata GPS (Global Position System) delle bobine elettromagnetiche sia sul lato infrastruttura che su quello veicolo.

Ogni bobina ha un codice identificativo che permette di localizzarla e gestirne l'attivazione e la disattivazione; quindi, in relazione al livello di energia immagazzinato nella batteria del veicolo, l'utente può decidere di collegarsi al sistema di ricarica consentendo il trasferimento di energia con la bobina trasmittente. Più precisamente, l'attivazione della bobina sorgente per la ricarica elettromagnetica è consentita pochi istanti prima del passaggio del veicolo, garantendo così che il campo elettromagnetico generato sia al suo massimo valore nell'istante di accoppiamento con la bobina elettromagnetica ricevente montata a bordo del veicolo (Fig. 12.11).

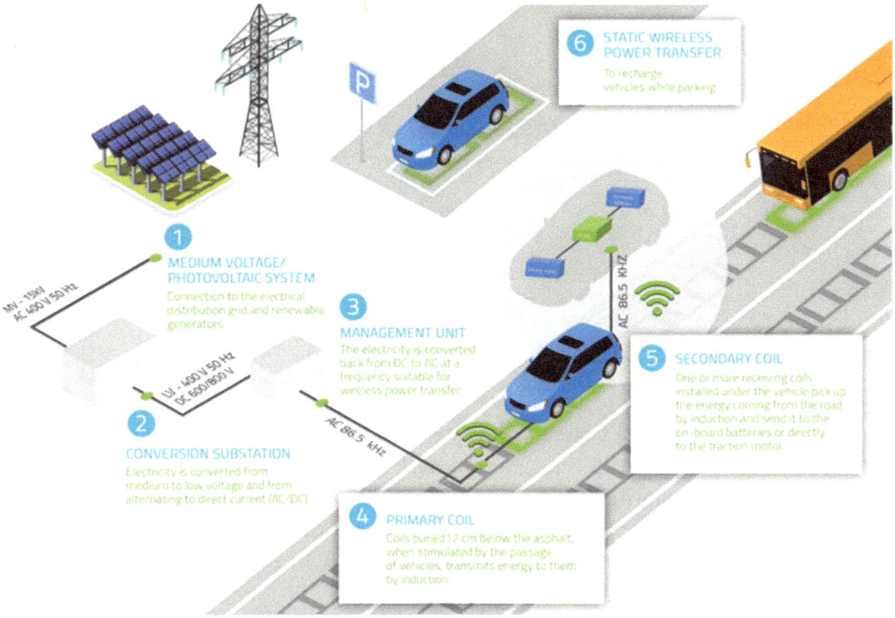

Figura 12.9 Schema di funzionamento del sistema DWPT installato per il circuito pilota Arena del Futuro

Figura 12.10 Bobina elettromagnetica posizionata sullo strato di base della pavimentazione; fasi di stesura del betoncino ad induzione studiato per l'apposita applicazione (costruzione del primo ciclo di pavimentazione)

Sono molti gli aspetti legati alla trasmissione dell'elettricità, dalla progettazione del sistema DWPT alla sua effettiva realizzazione; il sistema progettato è attualmente in fase di brevetto e non è possibile fornire tutti i dettagli. Tuttavia, si evidenzieranno gli elementi innovativi e i sistemi di monitoraggio predisposti per rilevare tensioni, correnti, potenze e campi elettromagnetici, finalizzati alla realizzazione della ricerca.

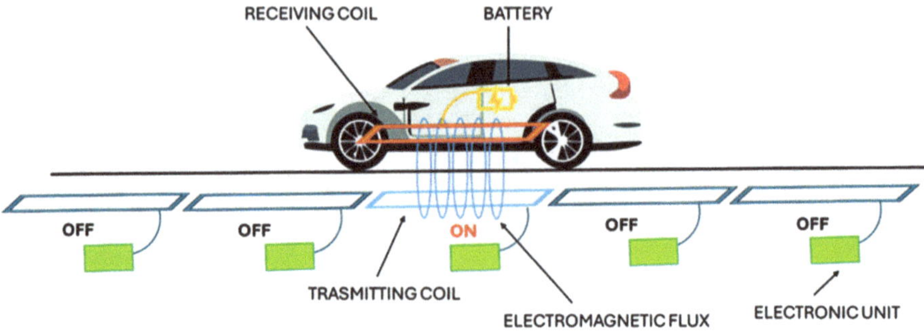

Figura 12.11 Schema di interazione tra bobina-strada e bobina-veicolo

La digitalizzazione del sistema di ricarica era uno degli obiettivi perseguiti nella progettazione del circuito pilota. Arena del Futuro è infatti dotata di connettività 5G avanzata per garantire la comunicazione V2I al fine di garantire il controllo continuo del funzionamento del sistema di alimentazione e nella visione di integrare la tecnologia con le infrastrutture pubbliche per raggiungere la massima sicurezza stradale ed una loro efficace gestione.

Un altro elemento innovativo è costituito dalle unità di gestione. Ogni unità di gestione, di cui è stato fornito il circuito, contiene invertitori per convertire la corrente continua in corrente ad alta frequenza, necessaria per garantire un buon accoppiamento e un'elevata efficienza di trasmissione, invece della classica distribuzione trifase a bassa tensione. Ciò consente di aumentare la potenza trasmessa e la distanza di collegamento alla rete pubblica di distribuzione, nonché l'efficienza globale grazie a un dimensionamento più favorevole dei cavi e all'assenza di raddrizzatori all'interno di ciascuna MU.

Ogni bobina deve essere alimentata individualmente da una speciale unità di gestione (MU), che genera una corrente ad alta frequenza attraverso convertitori DC/AC. Ogni MU riceve quindi l'elettricità da una linea di distribuzione e la invia alle varie bobine di trasmissione situate sotto la superficie stradale solo in presenza di veicoli elettrici. Poiché non è possibile, o economicamente vantaggioso, trasmettere energia elettrica ad alta frequenza su lunghe distanze, ogni MU può fornire al massimo un tratto di 100 m di infrastruttura stradale, che nel caso della pista di prova è ridotta a 80 m per la presenza della corsia di emergenza che sarà effettivamente presente sulle autostrade reali. È quindi necessario fornire una linea di distribuzione principale che alimenta le varie unità di produzione sul lato della strada.

Nelle attuali applicazioni di prototipi, ogni singola MU è generalmente alimentata da un sistema trifase a 400 V con quattro conduttori (tre conduttori di fase e un conduttore neutro) utilizzato come standard nella distribuzione industriale e civile a bassa tensione. Il vantaggio di questa soluzione è che essa è già stata utilizzata in alcune applicazioni sperimentali di circuiti pilota costruiti in altri paesi, ed è possibile utilizzare componenti elettrici, con riferimento alla protezione elettrica, che sono già ampiamente disponibili sul mercato. Tuttavia, per le applicazioni a lunga

Figura 12.12 Sistema di misura delle grandezze elettriche nella sottostazione AC/DC e in corrispondenza della MU

distanza, l'uso di una rete a corrente alternata (CA) pone diversi problemi critici. Il primo riguarda l'efficienza globale del sistema, poiché un convertitore raddrizzatore AC/DC deve essere installato in ogni MU come stadio d'ingresso necessario per fornire la corrente continua (DC) per alimentare gli inverter AC/DC di ciascuna bobina. Questi raddrizzatori sono in cascata nella MU, quindi devono convertire tutta l'energia che passa attraverso la MU; ciò provoca un aumento delle perdite all'interno di ogni MU. Una seconda questione critica riguarda il livello di tensione, che non può essere modificato per sfruttare le sinergie con il mondo industriale. Considerando la potenza da trasportare e le distanze da percorrere, un livello di tensione di 400 V può essere troppo basso e richiedere un sovradimensionamento del sistema. Infine, va notato che a causa della bassa tensione e del sistema di distribuzione a quattro conduttori, vi è un aumento delle perdite di distribuzione e un uso molto elevato di materiale conduttivo attivo. Per superare le criticità sopra menzionate, è stato utilizzato un sistema di distribuzione DC che centralizza la conversione AC/DC in una sola sottostazione, distribuendo l'energia ad un valore di tensione più alto già compatibile con la tensione DC all'interno della MU.

Grazie ai numerosi vantaggi del sistema a corrente continua e alla minore corrente, è stato possibile utilizzare conduttori di alluminio al posto del rame, con un notevole risparmio sui costi e un vantaggio in termini di eco-sostenibilità. Una volta terminata la costruzione del circuito pilota Arena del Futuro, sia per quanto riguarda le opere civili che l'impianto elettrico, è stato sottoposto alla fase di collaudo. A tal fine sono stati installati sistemi di misura per la misurazione delle grandezze elettriche (tensione, potenza, corrente, ecc.), sia nella sottostazione di conversione che nelle cabine di campo elettrico, come illustrato in Fig. 12.12. Le stesse strumentazioni e configurazioni di misura sono state utilizzate per il controllo periodico dell'efficienza del sistema e per la rilevazione delle anomalie.

Contemporaneamente sono state effettuate prove di trasferimento di potenza dinamico e statico tra l'infrastruttura e i veicoli; i veicoli prototipo impiegati per la sperimentazione sono stati forniti dalla holding multinazionale Stellantis e dalla Società Iveco S.p.A.; si tratta di un'autovettura utilitaria Fiat 500e, e di un autobus intercity (Fig. 12.13).

Figura 12.13 Fiat 500e autobus ed autobus intercity Iveco che percorrono la corsia di ricarica del circuito durante l'esecuzione di prove di efficienza energetica

Le misurazioni sono state effettuate all'interno dell'abitacolo del veicolo per verificare la sicurezza dell'utente e la tutela della sua salute, e ripetute in diverse condizioni di funzionamento (velocità massima, allineamento delle bobine sorgente-ricevente, ecc.). I risultati più significativi ottenuti dalle campagne di prova sono illustrati nel prossimo paragrafo.

Per evitare che lo stile di guida dei conducenti influenzasse i risultati delle analisi, è stato stabilito un tratto rettilineo lungo 80 metri dove i veicoli si muovevano con velocità costante pari alla velocità di indagine prestabilita.

Uno dei principali vantaggi dimostrati dai sistemi di elettrificazione stradale è che il veicolo non solo assorbe energia necessaria per effettuare il suo viaggio, ma soprattutto guadagna dal sistema di ricarica una quantità di energia che può essere immagazzinata nella sua batteria, e che può essere consumata in tratti di strada non forniti da sistemi di elettrificazione. Ovviamente, la quantità di energia consumata e immagazzinata dal veicolo dipende dalla velocità di viaggio. Le velocità di marcia più elevate comportano un maggiore consumo di energia e un minore accumulo di energia nella batteria del veicolo, al contrario velocità di percorrenza inferiori consentono un aumento dell'energia immagazzinata e un minor consumo di energia per ottenere il movimento. Ciò è dovuto al fatto che l'aumento di velocità del veicolo fa sì che il veicolo trascorra meno tempo in allineamento con la bobina sorgente e quindi il coefficiente di induttanza reciproca di accoppiamento subisce una riduzione. Si riportano in Tab. 12.2 alcuni dei risultati più significativi.

Attualmente l'infrastruttura di ricarica DWPT ha raggiunto un'efficienza di ricarica dell'89%. Nel caso della ricarica senza fili, il tempo necessario per una ricarica completa e l'aumento di energia trasferita e immagazzinata nella batteria del veicolo elettrico sono ridotti dallo spazio tra le due bobine e dal loro allineamento

Tabella 12.2 Energia consumata e immagazzinata in 1 km percorso, completamento di circa un giro del circuito Arena del Futuro, rispetto alla velocità sostenuta da Intercity Iveco Bus e City Car Fiat 500e

Vehicle	Speed [km/h]	Energy Consumed for 1 km [kWh]	Energy Stored for 1 km [kWh]
Bus Iveco	70	1.3	1.19
	80	1.5	0.9
Fiat 500 car	70	0.16	0.35
	100	0.2	0.25

approssimato. Per evitare ciò e, al fine di migliorare l'efficienza del trasferimento di energia, le bobine installate per la carica induttiva statica sono più grandi e godono di un accoppiamento induttivo risonante (Fig. 12.14).

L'accoppiamento risonante induttivo è un principio in cui sia l'apparato della bobina dell'infrastruttura di ricarica che l'unità ricevitrice a bordo del veicolo sono sintonizzati sulla stessa frequenza di risonanza. Questa sintonizzazione migliora l'efficienza del trasferimento di energia. L'accoppiamento risonante consente di aumentare le distanze tra il pad di ricarica e il veicolo, riducendo al minimo l'impatto del disallineamento. La principale comodità per gli utenti, rispetto all'adozione della metodologia di ricarica plug-in, è l'eliminazione della necessità di collegare e scollegare fisicamente il cavo di ricarica, rendendo più sicuro il rifornimento energetico del veicolo elettrico. Inoltre, l'assenza di connettori fisici riduce il rischio di danni e la necessità di manutenzione dovuta al surriscaldamento dei dispositivi di connessione che si verifica durante ripetute sessioni di ricarica prolungate.

Nel circuito Arena del Futuro, l'alimentazione induttiva in modalità statica viene impiegata per la ricarica parziale della batteria dei veicoli prima di iniziare le sessio-

Figura 12.14 Fase di costruzione dei parcheggi per ricarica induttiva in modalità statica, posizionamento delle bobine elettromagnetiche per la Fiat 500e City Car (in alto) e l'Intercity Iveco Bus (in basso)

ni di test sperimentali. Il livello minimo di ricarica pianificato per i veicoli prototipo prima di iniziare le campagne sperimentali è stato fissato alla quota del 30% della capienza di ricarica totale della batteria, ottenuta con il sistema WPT in un tempo di 15 minuti per l'autovettura Fiat 500e e di 25 minuti per l'autobus intercity Iveco.

12.7 Costruzione del circuito pilota Arena del Futuro

In questo paragrafo vengono illustrate le principali fasi di costruzione del circuito sperimentale Arena del Futuro. Tutte le immagini mostrate sono state riprese da un drone di proprietà del gruppo di ricerca, autorizzato alla registrazione durante la costruzione del circuito.

La costruzione del circuito pilota è iniziata con la preparazione del terreno della zona destinata alla sperimentazione. Il terreno è stato dapprima stabilizzato a calce al fine di ottenere un livello adeguato di capacità portante e livellato a superficie piana. L'area è stata poi predisposta a rilievo topografico con posizionamento di picchetti per la definizione geometrica della pavimentazione. Una fondazione di 10 cm di spessore è stata poi preparata con materiale stabilizzato a calce su tutta la lunghezza del tracciato. A ciò fa seguito la posa di una base ad alto modulo dello spessore di 10 cm, con un tenore di bitume del 4,5% dello stesso tipo e tecnologia utilizzati per la costruzione in autostrada (Fig. 12.15).

Si è proseguito con la stesa e la compattazione dello strato di binder e di usura, dello spessore rispettivamente di 6 cm e 4 cm. Quando la superficie della pavimentazione è stata completata, si è proceduto allo scavo delle trincee sul lato interno della carreggiata; le trincee sono spazi necessari all'alloggiamento delle tubazioni di protezione dei cavi di alimentazione elettrica delle bobine elettromagnetiche (Fig. 12.16).

Una volta installate le tubazioni di protezione dei cavi di alimentazione, il passo successivo è consistito nell'alloggiamento dei pozzetti per le unità di gestione e la predisposizione dei cavi dell'infrastruttura elettrica per ogni sezione alimentata (Fig. 12.17).

Figura 12.15 Posa del primo strato di pavimentazione: base in HMA

Figura 12.16 Disposizione delle tubazioni di protezione dei cavi elettrici di alimentazione in trincea a bordo pista

Figura 12.17 Allogamento dei pozzetti per le unità di gestione e predisposizione dei cavi dell'infrastruttura elettrica

Successivamente all'installazione delle unità di gestione vi è il posizionamento del container che ospita i trasformatori per la conversione AC/DC dalla linea di distribuzione e il collocamento delle management units lungo le sezioni del circuito (Fig. 12.18).

Terminata la costruzione dell'infrastruttura viaria e la predisposizione degli impianti dell'infrastruttura è seguito il tracciamento della segnaletica orizzontale al fine di marcare la divisione della carreggiata in corsia sperimentale e corsia tradizionale. La corsia esterna è stata fornita dall'installazione delle bobine elettromagnetiche per la ricarica senza fili dei veicoli elettrici, ed è stata poi rinominata come corsia sperimentale, mentre la corsia interna è considerata come pavimen-

Figura 12.18 A sinistra: Container ospitante i trasformatori per la conversione AC/DC; a destra: collocamento di una management unit

Figura 12.19 A sinistra: Fresatura del cassonetto di alloggiamento della bobina elettromagnetica; a destra: scavo predisposto per l'alloggiamento del condensatore elettrico della bobina

tazione di riferimento in quanto non subisce modifiche rispetto alla tradizionale tecnologia costruttiva. Nella mezzeria della corsia sperimentale si è proceduto con la fresatura di un cassonetto delle dimensioni di 1 m di lunghezza e 13 cm di profondità (Fig. 12.19). Una parte dello scavo è stata ulteriormente ampliata fino ad una profondità di 24 cm dalla superficie stradale per una larghezza di 10 cm. Questo spazio è necessario per consentire l'alloggiamento del condensatore elettrico per la risonanza della bobina (Fig. 12.19).

Nella trincea meno profonda è stato alloggiato il corpo principale della bobina elettromagnetica, mentre tutti gli altri dispositivi alla bobina come il condensatore e i cavi di collegamento all'unità di gestione sono alloggiati nella trincea più profonda (Fig. 12.20).

L'unità di gestione (unit management – Fig. 12.20, a destra) riceve i cavi di alimentazione alla bobina elettromagnetica e, a sua volta, riceve dal trasformatore la corrente già trasformata dai convertitori AC/DC. Dall'unità di gestione di ogni sezione alimentata, è possibile controllare e gestire l'alimentazione di ciascuna bobina, operando così in modalità settoriale in caso di malfunzionamenti e guasti.

Prima di procedere alla copertura delle bobine elettromagnetiche e dei cavi di alimentazione, sono state effettuate una serie di prove per verificare la corretta funzionalità dell'infrastruttura elettrica e il successo delle fasi di installazione. Le trincee di alcuni tratti del circuito sono state poi riempite con un betoncino ad in-

Figura 12.20 A sinistra: Posizionamento delle bobine elettromagnetiche; in centro: Predisposizione degli elementi accessori alla bobina; a destra: collegamento dei cavi di alimentazione alla management unit di competenza alla sezione

Figura 12.21 A sinistra: copertura delle unità elettroniche con betoncino ad induzione; a destra: copertura delle bobine elettromagnetiche con malta di trincea

Figura 12.22 A sinistra: compattazione degli strati in conglomerato bituminoso con rullo liscio; a destra: simbolo della segnaletica orizzontale utilizzato per indicare l'ubicazione dei coils elettromagnetici

duzione e successivamente coperto di una stesa di conglomerato bituminoso, altre, invece, hanno previsto la sovrapposizione diretta della miscela dello strato di binder (Fig. 12.21).

Una volta terminata la fase di riempimento della trincea di allogamento dei dispositivi elettrici è seguita la posa e compattazione, con rullo liscio, dello strato di binder e di usura. La costruzione della pista sperimentale è terminata con la marcatura del simbolo che indica l'ubicazione della striscia di bobine elettromagnetiche sulla piattaforma stradale (Fig. 12.22).

Nel giugno 2022, durante l'esecuzione di prove sperimentali, si è verificato un corto circuito localizzato nella bobina regolata dalle unità di gestione 8, 9, 11, 12 che ha interessato le sezioni di riferimento ID1 e ID4. Ad oggi, si stanno ancora studiando le cause che hanno provocato il corto circuito e se i danni sono stati causati da un guasto elettrico o da un problema derivante dalle proprietà dei materiali utilizzati in tali sezioni. Ipotesi sono state fatte su entrambi i fronti, portando alle conclusioni brevemente descritte qui di seguito.

Dal punto di vista dei materiali, il danno si è verificato nelle sezioni ID1 e ID4, che rispetto alle rimanenti sezioni trasversali sono le uniche due che hanno previsto l'aggiunta del betoncino ad induzione come ulteriore protezione dei dispositivi elettrici. Difatti, il betoncino ad induzione è stato inserito allo scopo di fungere da scudo protettivo per le bobine elettromagnetiche, che in caso di rifacimento prematuro della pavimentazione avrebbe dovuto proteggerle dall'azione di fresatura, e quindi evitare la loro sostituzione se ancora elettricamente funzionanti. Così, a differenza della malta di trincea, il betoncino ad induzione ha miscela costituita da un maggiore contenuto di acqua intergranulare.

Il periodo in cui si sono verificati i danni è stato profondamente influenzato da un improvviso cambiamento di temperatura, con gradienti termini tra notte e giorno fino a 15 °C. Pertanto, una delle ipotesi più accreditate è quella relativa alle variazioni di temperatura che si sono verificate nella stagione primaverile tra maggio e giugno, che hanno portato alla formazione di condensa nello spazio circostante le bobine. Oltre agli effetti termici che si sono verificati nel periodo primaverile, c'è anche la variazione termica che la pavimentazione stradale ha subito durante il funzionamento dell'infrastruttura elettrica sottoposta alle prove sperimentali. Un'altra ipotesi è quella di danni elettrici dovuti, per esempio, ad un passaggio erroneo di corrente non mitigato dall'unità di gestione e quindi diffuso nella striscia dei coil elettromagnetici durante il trasferimento di energia.

La necessità di rimettere in funzione quanto prima la pista sperimentale ha portato alla più rapida ricostruzione possibile. La ricostruzione della pista è stata parziale, in quanto ha comportato la demolizione e la ricostruzione dell'infrastruttura solo nelle sezioni in cui le bobine hanno subito guasto elettrico. Il parziale rifacimento ha consentito di introdurre nella sperimentazione nuove tipologie di materiali e sezioni trasversali. Dal punto di vista dei materiali sono stati posati conglomerati bituminosi già operativi in contesti reali, come quelli utilizzati dall'AMT nella città di Genova (ID 8) e nell'aeroporto di Orio al Serio a Bergamo (ID 4). In particolare, l'aeroporto di Orio al Serio ha comunicato il proprio interesse a sperimentare il sistema DWPT per i veicoli elettrici a servizio delle operazioni di trasporto all'interno dell'aeroporto, come il carico e lo scarico bagagli o lo spostamento degli operatori aeroportuali nelle aree di servizio nell'intorno delle strutture aeroportuali. Negli aeroporti, le complesse regolamentazioni esistenti per la sicurezza e la gestione degli impianti e delle operazioni effettuate non consentirebbero mai l'installazione di sistemi di ricarica come il Ground Level Power Supply in quanto vi è un'interfaccia di trasferimento di energia direttamente esposta all'ambiente esterno che potrebbe causare danni o pericoli per le numerose persone coinvolte nelle attività aeroportuali. Anche l'ATM della città di Genova ha percepito un'opportunità di investimento

Tabella 12.3 Sezioni trasversali del circuito Arena del Futuro nel corso del secondo ciclo sperimentale

Section ID	Management Unit	LENGTH [m]	WEARING LAYER	BINDER LAYER	COIL installation depth [cm]
1	M.U. 8	89,2	Open Graded	Modified	10,5
2	M.U. 3-4-5	278,4	Open Graded	Modified	13
3	M.U. 6-7	165,3	Open Graded	Modified	13
4 (BGY)	M.U. 11-12	166,1	Open Graded	Modified	10,5
5	M.U. 10	74,0	HMA Modified	Modified	13
6	M.U. 2	78,8	HMA No-Mod	No Modified	13
7	M.U. 1	85,8	HMA No-Mod	No Modified	13
8 AMT (GE)	M.U. 9	89	HMA Modified	Modified	10,5

nella sperimentazione del sistema di ricarica DWPT. Infatti, ha fornito ad Arena del Futuro il mix design della pavimentazione stradale urbana al fine di verificare le prestazioni e l'eventuale implementazione del sistema di ricarica induttivo per lo svolgimento del proprio trasporto pubblico urbano.

Da un punto di vista strutturale, si è optato per ridurre la distanza di accoppiamento tra la bobina sorgente e la bobina ricevitore da 13 cm a 10,5 cm, al fine di osservare quale sia il guadagno in termini di efficienza di ricarica. Il nuovo layout e i materiali utilizzati per ricostruire le sezioni danneggiate, configurazione ad oggi ancora operativa, sono illustrati in Tab. 12.3 e in Fig. 12.23.

Nell'aprile del 2023, la pista sperimentale dell'Arena del Futuro torna in funzione e riprende il secondo ciclo sperimentale di cui si riportano le campagne sperimentali illustrate nei prossimi paragrafi.

12.7.1 Caratterizzazione del multistrato: analisi strutturale con Falling Weight Deflectometer

La capacità portante della pavimentazione è stata valutata mediante l'utilizzo della strumentazione del Falling Weight Deflectometer (FWD; Fig. 12.24). La prova svolta ha avuto lo scopo di valutare le caratteristiche strutturali della stratigrafia del pacchetto stradale sia per la pavimentazione sperimentale che per la pavimentazione tradizionale assunta come parametro di riferimento.

L'area esaminata è costituita dal circuito pilota Arena del Futuro, lungo 1050 m, con una carreggiata a due corsie (Fig. 12.25) avente i due seguenti tipi di pavimentazione:

- pavimentazione sperimentale, con l'installazione delle bobine elettromagnetiche per la ricarica induttiva, situata sulla corsia esterna del circuito (punti gialli);
- la pavimentazione di riferimento con proprietà costruttive tradizionali sulla corsia interna del circuito (punti blu).

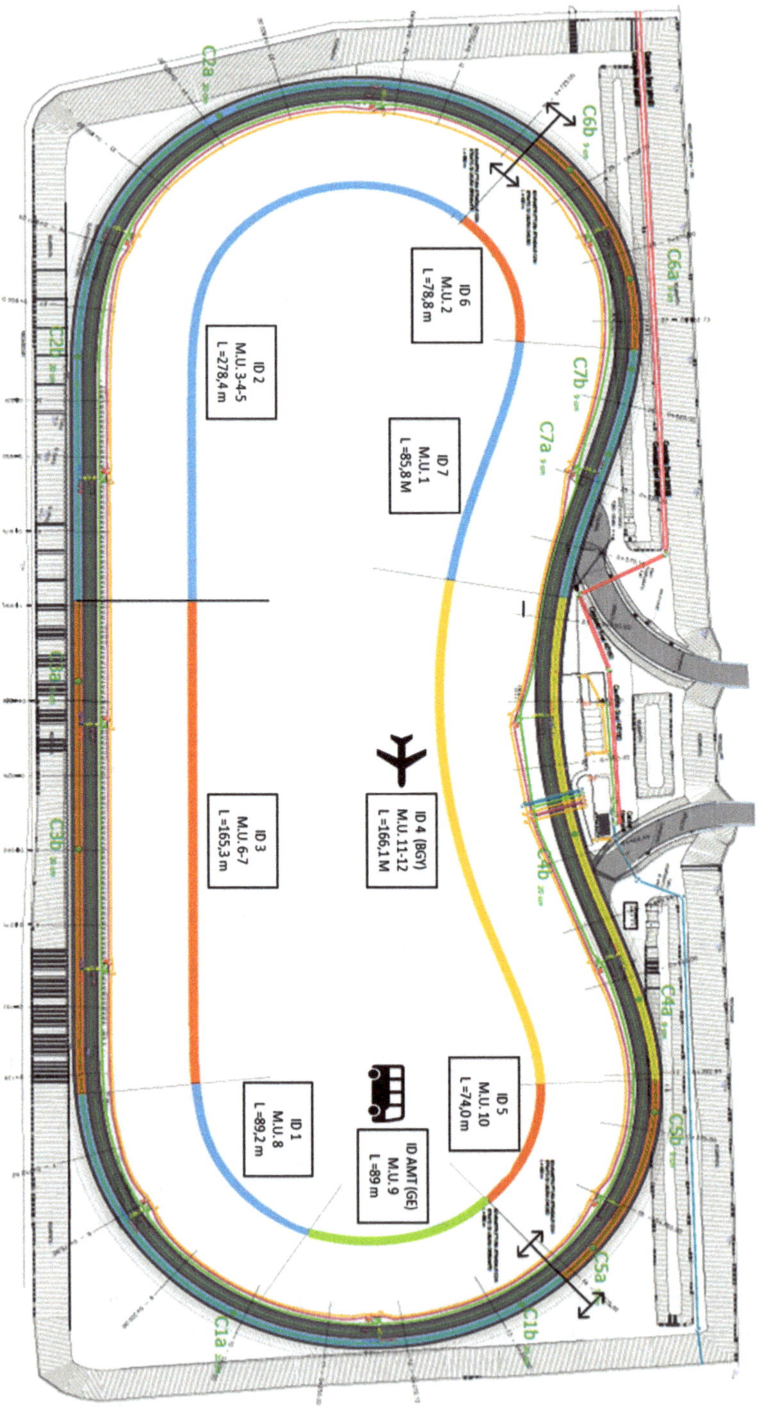

Figura 12.23 Layout del circuito Arena del Futuro al secondo ciclo di sperimentazione, progetto in fase di studio sperimentale da aprile 2023 ad oggi

Figura 12.24 FWD utilizzato per eseguire le prove di carico

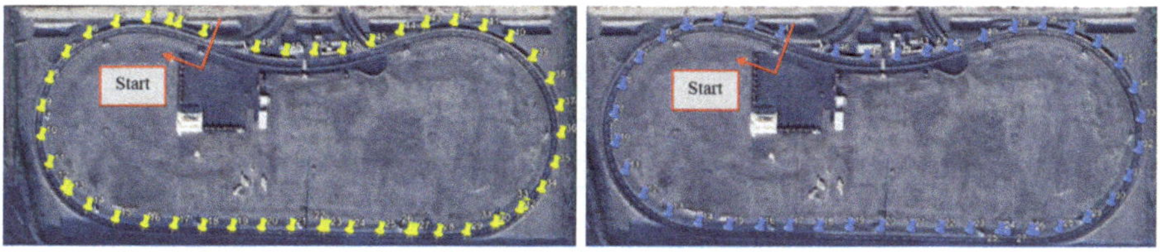

Figura 12.25 Rilievo con indicazione dei punti di prova sulla corsia sperimentale (a sinistra) e sulla corsia di riferimento (a destra)

Durante la fase di rilievo sono stati effettuati due allineamenti, uno per corsia, al di fuori degli assi delle ruote del veicolo al fine di misurare le caratteristiche strutturali intrinseche delle due pavimentazioni escludendo l'influenza dei fenomeni di fatica indotti dal traffico veicolare. Durante l'attività di misurazione sono state effettuate in totale 95 rilevazioni per derivare le caratteristiche strutturali delle pavimentazioni; in particolare:

- 49 stazioni di misura per la pavimentazione sperimentale, con un passo di 25 m;
- 46 stazioni di misura per la pavimentazione tradizionale di riferimento con un passo di 25 m.

La misurazione delle deformazioni ottenute sulle pavimentazioni e l'acquisizione della temperatura dell'aria durante il rilievo sono state ottenute mediante applicazione di back-analysis. Il bacino di deflessione studiato con l'attrezzatura del FWD è stato conseguito per mezzo di un sistema di masse di battenti in grado di trasmettere forze di impulso fino a 130 kN e sollecitazioni trasmesse dalla piastra di carico circolare (300 mm di diametro) sulla superficie stradale fino a 1700 kPa. La piastra di carico utilizzata è di tipologia convenzionale "segmentata", con un raggio di 150 mm, poiché garantisce una distribuzione uniforme delle sollecitazioni di contatto migliore sulla superficie della pavimentazione sollecitata. La misura delle deflessioni sulla superficie della pavimentazione, indotte dalle sollecitazioni di prova, è stata effettuata utilizzando nove geofoni disposti radialmente rispetto al centro

Tabella 12.4 Distanza dei geofoni dal centro della piastra

Geophone	D1	D2	D3	D4	D5	D6	D7	D8	D9
Distance from centre plate [mm]	0	200	300	450	600	900	1200	1500	1800

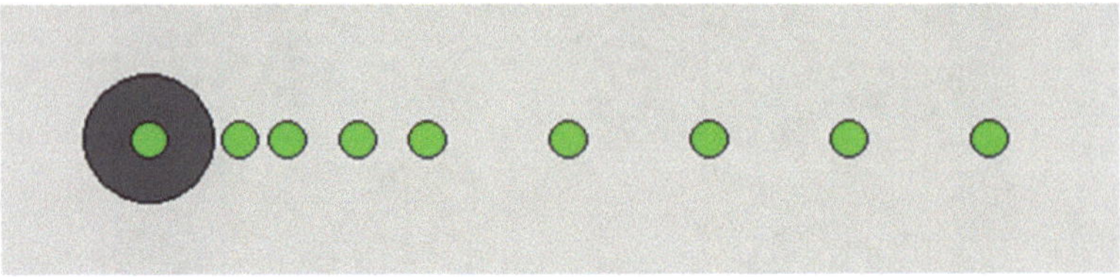

Figura 12.26 Schema di posizionamento dei geofoni

della piastra e distanziati ad intervalli crescenti con l'aumentare della distanza dal centro della piastra. Le deflessioni sono rilevate dall'apparecchiatura con una precisione assoluta di almeno il 2% ± 2 mm e una risoluzione di 0,1 mm. I livelli del carico applicato sono rilevati con una precisione di almeno il 2% ± 0,3 kN; per questa quantità la risoluzione è variabile da 0,03 a 0,2 kN in relazione all'entità del carico applicato.

Il posizionamento dei geofoni varia a seconda del tipo di rilievo effettuato; per la presente campagna è stata adottata la seguente configurazione (Tab. 12.4, Fig. 12.26):

La temperatura dello strato è stata misurata utilizzando un termometro digitale con una precisione di 0,2 °C e una risoluzione di 0,1 °C integrato nell'apparecchiatura FWD. Queste misure sono state effettuate secondo i metodi prescritti nella norma guida ASTM D5858 – 96 (2015) per il calcolo in sito del modulo elastico equivalente dei materiali della pavimentazione utilizzando la teoria del semispazio elastico lineare; cioè, inserendo il termometro di misura in un foro preparato nello strato superficiale fino alla profondità corrispondente alla metà dello spessore dello strato. I valori di temperatura sono registrati insieme alle misure di deformazione per ogni stazione di prova. In particolare, la campagna di prova i cui risultati sono discussi in questo paragrafo si riferisce a temperature estive, l'indagine è stata effettuata nella seconda settimana del mese di settembre.

Questa tipologia di prova, a causa delle caratteristiche della strumentazione e dell'eterogeneità dei materiali componenti la pavimentazione sottoposta a prova, può presentare una certa variabilità nei livelli di carico applicati durante una campagna di rilievo. Questa variabilità non sempre permette di analizzare con precisione i dati deflettometrici, in quanto non omogenei. La procedura di normalizzazione dei dati misurati durante la fase di prova, rispetto ad un livello di carico fisso, permette quindi una migliore comparazione e valutazione dei dati. Questo trattamento dei dati è necessario ogni qualvolta si debbano confrontare direttamente le deviazioni registrate, migliorando l'accuratezza e l'affidabilità delle valutazioni. Si procede quindi, come indicato nel COST 336 per "Uso di deflettori di peso in caduta nella

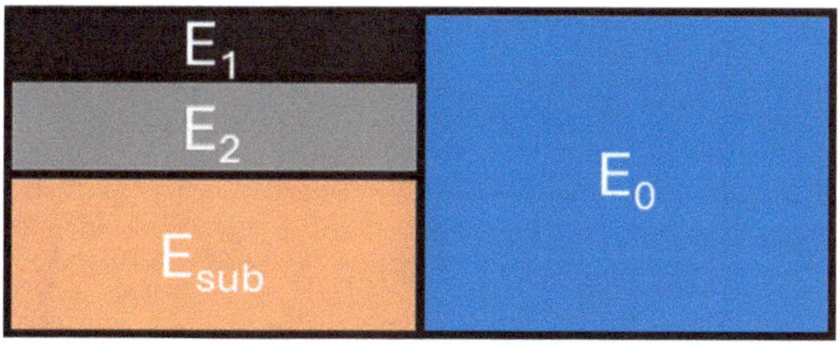

Figura 12.27 Schematizzazione del multistrato utilizzato per l'elaborazione della retro-analisi

valutazione della pavimentazione", mediante procedure di retro-analisi basate sulla modellizzazione della pavimentazione secondo un multistrato elastico.

Lo schema di pavimentazione adottato in questa campagna d'indagine (Fig. 12.27) e i moduli ottenuti dal l'elaborazione dei dati sperimentali sono riportati qui di seguito:

- il modulo "E1" del complesso degli strati di asfalto di spessore variabile H1, il modulo "E2" della fondazione esistente e il modulo "Esub" relativo al substrato sottostante la fondazione;
- il modulo superficiale "E0" della pavimentazione nel suo complesso, compreso il sottofondo.

Per il calcolo secondo la procedura di back-analysis, è stato utilizzato il software "ELMOD" – Versione 6.1.89 del giugno 2019, prodotto dalla società Dynatest International A/S.

Al fine di alleggerire e non compromettere la comprensione dei dati ottenuti dall'analisi del multistrato, si sceglie di riportare e discutere di seguito solo i grafici

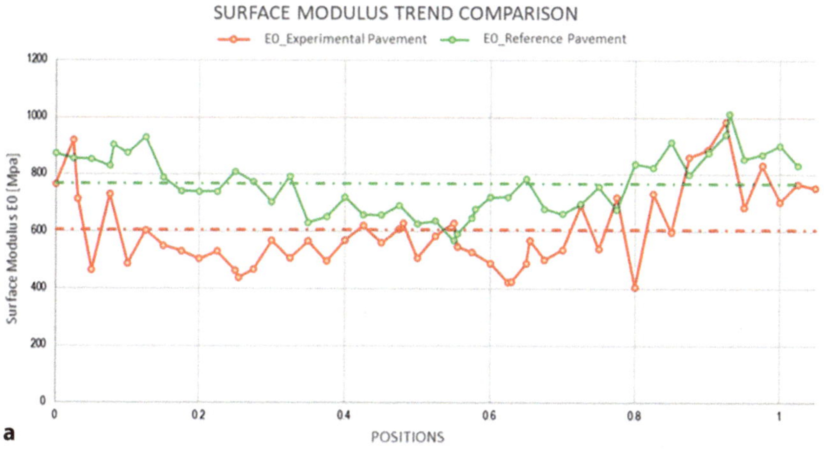

Figura 12.28 Risultati della sperimentazione ottenuti con back analysis dei dati rilevati con FWD

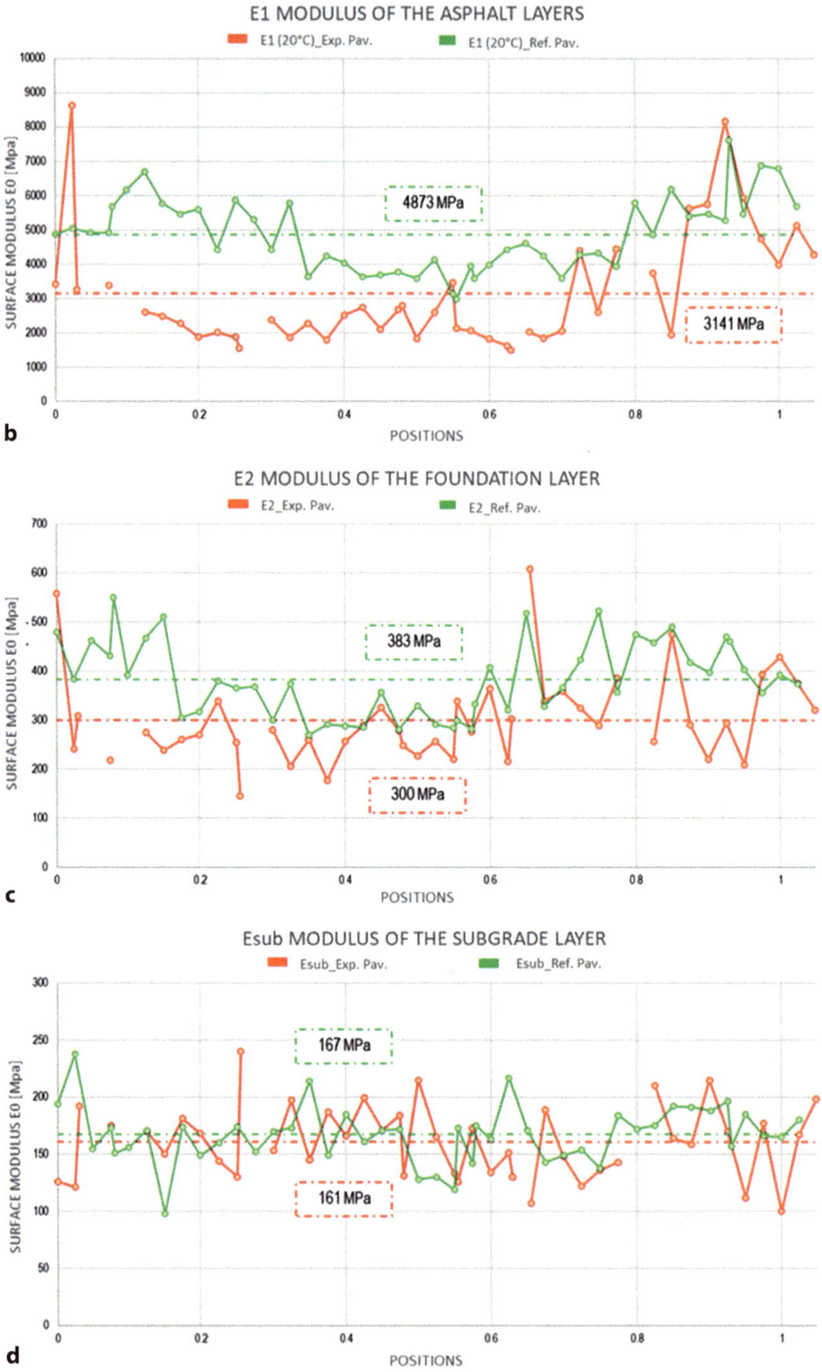

Figura 12.28 (continua)

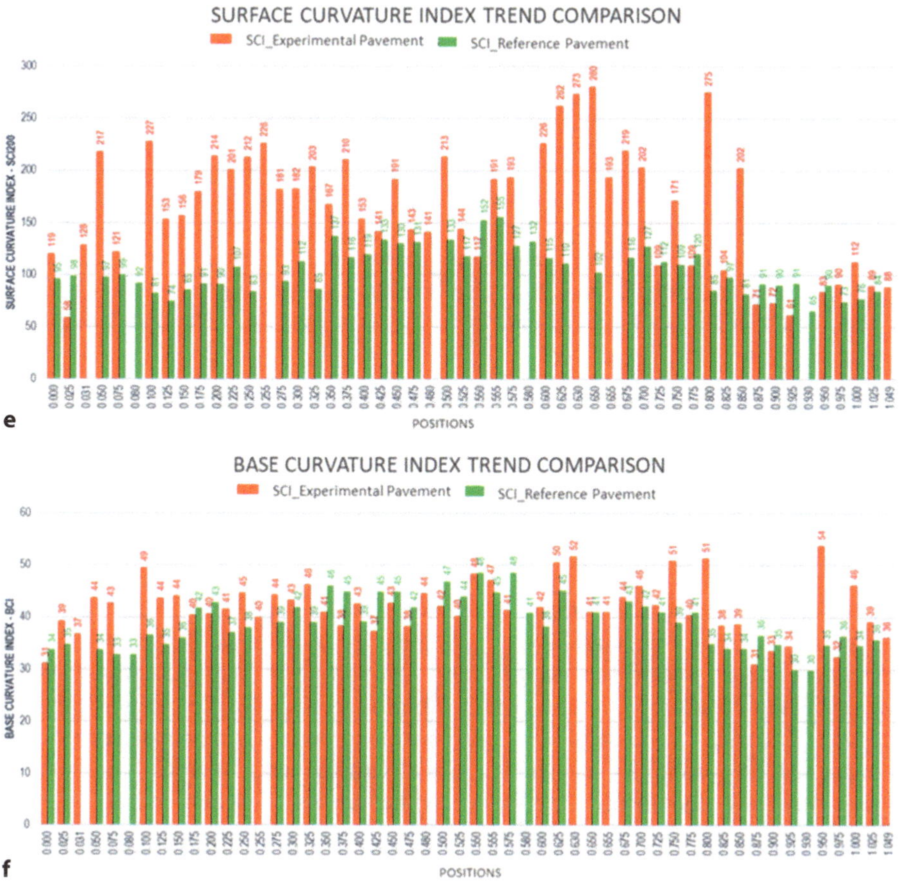

Figura 12.28 (continua)

rappresentanti l'andamento del modulo di superficie (E0), l'andamento del modulo di caratterizzazione dei singoli strati (E1, E2, Esub), l'indice di curvatura relativo alla base (BCI) e l'indice di curvatura superficiale (SCI).

Il raffronto dei dati registrati durante la fase di prova (Fig. 12.28), nonché dei parametri calcolati, permette di osservare che la pavimentazione sperimentale presenta complessivamente prestazioni strutturali inferiori rispetto alla pavimentazione di riferimento. In particolare, è stato possibile determinare che:

- la pavimentazione sperimentale è caratterizzata da un modulo superficiale medio di 606 MPa, una deviazione standard di 138 MPa e un coefficiente di variazione percentuale del 22,9% (che secondo il COST 336 rappresenta un livello accettabile di omogeneità della sezione in esame);
- la pavimentazione di riferimento è caratterizzata da un modulo superficiale medio di 768 MPa, con una deviazione standard di 105 MPa e un coefficiente per-

centuale di variazione del 13,7% (che secondo il giudizio COST 336 rappresenta un buon livello di omogeneità della sezione in esame).

L'analisi dei parametri del bacino di deflessione ricavati attraverso l'indice di curvatura superficiale (SCI) e l'indice di curvatura della base (BCI) hanno permesso di valutare il contributo strutturale, offerto alle prestazioni complessive della pavimentazione, derivante sia dagli strati superficiali (SCI) che dagli strati profondi (BCI). L'analisi dei valori dell'indice di curvatura di superficie mostra che gli strati superficiali che costituiscono la pavimentazione sperimentale determinano un contributo alla deformazione globale, misurata sotto la piastra, significativamente maggiore di quello determinato per la pavimentazione di riferimento. In particolare, sono stati evidenziati i seguenti valori medi:

- la pavimentazione sperimentale è caratterizzata da un Surface Curvature Index SCI200 medio di 165 μm, con una deviazione standard di 59 μm e un coefficiente percentuale di variazione del 35,9%;
- la pavimentazione di riferimento è caratterizzata da un Surface Curvature Index SCI200 medio di 104 μm, con una deviazione standard di 22 μm e un coefficiente percentuale di variazione del 20,6%.

In breve, il contributo alla deformazione globale degli strati superficiali è del 60% superiore per la pavimentazione sperimentale rispetto a quella di riferimento. Ciò evidenzia come gli strati superficiali, che costituiscono la pavimentazione di ricarica, abbiano prestazioni significativamente inferiori rispetto alle caratteristiche di capacità portante fornite dagli strati corrispondenti della pavimentazione di riferimento. Ciò è dovuto alla presenza dei coils elettromagnetici interposti tra gli strati più superficiali e quelli profondi della pavimentazione, con una conseguente discontinuità strutturale che si riflette in una minore capacità portante rispetto alle proprietà meccaniche registrate per la pavimentazione tradizionale.

L'indice di curvatura della base, invece, denota come il contributo alla deformazione degli strati più profondi sia più omogeneo nel confronto tra le due applicazioni, con valori molto simili determinati per entrambe le pavimentazioni.

I valori medi mostrano una sostanziale corrispondenza nel comportamento degli strati profondi:

- la pavimentazione sperimentale è caratterizzata da un indice di curvatura medio di base di 42 μm, con una deviazione standard di 5 μm e un coefficiente percentuale di variazione del 12,4%;
- la pavimentazione di riferimento, invece, è caratterizzata da un indice medio di curvatura di base di 39 μm, con una deviazione standard di 5 μm e un coefficiente percentuale di variazione del 12,5%.

Infine, la determinazione i moduli di rigidezza, che caratterizzano gli strati della pavimentazione, ha confermato che la pavimentazione sperimentale si è comportata sistematicamente a un livello inferiore rispetto alla pavimentazione di riferimento. In particolare, si è constatata una differenza sostanziale, in termini di modulo di rigidezza degli strati di asfalto nel loro insieme, pari a circa il 35%; cioè che la pavimentazione sperimentale presenta un modulo di rigidezza dello strato in conglomerato bituminoso mediamente inferiore del 35% rispetto a quello offerto dalla pavimentazione di riferimento.

Per quanto riguarda gli strati di fondazione e sottofondo, la differenza nelle prestazioni è molto più piccola. In particolare, gli strati di fondazione e sottofondo della pavimentazione sperimentale presentavano moduli di rigidezza mediamente inferiori rispettivamente del 22% circa e del 3% rispetto a quelli offerti dalla pavimentazione di riferimento. Ciò evidenzia essenzialmente una maggiore omogeneità nel comportamento meccanico degli strati profondi che costituiscono le due corsie del circuito.

Pertanto, sulla base di quanto precede, si può concludere che le prestazioni strutturali inferiori fornite dalla pavimentazione sperimentale sono principalmente attribuibili alla minore rigidità degli strati di asfalto dovuta alla presenza al loro interno del sistema di ricarica a induzione per i veicoli elettrici. Inoltre, si può affermare che tra le cause che compartecipano alla riduzione di capacità portante vi sono anche le tecnologie costruttive che differenziano le fasi di costruzione delle due pavimentazioni. Infatti, la pavimentazione sperimentale subisce, a differenza di quella di riferimento, operazioni di compattazione meno efficaci e più approssimative per scongiurare operazioni eccessivamente invasive e interferenti con l'infrastruttura elettrica.

Per la risoluzione della minor resistenza offerta dalla pavimentazione sperimentale sono stati pianificati studi e futuri esperimenti. Si stanno valutando diverse opzioni per modificare l'ubicazione dell'infrastruttura di ricarica al fine di ottenere una pavimentazione per la ricarica induttiva il più possibile paragonabile alle condizioni prestazionali garantite dalle pavimentazioni tradizionali.

12.8 Monitoraggio delle grandezze elettriche

L'obiettivo principale della costruzione del circuito Arena del Futuro è quello di testare la tecnologia DWPT nella sua interezza al fine di rendere il sistema di ricarica efficiente ed efficace nella diffusione di massa dei veicoli elettrici. Tra le varie campagne di prova effettuate sul circuito pilota vi sono quelle di misurazione del campo elettromagnetico generati durante il funzionamento dell'infrastruttura elettrica.

Lo scopo primario dei rilievi condotti è stato, innanzitutto, quello di verificare che il sistema DWPT non inficiasse la sicurezza dei lavoratori di tutte le categorie coinvolte nell'implementazione e sperimentazione del sistema.

A tal fine si prende a riferimento per l'analisi la direttiva "1999/519/CE: raccomandazione del Consiglio del 12 luglio 1999 sulla limitazione dell'esposizione della popolazione ai campi elettromagnetici da 0 Hz a 300 GHz". Poiché il sistema in esame è una sorgente a frequenza singola che funziona continuamente alla frequenza di 86 kHz e il sistema DWPT funziona mediante un accoppiamento magnetico tra le bobine trasmittenti installate nella stratigrafia stradale e le bobine riceventi montate a bordo del veicolo, si assume come livello limite di riferimento

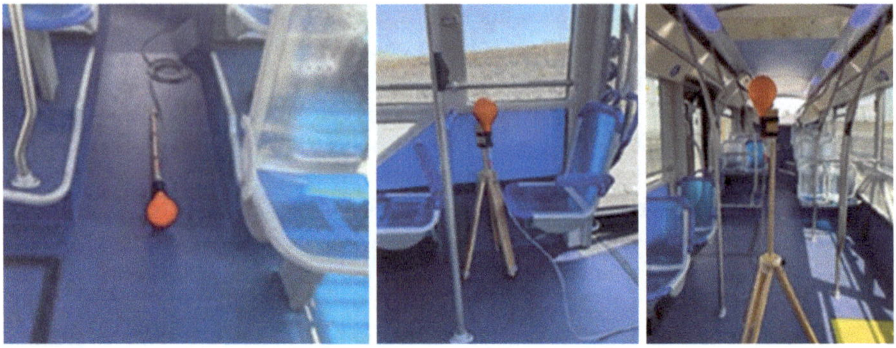

Figura 12.29 Esempi di posizionamento della sonda di misura del campo magnetico a livello del pavimento del prototipo IVECO Intercity Bus

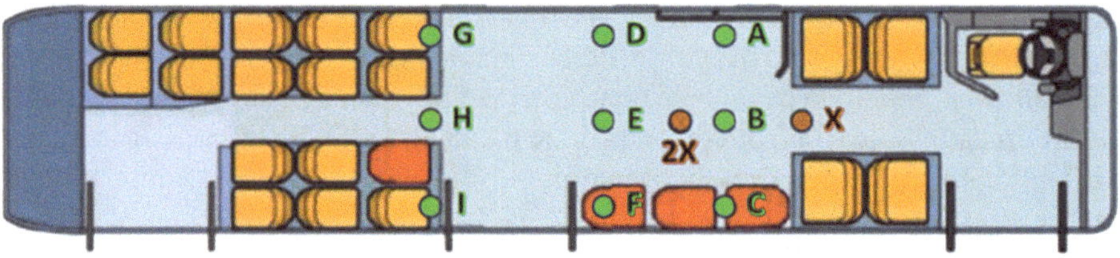

Figura 12.30 Punti di misura dei campi magnetici a bordo del veicolo prototipo IVECO Intercity Bus

per la densità del flusso del campo elettromagnetico pari a 6,25 μT, come indicato nella tabella 2 allegato 3 citata dalla direttiva 1999/519/CE.

Le misurazioni sono state effettuate con lo strumento Wavecontrol SMP2-5G dotato di sonda WP400 per la misura dei campi magnetici da 1 Hz a 400 kHz (Fig. 12.29).

Con la finalità di ottenere un quanto più ampio campione di casi studio si è deciso di operare variando le condizioni operative, pertanto i campi magnetici sono stati misurati in punti diversi nell'abitacolo del veicolo e assumendo tre differenti velocità di avanzamento. Inoltre, si adopera una media dei risultati ottenuti dall'esecuzione dei medesimi rilievi in condizioni di guida effettuata da diversi conducenti, al fine di ricavare risultanze il più obiettive possibile. In particolare, i punti analizzati sono quelli raffigurati in Fig. 12.30.

Per ogni punto, le misurazioni sono state effettuate a tre altezze diverse:

- al livello del pavimento dell'abitacolo del veicolo;
- a 95 cm dal pavimento del veicolo (corrispondente all'altezza del cuore per una persona seduta);
- a 170 cm dal pavimento del veicolo (corrispondente all'altezza della testa di una persona in piedi).

Le altezze per la misurazione del campo elettromagnetico sono state fissate in punti significativi per l'indagine degli effetti che il sistema DWPT può avere sull'utente del veicolo. Il primo punto, a livello del pavimento, è destinato ad identificare la quantità di campo elettromagnetico trasmesso in eccesso dall'apparato sorgente e non assorbito dall'apparato di ricezione lato veicolo.

Il secondo punto, fissato a un'altezza di 95 cm dal pavimento del veicolo, è utile per determinare l'estensione del campo elettromagnetico a cui può essere sottoposto il cuore di una persona portatrice di pacemaker, e quindi conoscere se le quantità rilevate possono portare a problemi funzionali per il dispositivo medico elettronico. Soprattutto, è interessante sapere se il valore registrato può interferire con il generatore di impulsi computerizzato, che è la fonte dei segnali elettrici che normalizzano l'alterazione del ritmo cardiaco, racchiuso nel contenitore metallico che è fissato nel torace del paziente e collegato al cuore da elettrocateteri per consentire la trasmissione del segnale.

Il terzo punto di misura, fissato ad un'altezza di 170 cm dal pavimento del veicolo, è destinato a misurare l'entità del campo elettromagnetico generato dal sistema DWPT che può raggiungere l'altezza del cervello di una persona adulta di media altezza.

I punti illustrati nella Fig. 12.30 sono stati scelti in base a posizioni specifiche delle bobine di ricezione, in particolare:

A. punto a destra della prima bobina di ricezione (nella zona disattivata);
B. punto sull'asse della prima bobina di ricezione;
C. punto a sinistra della prima bobina di ricezione;
D. punto a destra della seconda bobina di ricezione;
E. punto sull'asse della seconda bobina di ricezione;
F. punto a sinistra della seconda bobina di ricezione;
G. punto a destra del terzo ricevitore;
H. punto sull'asse della terza bobina del ricevitore;
I. punto a sinistra della terza bobina ricevitore;
X. punto che rappresenta il bordo esterno della bobina di ricezione;
2X. punto che si trova tra due bobine di ricezione.

Le prove eseguite sono state effettuate per ciascun punto illustrato in Fig. 12.30 e in relazione alle diverse velocità sostenute dal veicolo prototipo; in particolare, le velocità impostate hanno tenuto conto della velocità di esercizio dell'Iveco Intercity Bus nelle aree urbane: 15 km/h, 30 km/h e 50 km/h. Fissando questo protocollo di prova i risultati maggiormente sfavorevoli si ottengono al diminuire della distanza di intraferro, definita dalla distanza fisica tra le due bobine, e all'aumentare della velocità di spostamento del veicolo, poiché aumenta la probabilità di disallineamento tra le due bobine che comporta che parte dell'ampiezza del campo elettromagnetico prodotto non sia assorbito dal coil ricevente, di conseguenza il flusso emesso non assorbito si disperde nello spazio circostante. Si sceglie di presentare i risultati ottenuti con il veicolo prototipo IVECO Intercity Bus rispetto alla Fiat 500e City Car perché consente di ricavare analisi in condizioni maggiormente sfavorevoli; difatti, maggiore è il volume della batteria e della bobina ricevente, e maggiore è

Tabella 12.5 Valori della densità di flusso elettromagnetico a livello del pavimento dell'autobus alla velocità di 15 km/h

MAGNETIC FLUX DENSITY [μT]			
Measurement Point	Average Value	Maximum Value	Directive Limitation
A	1,237	2,581	6,25
B	0,8117	5,142	6,25
C	0,9588	3,491	6,25
D	0,6156	4,745	6,25
E	1,286	3,046	6,25
F	0,7461	3,82	6,25
G	0,3901	3,14	6,25
H	0,9332	1,286	6,25
I	0,9332	2,884	6,25
X	1,853	4,957	6,25
2X	2,308	6,178	6,25

Tabella 12.6 Valori della densità di flusso elettromagnetico a livello del pavimento dell'autobus alla velocità di 30 km/h

MAGNETIC FLUX DENSITY [μT]			
Measurement Point	Average Value	Maximum Value	Directive Limitation
A	0,6553	2,65	6,25
B	1,459	4,722	6,25
C	1,214	4,783	6,25
D	3,126	4,76	6,25
E	0,956	2,959	6,25
F	1,729	5,999	6,25
G	0,97	4,042	6,25
H	0,5946	1,696	6,25
I	1,323	4,131	6,25
X	2,809	6,127	6,25
2X	3,286	6,326	6,25

Tabella 12.7 Valori della densità di flusso elettromagnetico a livello del pavimento dell'autobus alla velocità di 50 km/h

MAGNETIC FLUX DENSITY [μT]			
Measurement Point	Average Value	Maximum Value	Directive Limitation
A	1,613	4,797	6,25
B	1,551	6,114	6,25
C	3,513	5,66	6,25
D	2,031	5,965	6,25
E	0,8752	2,543	6,25
F	1,613	5,225	6,25
G	0,9023	5,375	6,25
H	0,5106	1,273	6,25
I	1,805	5,81	6,25
X	2,891	6,196	6,25
2X	3,223	6,189	6,25

Figura 12.31 Misurazione del campo magnetico in caso di ricarica statica; a sinistra: a bordo del veicolo, a destra: al suolo

Tabella 12.8 Valori del campo magnetico in caso di ricarica statica

MAGNETIC FLUX DENSITY [μT]			
Measurement Point	Average Value	Maximum Value	Directive Limitation
On the ground	0,4172	0,5231	6,25
On board	0,2607	0,2790	6,25

l'aggressività del campo elettromagnetico instaurato tra gli apparati. Inoltre, si riportano i valori delle misure ottenute solo a livello pavimento, poiché restituisce la condizione di analisi maggiormente negativa.

Si ricava che il campo magnetico generato dal sistema DWPT consente di registrare valori medi nettamente inferiori al limite normativo; solo in corrispondenza dei punti critici di configurazione si registrano picchi prossimi, ma comunque inferiori, al limite normativo.

I valori del campo elettromagnetico sono stati misurati anche in caso di ricarica statica, sia a bordo che al suolo all'esterno del veicolo, come indicato in Fig. 12.31.

I valori misurati sono riportati nella Tab. 12.8. Anche in questo caso, i valori del campo magnetico sono ben al di sotto dei limiti normativi.

Si conclude con la misurazione del campo magnetico prodotto dal sistema DWPT in prossimità del veicolo in movimento. Questa analisi è stata eseguita con la finalità di rilevare l'entità della densità del campo magnetico per un pedone nelle vicinanze del bus in condizioni operative. L'impostazione di prova è illustrata in Fig. 12.32.

Le misurazioni effettuate rivelano valori del campo magnetico pari a 0,76 μT, al suolo, e 0,37 μT, all'altezza di 95 cm da terra; anche in questo caso la densità di flusso si dimostra di molto inferiore rispetto al valore massimo consentito dalla normativa in vigore.

Figura 12.32 Configurazione di prova per la misurazione del campo magnetico al suolo e a 95 cm da terra con condizione di veicolo in movimento; a sinistra: al livello della strada, a destra: a 95 cm di altezza

12.9 Monitoraggio della temperatura in fase di esercizio

La temperatura è uno dei parametri che influisce maggiormente sulle prestazioni delle infrastrutture elettriche e delle pavimentazioni stradali [13, 32–43]. Fin dalle prime fasi di sperimentazione, si è appurato che il funzionamento prolungato delle bobine provoca un aumento della temperatura sulla superficie stradale a causa del surriscaldamento dei dispositivi elettrici dovuto all’impulso di energia generato dallo stabilirsi del flusso elettromagnetico. L’intensità del surriscaldamento dipende essenzialmente da due fattori: frequenza di passaggio dei veicoli elettrici che utilizzano il sistema di ricarica e condizioni meteorologiche esterne.

Come è noto nella stagione invernale, soprattutto nell’Italia settentrionale, si verificano gelate. Il gelo è visibile nelle prime ore del mattino quando sorge il sole e si forma di notte quando il punto di rugiada è superiore alla temperatura superficiale, ma inferiore a 0 °C. Questo fenomeno è stato chiaramente osservato sulla superficie stradale del circuito in una delle prime mattine della stagione invernale (Fig. 12.33).

Mediante il rilievo della temperatura superficiale della pavimentazione è stato verificato che il corpo del coil elettromagnetico agisce come un elemento impermeabile che crea un fattore di discontinuità per la diffusione del gradiente termico della pavimentazione. Il monitoraggio della temperatura sulla pavimentazione stradale è stato effettuato con l’ausilio dello screening termico FLIR E54 EST, che

Figura 12.33 Fenomeno di gelo sulla pavimentazione del circuito. Fotografie scattata alle ore 7.00, mese di gennaio, temperatura esterna registra di −1 °C (secondo ciclo di pavimentazione)

Figura 12.34 Termocamera FLIR E54-EST utilizzato per rilevare la temperatura della superficie stradale durante le campagne di misurazione effettuate per la sperimentazione in loco

consiste in una termocamera a infrarossi con una deviazione di errore di 0,1 °C (Fig. 12.34).

Il monitoraggio della temperatura sulla superficie stradale è stato effettuato con registrazione di variazioni della temperatura esterna dell'aria da +1 °C a +9 °C durante il periodo dedicato alla campagna di rilievo termografico. Le misurazioni sono state effettuate sia con il sistema di ricarica induttivo spento che con il sistema in modalità operativa, adoperando il veicolo prototipo Fiat 500e. Le immagini di scansione termica di seguito riportate sono ottenute mediante elaborazione della scala termica rilevata e analizzata con il supporto del software Flir Thermal Studio. Ogni scansione termica sarà accompagnata dall'immagine originale del contesto scansionato e sarà correlata con una tabella che mostra i valori di temperatura marcati in punti significativi.

12.9.1 Monitoraggio della temperatura della pavimentazione per la ricarica statica

La campagna di prova è iniziata con la ricarica del veicolo Fiat 500e utilizzato per ricavare le temperature d'esercizio del sistema di carica induttivo DWPT sul circuito. Prima di iniziare la campagna di prova, il veicolo è stato ricaricato sulla stazione di ricarica induttiva statica dedicata, fino al raggiungimento del 30% della capacità totale della batteria del veicolo. La Fig. 12.35 mostra l'analisi termica della zona di ricarica induttiva in modalità statica prima dell'accensione del sistema di alimentazione elettrica del coil elettromagnetico. La pavimentazione subisce l'effetto del fenomeno di brinamento evidenziato dalla presenza della sagoma della bobina sulla superficie stradale. La scala termica dimostra che la temperatura stabilita nella sagoma della bobina è inferiore rispetto a quella della pavimentazione circostante a causa della presenza del dispositivo elettromagnetico che agisce come barriera per la diffusione e lo smaltimento del gradiente termico instaurato nello strato della pavimentazione della corsia sperimentale.

La differenza di temperatura rilevata sulla superficie stradale tra il profilo della bobina e la pavimentazione immediatamente circostante è di quasi 2 °C.

La Fig. 12.36 riporta l'effetto termico causato dal flusso elettromagnetico sulla pavimentazione stradale. La scala termica indica che la superficie stradale in corrispondenza del corpo della bobina (Sp2) è ad una temperatura superiore rispetto a quella della pavimentazione circostante (Sp1). Infatti, tra il valore di temperatura Sp1 e Sp2 si instaura un delta termico di 1,3 °C, ma soprattutto, è interessante valutare il delta termico sviluppato nella posizione degli stessi punti rispetto alla

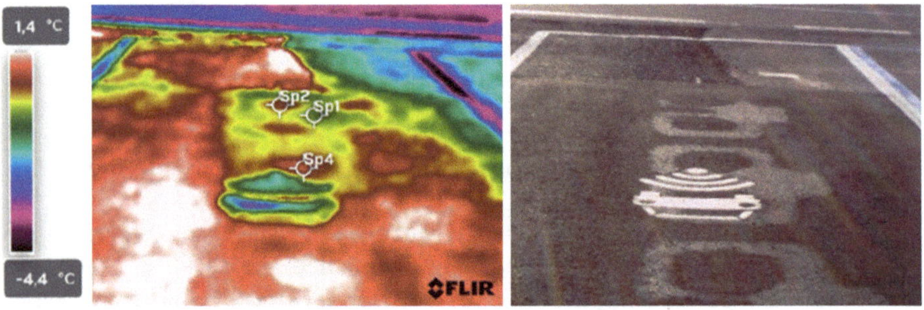

Figura 12.35 Scansione termica della pavimentazione nell'area di ricarica statica induttiva. Il sistema di alimentazione è acceso, ma il campo elettromagnetico non è ancora attivo, il veicolo non è allineato con il sistema di ricarica. Immagine ripresa alle ore 8.00, temperatura esterna di 2 °C

Tabella 12.9 Scansione termica relativa alla Fig. 12.35

THERMAL MEASUREMENTS		
Sp1	−0,8	°C
Sp2	0,7	°C
Sp4	0,9	°C

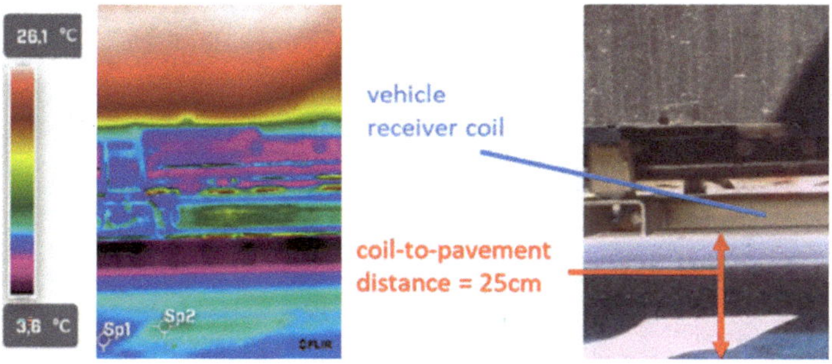

Figura 12.36 Scansione termica effettuata 10 minuti dopo l'accoppiamento tra bobina sorgente e bobina ricevente, campo elettromagnetico attivo da 10 minuti

Tabella 12.10 Scansione termica relativa a Fig. 12.36

THERMAL MEASUREMENTS		
Sp1	9,3	°C
Sp2	11,6	°C

scansione termica illustrata nella Fig. 12.36 dopo 10 minuti di alimentazione del sistema di ricarica WPT: il flusso elettromagnetico generato, provoca un aumento totale della temperatura in adiacenza alla struttura della bobina di 12,4 °C, mentre per la pavimentazione circostante il surriscaldamento diffuso è di 8,6 °C.

La Fig. 12.36 consente di visualizzare anche il profilo del prototipo sviluppato per la bobina ricevitore montata sotto il pianale del veicolo a 25 cm dalla superficie stradale. Considerando la distanza della bobina di ricezione dalla superficie stradale e aggiungendo la profondità d'installazione della bobina di ricezione rispetto alla superficie stradale, si ottiene che in totale le linee di flusso generate con il campo magnetico superano una distanza di intraferro pari a circa 35 cm.

12.9.2 Monitoraggio della temperatura della pavimentazione per la ricarica dinamica

La Fig. 12.37 mostra la scansione termica effettuata sulla pista in condizione di ricarica induttiva in modalità dinamica. In particolare, la scansione termica ha avuto lo scopo di registrare e quantificare il calore emesso dall'impulso elettromagnetico generato dalla bobina sorgente per lo stabilirsi del campo elettromagnetico necessario alla trasmissione di energia verso la bobina ricevente del veicolo. L'immagine è stata ottenuta con veicolo in moto a velocità costante di crociera di 20 km/h. Sebbene la ricarica avvenga per mezzo di emissione di impulsi della durata di una frazione di secondo, la potenza del campo elettromagnetico emesso dalla bobina sorgente produce calore che si diffonde sul piano della superficie stradale (Sp1), creando un delta termico con la pavimentazione circostante (Sp2) di 2 °C.

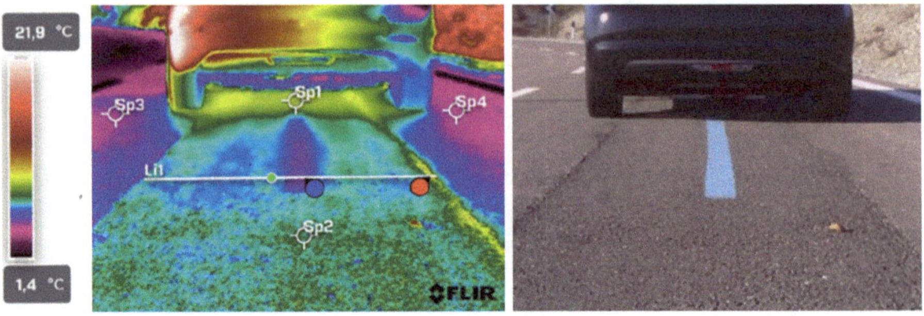

Figura 12.37 Scansione termica effettuata in condizioni di accoppiamento in modalità dinamica, sezione trasversale costruita con pavimentazione in HMA

Tabella 12.11 Scansione termica relativa alla Fig. 12.37

THERMAL MEASUREMENTS		
Li 1		
Max	9,7	°C
Avg	7,1	°C
Min	5,5	°C
Sp1	9,7	°C
Sp2	7,7	°C
Sp3	5,1	°C
Sp4	4,8	°C

Il circuito di tracciabilità GPS del sistema di ricarica DWPT riconosce l'avvicinamento del veicolo all'infrastruttura di ricarica e "informa" la bobina di sistema dell'imminente accoppiamento con la bobina del veicolo. L'informazione viene trasmessa anche in termini di velocità di movimento del veicolo, in modo da modulare l'arrivo del segnale secondo il tempo residuo di avvicinamento e allineamento del veicolo. In questo modo, il sistema DWPT monitora il funzionamento della bobina elettromagnetica e avvia un processo di emissione di impulsi che rispetta prematuramente la condizione di allineamento perfetto. In questo modo, il valore di picco emesso, in termini di densità di campo elettromagnetico, viene raggiunto esattamente nel momento in cui il veicolo transita in allineamento con l'infrastruttura di ricarica, consentendo al circuito elettrico di funzionare in perfetta risonanza e alla massima potenza erogabile.

La scansione termica illustrata in Fig. 12.37 permette di ricavare un'ulteriore osservazione: la discontinuità termica causata dalla vernice utilizzata per le marcature della segnaletica orizzontale. Infatti, pur trovandosi nella zona riscaldata dal funzionamento della bobina sorgente, in corrispondenza della segnaletica si riscontra il valore minimo di temperatura registrato (punto blu).

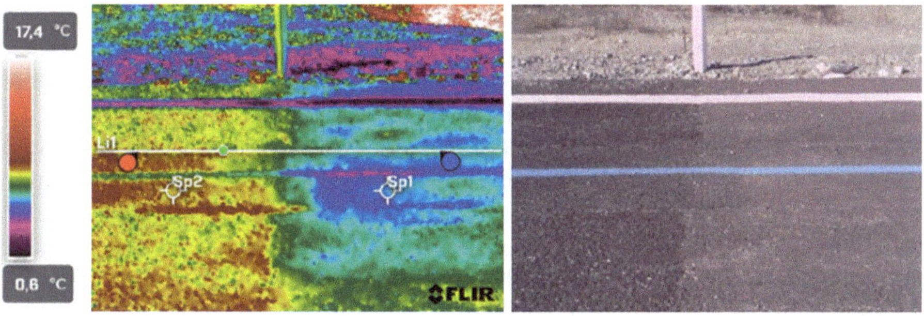

Figura 12.38 Scansione termica nel punto di giunzione tra usura drenante (a sinistra) e usura chiusa (a destra)

Tabella 12.12 Scansione termica relativa alla Fig. 12.38

THERMAL MEASUREMENTS		
Li 1		
Max	9,3	°C
Avg	7,2	°C
Min	4,9	°C
Sp1	5,7	°C
Sp2	8,2	°C

12.9.3 Monitoraggio della temperatura della pavimentazione per caratteristiche costruttive

Le fluttuazioni di temperatura registrate dipendono anche dalla tipologia di pavimentazione, ovvero dalla granulometria impiegata per il confezionamento della miscela del tappeto di usura, e dall'orientamento della pavimentazione rispetto alle radiazioni solari. La Fig. 12.38 illustra la fluttuazione termica registrata nel punto di giunzione tra i due diversi tipi di pavimentazione superficiale utilizzati lungo il percorso del circuito. A sinistra si osserva la scansione termica del tappeto di usura drenante, a destra il rilievo termico dello strato di usura realizzato con miscela di tipo chiuso. Si osserva che al diminuire del numero di vuoti d'aria, diminuisce anche la capacità di trasferimento della temperatura immagazzinata dalla pavimentazione, comportando l'instaurarsi di temperature inferiori e una minore capacità di scambio termico.

12.10 Conclusioni

Lo studio multidisciplinare e sperimentale svolto nel circuito Arena del Futuro ha dimostrato che il sistema di ricarica DWPT è efficace e può garantire il funzionamento dei veicoli elettrici eliminando la necessità di soste per la ricarica. Oltre alla misurazione delle prestazioni di trasmissione dell'energia elettrica e la caratterizzazione meccanica della sovrastruttura stradale, l'attività di ricerca condotta in loco ha permesso, in primo luogo, di accertare che il campo elettromagnetico generato dal funzionamento del sistema DWPT non compromette la sicurezza e la salute sia dei lavoratori coinvolti nell'attività di ricerca sul campo sperimentale, sia dei potenziali futuri utenti della strada. Infatti, le misure effettuate hanno dimostrato che la densità del campo elettromagnetico generato è trascurabile rispetto al limite massimo stabilito dalla normativa di settore. La pavimentazione stradale svolge un ruolo chiave nell'ottimizzazione e nella sostenibilità del sistema DWPT. Ulteriori e nuove analisi saranno sviluppate in esperimenti futuri. In primis, si procederà ricavando indici di sostenibilità ambientale in relazione all'evoluzione dei parametri di valutazione del ciclo di vita del sistema (Life Cycle Assessment – LCA). Con i risultati ottenuti dalle analisi LCA sarà possibile stimare la reale eco-sostenibilità e redditività economica della tecnologia DWPT rispetto al tradizionale metodo di ricarica plug-in ed ottimizzare le proposte per lo sviluppo dell'ERS.

Riferimenti bibliografici

1. Commissione Europea (2019) Comunicazione della commissione al parlamento europeo, al consiglio, al comitato economico e sociale europeo e al comitato delle regioni COM(2019) 640 final. Bruxelles
2. United Nations Transforming our world: the 2030 agenda for sustainable development. https://sdgs.un.org/2030agenda
3. Wirasingha SGEA (2011) Classification and review of control strategies for plug-in hybrid electric vehicles. IEEE Trans Veh Technol 60(1):111–122. https://doi.org/10.1109/TVT.2010.2090178
4. Quinn C, Zimmerle D, Bradley TH (2012) An evaluation of state-of-charge limitations and actuation signal energy content on plug-in hybrid electric vehicle, vehicle-to-grid reliability, and economics. IEEE Trans Smart Grid 3(1):483–491. https://doi.org/10.1109/TSG.2011.2168429
5. Enel Energia – Istituto di Ricerca Enel Auto elettrica vs benzina o diesel: quanto costa il carburante? Marzo 2025. https://www.enel.it/it-it/blog/guide/confronto-prezzi-carburante
6. Rauh N, Franke T, Krems JF (2014) Understanding the impact of electric vehicle driving experience on range anxiety. Hum Factors. https://doi.org/10.1177/0018720814546372
7. Kesler M, Kisacikoglu MC, Tolbert LM (2014) Vehicle-to-grid reactive power operation using plug-in electric vehicle bidirectional offboard charger. IEEE Xplore Transcìactions Ind Electron 61(12):6778–6784. https://doi.org/10.1109/TIE.2014.2314065
8. Society of Automative Engineers International, SAE (2023) Sustainable mobility solution. SAE International
9. Håkan S, Gustavsson MGH, Tongur S (2016) The maturity of electric road systems. 2016 International Conference on Electrical Systems for Aircraft, Railway, Ship Propulsion and Road Vehicles & International Transportation Electrification Conference (ESARS-ITEC). https://doi.org/10.1109/ESARS-ITEC.2016.7841380
10. Andersson P (2022) Regulating Electric Road Systems in Europe – How can a deployment of ERS be facilitated? CollERS2-Swedish German research collaboration on Electric Road Systems, Swedish
11. Martin GGH (2021) Key Messages on Electric Roads – Executive Summary from the CollERS Project. CollERS

12. Mohd KF (2022) A comprehensive review on advanced charging topologies and methodologies for electric vehicle battery. J Energy Storage. https://doi.org/10.1016/j.est.2022.105084
13. Bateman D et al (2018) Electric road systems: a solution for the future. Transport Research Laboratory (TRL)
14. Tongur SEM (2014) The business model dilemma of technology shifts, Preparing for takeoff: Analyzing the development of electric road systems from a business model perspective. Technovation 34(9):525–535
15. Hassalgren B, Widegren F (2020) Rethinkning transport – towards clean and inclusve mobility. Proceedings of 8th Transport Research Arena TRA 2020 Rethinking transport – towards clean and inclusive mobility, Helsinki, 27–30 April 2020, pp 1–8
16. Key Messages on Electric Roads – Executive Summary from the CollERS Project. Proposal for a regulation of the European Parliament and of the Council on the deployment of alternative fuels infrastructure, and repealing Directive 2014/94/EU of the European Parliament and of the Council. European Commission, 2021.
17. Scania Towards a 'zero impact' eHighway, 2017 September 2018. https://www.scania.com/group/en/home/newsroom/news/2018/towards-a-zero-impact-ehighway.html (Consultato il giorno 2025)
18. Siemens (2016) Dynamic Charging Infrastructure. https://www.mobility.siemens.com/global/en/portfolio/road/ehighway.html
19. Berlin D, Engwall M (2018) Organizing ERS Projects: Implications for Demonstrations and Deployments: A Comparative Stakeholder Analysis of the Swedish ERS-Projects eRoadArlanda and eHighway E16. Digitala Vetenskapliga Arkivet-Swedish Energy Agency. ISBN 978-91-7729-845-8.
20. Shoman WK (2022) Benefits of an electric road system for battery electric vehicles. World Electr Veh J 13:197. https://doi.org/10.3390/wevj13110197
21. (PIARC) – World Road Association (2023) Electric road systems – A road to net zero. PIARC
22. Vartika (2018) World's first electrified road for charging vehicles. https://www.cleanfuture.co.in/2018/04/14/worlds-first-electrified-road-for-charging-vehicles/
23. Feynman R, Leighton RB, Sands M (2007) La Fisica di Feynman. Elettromagnetismo e materia vol II. Zanichelli, Bologna
24. Kaist – Korean, OLEV Safety Confirmed by International Standards, September 2010. https://www.kaist.ac.kr/newsen/html/news (Consultato il giorno 2024)
25. Kennedy S (2019) Electric buses charge up quickly using new wireless systems. Yale Climate Connections
26. HD Motori, Qualcomm: Formula E e Qualcomm Halo per la ricarica a induzione, September 2013. https://www.hdmotori.it/2013/09/12/qualcomm-la-ricarica-induzione-foto-video/ (Consultato il giorno 2024)
27. Mohammed SAQ, Jung JW (2021) A comprehensive state-of-the-Art review of wired/wireless charging technologies for battery electric vehicles: classification/common topologies/future research issues. Institute of Electrical and Electronic Engineers, pp 19572–19585 https://doi.org/10.1109/ACCESS.2021.3055027
28. Olovsson J, Taljegard M, Von Bonin M, Gerhardt N, Johnsson F (2021) Impacts of electric road systems on the German and Swedish electricity systems – an energy system model comparison. Front Energy Res. https://doi.org/10.3389/fenrg.2021.631200
29. ElectReon (2023) Wireless charging anywhere is here, ElectReon. https://electreon.com/technology
30. Simeone R, Montepara A (2023) Reducing CO2 emissions in transportation systems: technologies for electric vehicles powering. Transp Res Procedia 74:1094–1101
31. Borgaonkar R, Tøndel IA, Degefa MZ, Jaatun MG (2021) Improving smart grid security through 5G enabled IoT and edge computing. Concurr Comput Pract Exp. https://doi.org/10.1002/cpe.6466

32. Lu Y, Wright P, Zhou Y (2009) Effect of temperature and temperature gradient on asphalt pavement response. Road Transport Res A J Aust N Z Res Pract 18(1):19–30
33. Adwan I, Milan A, Memon ZA, Widyatmoko I, Zanuri NA, Memon NA, Yusoff NIM (2021) Asphalt pavement temperature prediction models: a review. Appl Sci Civ Eng 11(9):3794
34. Yinfei D, Jiaqi C, Zheng H, Weizheng L (2018) A review on solutions for improving rutting resistance of asphalt pavement and test methods. Constr Build Mater 168:893–905
35. Carley S, Krause RM, Lane BW, Graham JD (2013) Intent to purchase a plug-in electric vehicle: A survey of early impressions in large US cites. Transp Res Part D: Transp Environ 18:39–45. https://doi.org/10.1016/j.trd.2012.09.007
36. Williams A (2020) Own A piece of EV history with this 1976 citicar electric car. https://www.motorious.com/articles/handpicked/1976-citicar/
37. IEC 61980, Electric Vehicle Wireless Power Transfer (WPT) Systems.
38. Seos – project, thermal radiation. https://seos-project.eu/earthspectra/earthspectra-c02-p12.html
39. Poyser A (1892) Magnetism and electricity: a manual for students in advanced classes. Longmans, Green, London New York, p 285
40. Li S, Mi CC (2015) Wireless power transfer for electric vehicle applications. IEEE J Emerg Sel Topics Power Electron 1(23):4–17. https://doi.org/10.1109/JESTPE.2014.2319453
41. Commission of the European communities (1998) Council recommendation on the limitation of exposure of the general public to electromagnetic fields o HZ-300 GHz. Brussels
42. Fernandez-Gomez WD, Rondon Quintana HA, Daza CE, Reyes Lizcano FA (2014) The effects of environmental aging on Colombian asphalts. Fuel 115:321–328
43. Fernandez-Gomez WD, Rondon H, Reyes F (2013) A review of asphalt and asphalt mixture aging. Ingenieria Investig 33(1):5–12

Capitolo 13
La gestione informativa digitale delle Smart Road

Abstract Le Smart Road sono il risultato di un processo di adeguamento tecnologico che si fonda su metodologie di gestione e verifica dei dati di progetto, costruzione ed esercizio ispirate ai principi del Building Information Modeling (BIM).

Il supporto del BIM è necessario per configurare un contenitore di gestione dei dati topografici, delle nuvole di punti e dei rilievi laser scanner per l'acquisizione intensiva. Tutte le informazioni elaborate in formati non necessariamente interconnessi devono essere omogeneizzate nei contenuti e nell'architettura informatica. I dati sono poi rielaborati per la generazione del modello della strada costituito da una successione di superfici.

In questo capitolo sono sintetizzati i principi che regolano la digitalizzazione BIM delle opere stradali. In particolare, sono di seguito descritti i flussi informativi fondamentali, le modalità di gestione dei dati, le specificità dei modelli InfraBIM, l'interoperabilità delle applicazioni, i formati dei file e una piattaforma web per il facility management di una Smart Road.

13.1 Alcune definizioni

Ambiente di Condivisione dei Dati (ACDat): fonte informativa concordata relativa ad un asset per raccogliere, gestire e inoltrare ciascun contenitore informativo.

Building Information Modeling (BIM): metodi e strumenti di gestione informativa digitale delle costruzioni.

Industry Foundation Classes (IFC): schema concettuale dei dati e formato di file di scambio per i dati del Building Information Modeling (BIM).

Infrastruttura: insieme di cespiti immobili, correlati o interagenti, necessari per la gestione e l'esercizio di un'organizzazione; il termine infrastruttura è inteso a coprire gli asset civili ed escludere i building [1].

F. Autelitano et al., *Le SMART ROAD - Stato dell'arte e scenari futuri*,
https://doi.org/10.1007/978-3-031-96144-1_13

InfraBIM: gestione informativa digitale delle infrastrutture, o anche "Heavy-BIM" e "Horizontal-BIM" per distinguerlo dal BIM per opere puntuali a prevalente sviluppo verticale tipiche del settore edile [2].

Level of information need (LOIN): quadro di riferimento che riguarda l'estensione e la granularità dell'informazione.

Sistema Informativo Geografico (GIS): sistema che, in accordo ai fenomeni associati al posizionamento rispetto alla terra, crea, gestisce, analizza e mappa tutti i tipi di dati spaziali.

13.2 Flussi informativi

Le Smart Road sono infrastrutture per le quali è compiuto un processo di trasformazione digitale nel quadro della creazione di un ecosistema tecnologico favorevole all'interoperabilità tra strade e veicoli di nuova generazione.

Il Digital Twin (DT) di una Smart Road è una virtualizzazione dell'infrastruttura stradale utile per monitorare le prestazioni, identificare le interferenze e selezionare gli eventuali interventi.

Il DT consiste pertanto in un insieme di dati fisici e/o virtuali estratti da fonti di diversa natura. Le informazioni sono scambiate in tempo reale, tra DT e Smart Road, al fine di restituire le condizioni di quest'ultima per intervenire sul suo funzionamento.

In tutte le fasi del ciclo di vita della Smart Road i progettisti, gli enti gestori e gli operatori della manutenzione si interfacciano per garantire la correttezza dei flussi e quindi l'integrazione delle informazioni all'interno degli ambienti di condivisione dati (ACDat).

Nel comparto delle infrastrutture stradali intervengono attori, anche molto diversi tra loro, e ciò richiede di fatto la coesistenza di numerosi ACDat. A tale scopo, gli ambienti devono essere interoperabili consentendo il trasferimento dei dati in formati non proprietari e senza perdita di contenuto informativo.

La pianificazione degli usi dei modelli disciplinari, in funzione degli obiettivi strategici di fase, è imprescindibile per le dimensioni delle opere e per la settorialità delle discipline interessate nel corso della vita utile di una strada.

13.3 La gestione dei dati

La prima fase consiste nella messa a punto di una *strategia* completa, fondata su una serie di principi e requisiti tecnici generali, che sia utile per codificare il flusso dei dati.

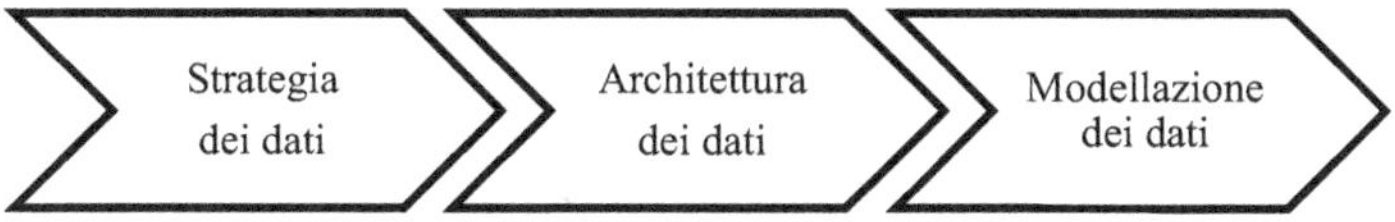

Figura 13.1 Fasi della produzione di un modello dati [1]

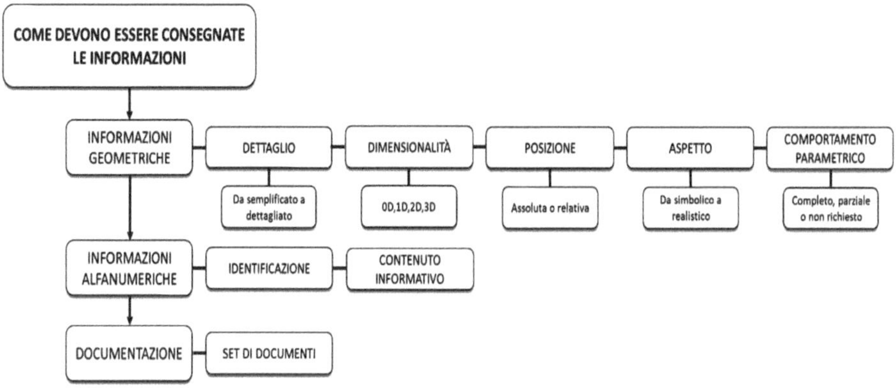

Figura 13.2 Livello di fabbisogno informativo [3]

Successivamente si definisce l'*architettura* ovvero la schematizzazione del ciclo di vita che, a partire riferimenti generali, si traduce nel flusso digitale per la gestione dei dati.

La fase finale consiste nella costruzione di un *modello* di database sviluppato in formati aperti; questo permette a tutte le parti interessate di creare e scambiare informazioni coerenti durante l'intero ciclo di vita (Fig. 13.1).

Una volta analizzati i processi interessati dall'adozione dei metodi di gestione informativa digitale, e organizzati gli obiettivi di fase, devono essere definiti anche gli usi minimi dei modelli che sono necessari per il raggiungimento degli obiettivi medesimi. Tali usi concorrono alla determinazione dei LOIN (livelli di abbisogno informativo) necessari per ogni fase, disciplina, parte e categoria di oggetti. I LOIN sono funzionali agli obiettivi di fase del processo e agli usi dei modelli informativi (Fig. 13.2).

13.4 Modellazione di una Smart Road

Gli usi dei modelli disciplinari, in funzione degli obiettivi strategici, devono essere regolati per identificare le informazioni, geometriche ed alfanumeriche, indispensabili in ogni fase del ciclo di vita di una Smart Road (Fig. 13.3).

I modelli BIM, a differenza dei disegni CAD, sono caratterizzati da una struttura semantica del dato articolata gerarchicamente in classi, e sottoclassi, ad esse sono poi associate le proprietà e i metodi. Un modello BIM intrinsecamente coerente si

Simbolico	Generico	Definito	Dettagliato	Specifico	Eseguito	Aggiornato
Geometria Tracciato planimetrico base (2D).	**Geometria** Tracciato planimetrico comprensivo di curve di transizione. Tracciato altimetrico comprensivo di raccordi verticali.	**Geometria** Tracciato plano-altimetrico completo.	**Geometria** Modello stradale a superfici, costruito sull'asse 3D.	**Geometria** Modello stradale completo a superfici, costruito sull'asse 3D.	**Geometria** Come LOD E, rilievo di quanto eseguito.	**Geometria** Nuovi interventi: Come LOD F (con aggiornamenti). Manutenzione e gestione su tracciati esistenti: Come LOD C o LOD D (a partire da).
Oggetto Asse 2D.	**Oggetto** Asse 2D nel piano orizzontale. Asse 2D nel piano verticale.	**Oggetto** Asse 3D.	**Oggetto** Asse 3D. Superfici 3D.	**Oggetto** Assi 3D. Superfici 3D.	**Oggetto** Assi 3D. Superfici 3D.	**Oggetto** Assi 3D. Superfici 3D.
Caratteristiche • Lunghezza rettifili • Raggi curve circolari	**Caratteristiche** • Parametri clotoidi • Livellette • Raccordi verticali • Categoria stradale	**Caratteristiche**	**Caratteristiche** • Sezione trasversale da categoria stradale • Rotazione dei cigli • Allargamenti in curva	**Caratteristiche** • Sezione tipo • Pendenza scarpate • Smaltimento acque di piattaforma • Volumi di materiale	**Caratteristiche** • Certificazioni di prodotto • Certificati di omologazione • Informazioni su terre e rocce da scavo • Esiti prove in situ • Esiti prove in laboratorio	**Caratteristiche** • Data di ultima manutenzione • Soggetto manutentore • Tipologia di intervento • Esiti rilievi

Figura 13.3 Esempio di LOIN per infrastrutture viarie

fonda pertanto su di una struttura spaziale destinata all'organizzazione degli oggetti fisici, e non, che costituiscono il modello stesso. La struttura spaziale riflette digitalmente le logiche di funzionamento dell'asset da virtualizzare e gli usi per cui il modello viene creato. Lo schema concettuale IFC consiste in un albero, in cui i nodi e le foglie del modello BIM sono rappresentativi delle componenti fisiche della strada [4].

Le attività di modellazione di una Smart Road, a prescindere dal software adoperato, possono essere sintetizzate come segue:

1. generazione del modello del terreno da rilievo topografico ovvero da cartografie digitali; l'obiettivo principale di tale fase consiste nella modellazione del contesto e dei vincoli esistenti;
2. digitalizzazione geometrico-informativa della Smart Road in funzione del software di implementazione; si possono suddividere due macroaree di modellazione, quella legata agli aspetti geometrici e quella legata ai contenuti informativi; le due attività non sono eseguite in successione ma afferiscono all'uno o l'altro ambito e si intrecciano nel corso della realizzazione del modello;
3. digitalizzazione delle opere accessorie e integrazione delle stesse con il modello principale dell'infrastruttura; l'attività può essere gestita importando i modelli BIM delle opere accessorie, in formato aperto, all'interno del software di implementazione per ottimizzare il processo e favorire l'aggiornamento di tutti i parametri del modello principale;
4. esportazione dei modelli nel formato IFC richiesto; se il software lo consente è inoltre possibile generare una mappatura specifica, assegnando ad ogni elemento presente nel modello, la classe IFC come da specifiche informative richieste [4].

13.5 Modelli ibridi

I sistemi informativi geografici (GIS) e le tecnologie geospaziali stanno emergendo come strumenti indispensabili per gestire e analizzare dati su larga scala. Tuttavia, tali sistemi non garantiscono il livello di dettaglio necessario per gestire le grandi infrastrutture, risultato che si può ottenere invece con l'impiego del BIM. L'integrazione dei modelli BIM e dei sistemi GIS consente pertanto di sfruttare le potenzialità di entrambi gli approcci per gestire contestualmente dati infrastrutturali e territoriali all'interno di un unico contenitore digitale [5]. L'approccio integrato facilita tutti processi decisionali che si attivano nel ciclo vita di Smart Road.

I sistemi GIS e i modelli BIM possono essere utilizzati in modalità congiunta per correlare dati differenti utilizzando la localizzazione geografica quale elemento di correlazione principale.

I database topografici (DBT) possono essere alimentati da modelli BIM e integrati in ambiente GIS, ciò favorisce l'aggiornamento continuo e la coerenza di entrambi i sistemi [6] in un unico Digital Twin ibrido BIM-GIS.

Il contenitore digitale così configurato è un integratore di fonti informative anche molto diverse: sensori IoT, rilievi in campo, dati satellitari, ecc.

L'interoperabilità è garantita dall'utilizzo di dati geografici in formati aperti OGC (Open Geospatial Consortium), le informazioni sono munite di metadati correttamente geolocalizzati nel sistema di riferimento ufficiale. I metadati, redatti ai sensi dello standard internazionale ISO, possono essere estratti dal Repertorio Nazionale dei Dati Territoriali (RNDT) che è stato realizzato in attuazione della Direttiva Europea Inspire [7].

Come è noto, all'interno di una piattaforma GIS possono essere visualizzati su mappa rilievi sul campo, documenti, grafici, fotografie e immagini geolocalizzate. I file GIS sono prevalentemente vettoriali o raster, i primi sono rappresentativi di punti, linee o poligoni e restituiscono la geometria degli elementi da modellare; i secondi sono, invece, immagini composte da pixel organizzati in griglie e sono utili per archiviare dati satellitari.

I formati normalmente utilizzati per l'interscambio sono: Shapefile, KML, GeoJSON, Geopackage, IFC, CityGML, LandInfra. In particolare, il formato file aperto IFC, basato su oggetti, può essere gestito efficacemente da software cartografici con flussi informativi bidirezionali BIM-GIS; infine, l'ottimizzazione della georeferenziazione dei modelli BIM si consegue operando nel sistema di riferimento proprio della banca dati EPSG (European Petroleum Survey Group).

L'utilizzazione dei database GIS con modelli BIM garantisce un notevole salto di qualità nella gestione dei processi di funzionamento delle Smart Road. L'integrazione BIM-GIS consente di ottimizzare la visualizzazione di dettaglio delle singole parti d'opera senza perdere la visione d'insieme dell'infrastruttura e l'interazione di quest'ultima con l'ambiente circostante.

Tuttavia, ci sono ancora alcune sfide, come l'interoperabilità tra le applicazioni o la visualizzazione di un set di dati.

I sistemi GIS sono cartografie digitali utili per rappresentazioni di area vasta mediante geometrie elementari base (punto, linea e poligono) collegate a database alfanumerici. L'aspetto delle informazioni geometriche di tali oggetti bidimensionali è tuttavia puramente simbolica. Le applicazioni commerciali più avanzate, come ad esempio ArcGIS®, QGIS® o GRASS GIS®, sono in grado di trattare geometrie tridimensionali semplici (piramidi o poliedri) ma necessitano di applicazioni esterne per aggiungere specifici dettagli necessari per una rappresentazione realistica degli oggetti. Da tale circostanza nasce l'esigenza di integrare i sistemi informativi geografici con le nuove tecnologie BIM che sono indispensabili per modellare informazioni geometriche ricche di dettagli [8].

13.5.1 Interoperabilità delle applicazioni

Ad oggi le tecnologie BIM e GIS sono sufficientemente interoperabili rispetto ai contenuti informativi geometrici ma non dal punto di vista dei contenuti informativi di natura semantica [9].

Al giorno d'oggi, gli strumenti BIM commerciali come InfraWorks® o Civil 3D® nelle loro versioni più recenti sono in grado di interoperare con le applicazioni GIS come ArcGIS®.

Tuttavia, le attività di facility management (FM) per una Smart Road richiedono l'utilizzo di numerosi software, nonché la parametrizzazione dei singoli elementi che compongono l'asset e delle informazioni ad essi associate. Inoltre, tali applicazioni specialistiche, utili nelle fasi realizzative delle opere, non sono di altrettanto agevole impiego in fase di gestione.

Pertanto, al fine di standardizzare i processi gestionali è necessario sviluppare un flusso di lavoro con strumenti e database di impiego diffuso. La soluzione chiave per l'interoperabilità bidirezionale tra software BIM e GIS risiede nelle operazioni di georeferenziazione.

Qualsiasi oggetto GIS di base in formato vettoriale è già georeferenziato e le informazioni non geometriche associate possono essere gestite utilizzando database esterni in formato testo o di fogli di calcolo. Il problema da risolvere consiste nella georeferenziazione degli oggetti BIM cui sono associati dati parametrizzati trasferiti con continuità dall'esterno mediante flussi informativi di varia natura.

13.5.2 Formati dei file

Le informazioni sono archiviate in database relazionali, generalmente in file XLSX, CSV, XML o Structured Query Language (SQL), tutti compatibili con gli strumenti GIS e con gli Shapefile vettoriali.

Questo formato è a sua volta compatibile con i formati CAD (Computer Aided Design), questi ultimi a loro volta compatibili con i formati BIM.

La compatibilità tra formati GIS e BIM è invece molto più limitata; infatti, anche se il file CAD conserva il dato relativo alla georeferenziazione, lo stesso non è utile perché nel processo di importazione/esportazione tra GIS e CAD si trasferisce solo la geometria degli oggetti ma non le informazioni contenute nei metadati.

L'utilizzo dei formati aperti IFC e CityGML determina un'inevitabile perdita di contenuti informativi che si rivela particolarmente pronunciata proprio nella modellazione delle infrastrutture lineari [10]. Le principali applicazioni commerciali supportano l'importazione e l'esportazione in diversi formati, le applicazioni GIS più avanzate sono abilitate al caricamento e alla gestione di file in formati BIM come ad esempio RVT. Nella esportazione da GIS a BIM è necessaria invece una lavorazione intermedia basata sulla programmazione ad oggetti. In definitiva l'interoperabilità tra le applicazioni, e la compatibilità tra i formati, ha raggiunto un livello di maturità sufficiente.

13.5.3 Flusso di lavoro

Il FM delle opere stradali si fonda solitamente sul trattamento di indicatori globali e specifici. Di seguito sono descritte le fasi del flusso di lavoro per la creazione di un modello ibrido BIM-GIS, dal rilievo dei dati (Tab. 13.1) fino alla creazione di una piattaforma intelligente per la gestione di una Smart Road.

L'interazione in tempo reale tra la piattaforma e le informazioni provenienti dall'esterno che alimentano il modello digitale è il primo passo da compiere per la costruzione di un DT (Fig. 13.4). Gli sviluppi delle ricerche sono rivolti prevalentemente alla messa a punto dei processi inversi che consentiranno di intervenire sulle infrastrutture a partire dal modello digitale [11]. La comunicazione tra questi modelli è bidirezionale. In questo studio è stato seguito il percorso indicato dalla linea tratteggiata rossa.

Tabella 13.1 Dati di input, formato file e relativa geometria in GIS

Dati di input	File	Formato
Cartografie	SHP/DWG	Linee
Tracciati stradali	SHP	Linee
Denominazione strada	KMZ	Testi
Dati di traffico in tempo reale	XML	Testi
Telecamere (traffico)	SHP/XML/KMZ	Punti
Pannelli a messaggio variabile	SHP/XML	Punti
Segnaletica verticale	SHP/CSV	Punti
Segnaletica orizzontale	DWG	Linee
Modello digitale del terreno	ASC	Raster
Contesto edificato	SLPK	Poliedri
Normativa tecnica	PDF	Raster
Fermate autobus	SHP	Linee

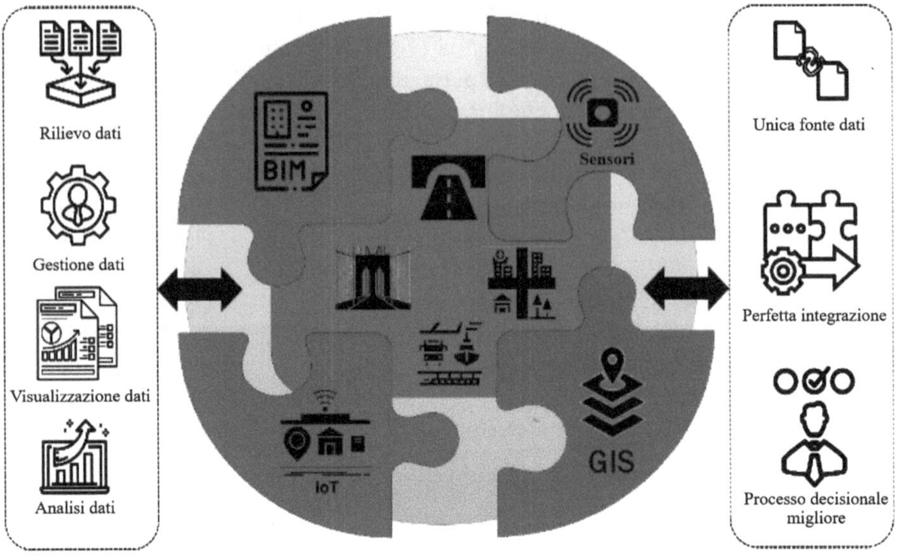

Figura 13.4 Schema di modello ibrido BIM-GIS [11]

13.5.4 Creazione del database

I dati possono essere organizzati utilizzando fogli di calcolo XLSX, o in altri formati e, successivamente, trasferiti in un linguaggio standardizzato come ad esempio SQL. Per ciascun elemento (ad esempio segnaletica verticale, impianti semaforici, pavimentazione, ecc.) è stato creato uno specifico database.

Gli oggetti, implementati sotto forma di punti o linee, e i relativi contenuti informativi sono univocamente identificabili mediante ID negli ambienti BIM e GIS, e nelle banche dati [8].

Il database è strutturato in due parti, la prima relativa all'infrastruttura (Tab. 13.2) e la seconda relativa alle attrezzature (Tab. 13.3). I contenuti informativi sono correlati mediante codice univoco ID.

Il codice ID ha due funzioni primarie, ovvero identificare in modo univoco ciascun elemento e mettere in relazione l'elemento medesimo ai database. In questo modo si evitano duplicazioni di informazioni ottimizzando così il FM.

I dati FM non devono essere importati nei modelli BIM e GIS per evitare di appesantire i tempi di elaborazione. Tutte le informazioni FM non rilevanti per la geometria del modello, o per l'identificazione di ciascun oggetto, come le date, i report di manutenzione e di ispezione, ecc. aumenterebbero notevolmente le dimensioni del modello digitale.

Al crescere delle dimensioni dei file aumentano le risorse hardware da impegnare per il suo funzionamento. Pertanto, al fine di ottimizzare la gestione dei dati e la visualizzazione del modello, le informazioni associate sono accessibili dalla piattaforma web e non dalle applicazioni BIM o GIS.

Tabella 13.2 Infrastruttura

0.0. Gestione della rete stradale	
0.1. Catasto stradale	
1.0. Strada	
1.1. Carreggiata	1.1. assi
	1.2. piattaforma
2.0. Opere d'arte	
2.1. Gallerie	2.1.0. report
	2.1.1. calotte
	2.1.2. muri
	2.1.3. fondazioni
	2.1.4. coperture
2.2. Ponti	2.2.0. report
	2.2.1. impalcati
	2.2.2. pile
	2.2.3. fondazioni
	2.2.4. parapetti
	2.2.5. spalle
	2.2.6. cuscinetti
2.3. Passerelle pedonali	2.3.0. report
	2.3.1. impalcati
	2.3.2. pile
	2.3.3. fondazioni
	2.3.4. ringhiere
	2.3.5. spalle
	2.3.6. cuscinetti
2.4. Muri	2.4.0. report
2.5. Sistemi di drenaggio	2.5.0. report
3.0. Sovrastruttura	
3.1. Pavimentazione	3.1.1. tipologia pavimentazione
3.2. Marciapiede	3.2.1. tipologia marciapiede
3.3. Cordolo	3.3.1. tipologia cordolo
3.4. Barriere	3.4.1. tipologia barriere

13.5.5 Modellazione oggetti

I sistemi di riferimento dei layers GIS di provenienza devono essere armonizzati mediante proiezione nel sistema europeo ETRS89. I database di tutti gli oggetti devono essere inoltre corredati di coordinate UTM (Universal Transverse Mercator) per renderli compatibili con i modelli BIM nello spazio XYZ. Per generare l'elevazione degli oggetti (coordinata Z) si possono utilizzare gli strumenti specifici di geoprocessing secondo il flusso di lavoro illustrato nella Fig. 13.5.

Tutti i componenti della piattaforma possono essere modellati utilizzando le famiglie di Autodesk Revit®. Ad esempio, per realizzare il DT dell'autostrada M-30

Tabella 13.3 Attrezzature

0.0. Gestione della rete stradale	
0.2. Attrezzature stradali	
4.0. Impianti	
4.1. Illuminazione	4.1.0. relazione
	4.1.0. tipologia impianto
4.2. Ventilazione	4.2.0. report condizioni impianto
	4.2.1. tipologia estrattore fumi
4.3. Antincendio	4.3.0. report condizioni impianto
	4.3.1. impianti antincendio
4.4. Drenaggio	4.4.0. report condizioni impianto
	4.4.1. impianti drenaggio
5.0. Segnaletica stradale	
5.1. segnaletica verticale	5.1.0. tipologia segnale
	5.1.0. istruzioni operatve
5.2. segnaletica orizzontale	5.2.0. tipologia
	5.2.0. istruzioni operative
5.3. segnali di traffico	5.3.0. tipologia segnali di traffic
	5.3.1. istruzioni operative
5.4. pannelli informativi	5.4.0. report condizioni impianto
	5.4.1. tipologia
5.5. semafori	5.5.0. report condizioni impianto
	5.5.1. tipologia
6.0. Gestione del traffic	
6.1. Sistemi di conteggio	6.1.0. report condizioni impianto
	6.1.1. contatori di traffic
6.2. videosorveglianza	6.2.0. report condizioni impianto
	6.2.1. telecamere
6.3. autovelox	6.3.0. report condizioni impianto
	6.3.1. telecamere di controllo
6.4. SOS	6.4.0. report condizioni impianto
	6.4.1. telefono di emergenza
6.5. Uscite di emergenza	6.5.0. report
	6.5.1. tipologia uscite di emergenza
7.0. Tutela ambientale	
7.1. emissione Gas	7.1.0. report condizioni impianto
	7.1.1. sensore gas
7.2. rumore	7.2.0. report condizioni impianto
	7.2.1. sensore rumore
7.3. misure ambientali	7.3.0. report condizioni impianto
	7.3.1. sensori parametri ambientali

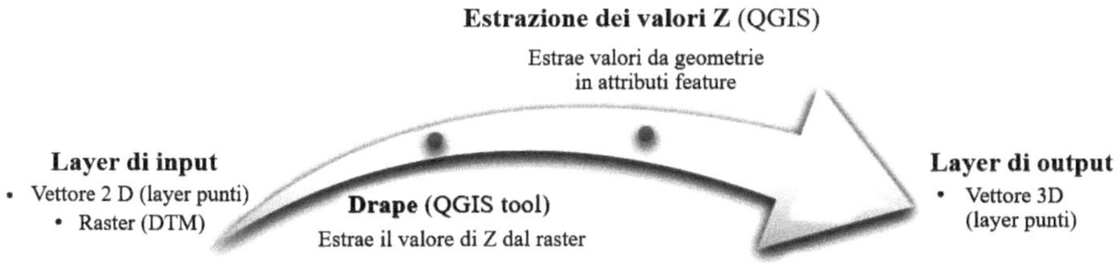

Figura 13.5 Flusso di lavoro per generare la coordinata Z [8]

di Madrid [8] sono state sviluppate oltre 100 famiglie di oggetti: pavimentazione, barriere di sicurezza, illuminazione stradale, pannelli a messaggio variabile e telecamere per il monitoraggio del traffico; inoltre, è stata modellata tutta la segnaletica verticale e orizzontale esistente.

Gli elementi sono stati standardizzati per creare un catalogo di oggetti da riutilizzare anche in altre applicazioni. Alcuni elementi che non potevano essere generati con gli strumenti di modellazione di Autodesk Revit® sono stati modellati utilizzando AutoCAD® o SketchUP®.

Nel caso della segnaletica verticale o dell'illuminazione, sono stati inseriti parametri specifici per facilitare l'automazione del processo di generazione del modello 3D, come ad esempio l'esistenza o meno del palo di sostegno, l'altezza dello stesso, o il testo dei segnali.

La scelta è ricaduta su Autodesk Revit®, non solo perché si tratta del software più diffuso nel settore, ma anche per altre motivazioni:

- la segmentazione del modello in elementi parametrici consente il riutilizzo di questi oggetti anche per la digitalizzazione di altre infrastrutture;
- la lunghezza dell'autostrada (30 km) è compatibile con i limiti di operatività del software;
- il nastro autostradale contiene gallerie e tronchi a cielo aperto, con ponti, passerelle pedonali e grandi svincoli da modellare separatamente e assemblare successivamente;
- la compatibilità con l'applicativo ArcGIS® per il caricamento dei file RVT senza perdita delle informazioni associate.
- numerose opzioni per la di visualizzazione dei modelli e del loro ambiente;
- possibilità di generare semplici applicazioni web o di personalizzare le applicazioni con librerie open source.

La generazione del modello definitivo è stata automatizzata con l'ausilio della programmazione visuale Dynamo®.

Figura 13.6 Modello ibrido BIM-GIS [8]

13.5.6 Dal BIM ai sistemi informativi geografici

Il modello tridimensionale dell'autostrada M-30 [8] è stato sviluppato in ArcGIS®, importando un "building layer" da Revit® che contiene le informazioni di base associate a ciascun elemento. Il parametro ID è l'unico dato associato, tutte le altre informazioni sono state memorizzate nel database esterno.

Le versioni aggiornate di ArcGIS Pro sono in grado di importare file in formato RVT o DWG, tuttavia, è importante tenere conto della versione del software per evitare incompatibilità. Ad esempio, la modellazione dell'autostrada M-30 è stata avviata con Revit 2020, completamente interoperabili con il software ArcGIS Pro 2.9, ma è proseguita con Revit 2023 i cui file non sono invece supportati dalla medesima versione del software GIS. Per avere un flusso di lavoro corretto è necessario utilizzare il formato aperto IFC, quest'ultimo è compatibile con entrambi gli strumenti e favorisce l'interoperabilità tra BIM e GIS.

L'impiego del formato IFC comporta però la perdita delle informazioni associate. Tuttavia, ogni elemento è codificato con i suoi parametri di identità "ID" autogenerati da entrambi i software e sono invariati in tutti i processi. Pertanto, il contenuto informativo è sempre correlato al modello perché mediante il database esterno.

Il "building layer" viene poi convertito in SLPK, formato che utile per gestire questo tipo di file nell'applicazione GIS.

Successivamente si aggiungono informazioni complementari (DTM, edifici, ecc.) per migliorare la visualizzazione e l'interpretazione del contesto. In Fig. 13.6 è consegnata la rappresentazione del modello ibrido BIM-GIS.

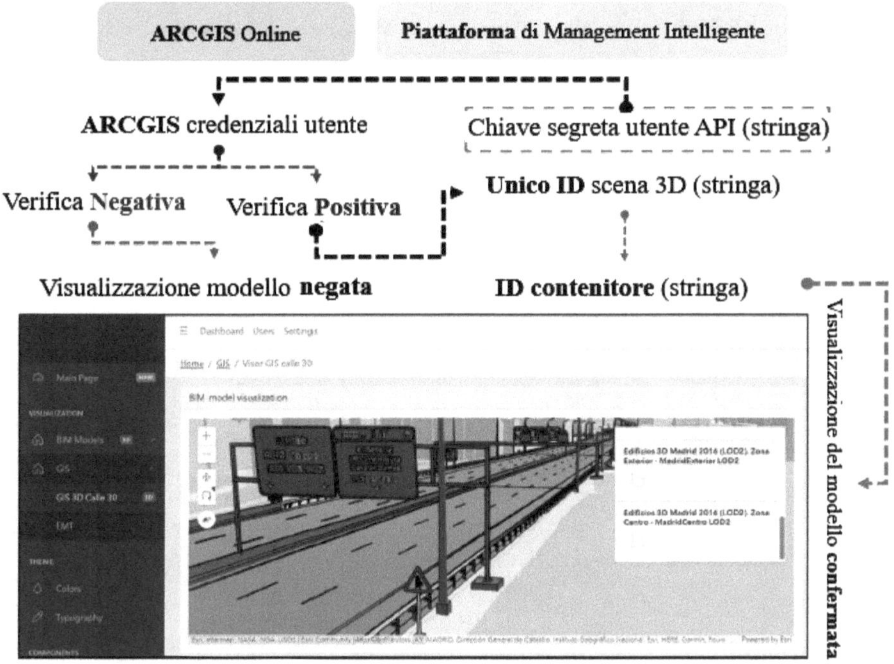

Figura 13.7 Visualizzazione tridimensionale su piattaforma GIS [8]

13.5.7 Integrazione del modello nella piattaforma web

I vantaggi del modello ibrido BIM-GIS sono numerosi; la visualizzazione tridimensionale di tutti gli elementi, l'acquisizione di precisi parametri di localizzazione o l'analisi delle interferenze sono solo alcuni esempi. Tuttavia, i benefici aumentano al crescere dell'accessibilità e dell'interoperabilità del modello. Per esempio, l'implementazione delle tecnologie IoT, Cloud Computing e Big Data può incrementare il numero dei potenziali utenti.

La piattaforma di gestione intelligente sviluppata per l'autostrada M-30 di Madrid [8] è accessibile da qualsiasi dispositivo e può essere implementata con le nuove tecnologie. Informazioni sul traffico in tempo reale, visualizzazione dei dati dell'amministrazione, la sincronizzazione con strumenti di gestione standard come Excel o CAD sono solo alcune delle nuove funzionalità disponibili nella piattaforma.

Gli elementi del modello ibrido BIM-GIS sono stati incorporati nella piattaforma con il linguaggio Type Script che si è rilevato particolarmente utile per l'interoperabilità con le informazioni sul trasporto pubblico e con i dati di traffico in tempo reale.

Il flusso di lavoro seguito per la visualizzazione del modello è consegnato nella Fig. 13.7.

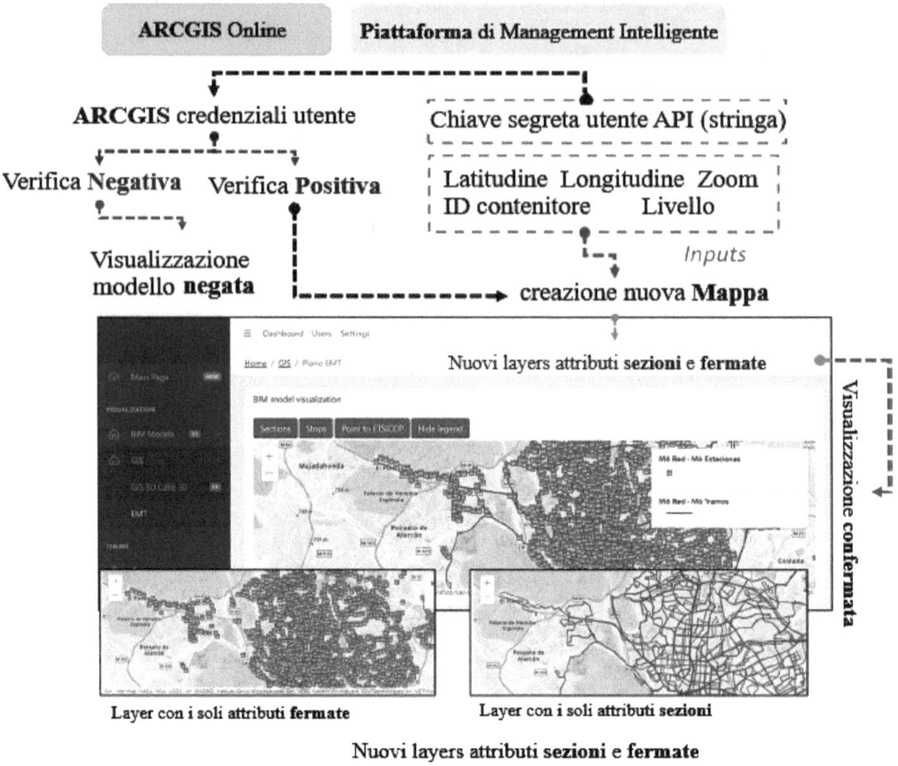

Figura 13.8 Visualizzazione contenuti informativi esterni [8]

Nella Fig. 13.8 è consegnato il flusso di lavoro necessario per visualizzare i dati che non sono generati dal modello.

La possibilità di accedere a tutte le funzionalità da qualsiasi dispositivo, e senza la necessità di alcuna preinstallazione, rappresenta un passo avanti in termini di attrazione di potenziali beneficiari del modello. Le carenze in termini di interoperabilità e gli elevati costi di investimento iniziale continuano a essere le principali limitazioni al loro utilizzo. E pertanto, grazie ai progressi sopra descritti, gli utenti possono accedere alle funzionalità GIS o BIM senza la necessità di hardware speciale o di acquistare le licenze software. Inoltre, la piattaforma offre una grande versatilità in termini di gestione dei dati, eliminando la rigidità dell'uso di software commerciali. Grazie alla programmazione completa dell'intera piattaforma, è possibile implementare qualsiasi nuova funzionalità. La lettura di fogli di calcolo, l'implementazione di strumenti per l'acquisizione dei dati da sensori, la generazione di report o gli algoritmi per la manutenzione predittiva sono alcuni esempi.

Nella Fig. 13.9 è consegnato un esempio di importazione di un foglio elettronico nella piattaforma web.

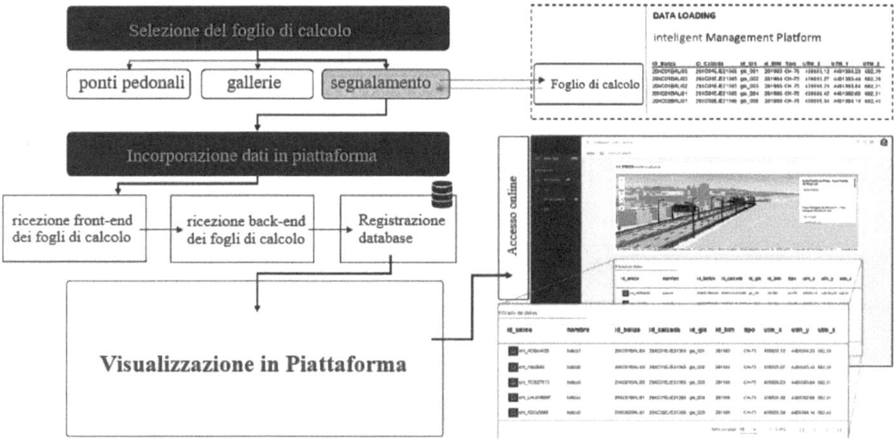

Figura 13.9 Caricamento dati da foglio di calcolo su piattaforma web [8]

Riferimenti bibliografici

1. Edilizia e opere di ingegneria civile – Gestione digitale dei processi informativi delle costruzioni – Parte 12: Flussi informativi, ruoli e requisiti per le opere infrastrutturali, UNI 11337-12:2025.
2. Dell'Acqua G (2018) BIM per infrastrutture. Il Building Information Modeling per le grandi opere lineari. EPC Editore
3. Organizzazione e digitalizzazione delle informazioni relative all'edilizia e alle opere di ingegneria civile, incluso il Building Information Modelling, UNI EN ISO 19650.
4. IFC Road per la progettazione delle infrastrutture stradali, BuildingSMART Italia ver. 2.0, 2022.
5. Biancardo SA, Russo F, Veropalumbo R, Vorobjovas V, Dell'Acqua G (2020) Modeling roman pavements using heritage-BIM: a case study in pompeii. Balt J Road Bridge Eng 15(3):34–46. https://doi.org/10.7250/bjrbe.2020-15.482
6. Edilizia e opere di ingegneria civile – Gestione digitale dei processi informativi delle costruzioni – Parte 4: Evoluzione e sviluppo informativo di modelli, elaborati e oggetti, UNI 11337-4:2017.
7. Direttiva 2007/2/CE del Parlamento europeo e del Consiglio, del 14 marzo 2007, che istituisce un'Infrastruttura per l'informazione territoriale nella Comunità europea (Inspire); Informazioni geografiche – Metadati, UNI EN ISO 19115-1:2018.
8. Cepa JJ, Pavón RM, Alberti MG, Caramés P (2023) BIM-GIS integration for road intelligent management system. J Civ Eng Manag 29(7):621–638
9. Celeste G, Lazoi M, Mangia M, Mangialardi G (2022) Innovating the construction life cycle through BIM/GIS integration: A review. Sustainability 14(2):766. https://doi.org/10.3390/su14020766
10. Zhu J, Wu P (2022) BIM/GIS data integration from the perspective of information flow. Autom Constr 136:104166. https://doi.org/10.1016/j.autcon.2022.104166
11. Ammar A, Dadi GB (2021) Towards an integrated building information modeling (BIM) and geographic information system (GIS) platform for infrastructure. 38th International Symposium on Automation and Robotics in Construction (ISARC 2021).

Capitolo 14
Il BIM per la manutenzione delle Smart Road

Abstract In questo capitolo vengono descritte le potenzialità delle applicazioni BIM per la gestione della manutenzione delle infrastrutture stradali nell'ottica della continua e progressiva trasformazione in Smart Roads. Dopo brevi richiami sui tradizionali approcci metodologici alla base dei Road Management Systems (RMS) e dei Pavement Management Systems (PMS), sono analizzate le moderne prospettive gestionali incentrate sul concetto di Digital Twin, ovvero il gemello digitale dell'infrastruttura continuamente connesso e aggiornato che permette un totale controllo dell'asset e dei processi gestionali e d'esercizio. In questo contesto, il BIM può rappresentare un utile strumento per un efficace potenziamento dei tradizionali sistemi di gestione della manutenzione, semplificando le procedure di manipolazione e visualizzazione dei dati di rilievo, mediante vere e proprie ispezioni virtuali delle opere e supportando gli enti gestori nelle fasi di scelta e progettazione degli interventi ottimali.

14.1 Premessa

Le infrastrutture viarie, così come tutte le opere, sono naturalmente soggette ad un progressivo ed inesorabile processo di invecchiamento (più o meno rapido in funzione delle specifiche condizioni iniziali ed al contorno) e ciò può comprometterne la funzionalità e l'efficienza. Considerate le ricadute di tale progressivo deterioramento, la gestione della manutenzione stradale costituisce uno dei principali aspetti su cui gli enti gestori delle infrastrutture devono concentrare l'attenzione, al fine di garantire adeguati livelli di qualità per gli utenti in termini, soprattutto, di sicurezza e comfort. D'altronde, è ormai ben chiaro come la presenza di infrastrutture di trasporto efficienti e in buono stato di salute all'interno di un paese possa rappresentare un requisito fondamentale per la crescita economica di quest'ultimo.

I suddetti obiettivi, tuttavia, spesso contrastano palesemente con importanti e stringenti vincoli economici ed il problema di allocazione e ottimizzazione delle risorse diventa complesso e delicato. Una efficace pianificazione, ad ogni modo,

F. Autelitano et al., *Le SMART ROAD - Stato dell'arte e scenari futuri*,
https://doi.org/10.1007/978-3-031-96144-1_14

non può prescindere dall'identificazione del ruolo delle singole infrastrutture di interesse nella gerarchia della rete e, successivamente, dalla dettagliata valutazione dell'efficienza delle varie componenti della strada.

Tenendo a mente le condizioni medie delle infrastrutture stradali, soprattutto con riferimento allo stato delle pavimentazioni, delle opere d'arte e delle barriere di sicurezza, e la cronica insufficienza dei fondi a disposizione, lo scenario diventa assai più critico [1]. In termini generali, l'Italia soffre tale situazione: di fronte ad un quadro complessivo in cui circa il 20% e il 40% dei segmenti stradali si trovano in condizioni critiche rispettivamente in autostrade e autostrade, i fondi previsti nel periodo 2016–2020 hanno coperto circa il 40% degli investimenti richiesti [2]. In questo contesto, l'ottimizzazione degli investimenti e degli interventi è ovviamente cruciale e, soprattutto, la proposta di nuove e più efficaci metodologie per la gestione delle informazioni ed il controllo dello stato della rete diventano fondamentali, ancor più se direttamente connesse alle fasi di selezione e progettazione degli interventi manutentivi.

Per cambiare lo scenario attuale, la nuova visione delle Smart Road, fortemente derivata dalla moderna tecnologia dell'Internet of Things (IoT) [3], potrebbe migliorare la conoscenza delle condizioni degli asset, fornendo informazioni aggiornate e affidabili sull'intera rete in tempo reale e in un contesto produttivo. Come sta avvenendo per le smart cities e l'industria, la stessa evoluzione è prevista per le infrastrutture [4, 5]. In Italia, questa transizione è recentemente iniziata, grazie alle preliminari applicazioni e programmazioni di Anas spa su alcune tratte autostradali e non solo [6], ma si prevede che l'intero processo sia completato dopo il 2030 [7]; a livello globale, la situazione è abbastanza eterogenea, ma i tempi di questa trasformazione non sono molto rapidi. Quando la transizione sarà completata e pienamente operativa, le informazioni relative alle condizioni della strada e della pavimentazione potranno essere estratte direttamente dalla rete stradale intelligente, per semplificare l'analisi e ottimizzare le attività e gli interventi di manutenzione, combinando i vantaggi delle misure dirette e dei dati dei sensori remoti. Questo nuovo approccio rientra a pieno titolo in quella che viene definita "Manutenzione 4.0", che rappresenta un obiettivo molto rilevante per il miglioramento degli asset infrastrutturali, sfruttando i nuovi fondi disponibili del piano Next Generation EU e del corrispettivo PNRR per il nostro Paese.

In questo scenario di progressiva digitalizzazione del comparto infrastrutturale, viste le prospettive di connessione e informatizzazione delle moderne Smart Roads e le ormai acclarate potenzialità dei moderni sistemi di rilievo ad alto rendimento (che consentono di acquisire enormi moli di dati sullo stato dei diversi componenti [8–10]), è sicuramente strategico innovare gli attuali sistemi di gestione della manutenzione, favorendo una chiara interpretazione dei dati, del contesto e dello stato dell'infrastruttura. In questo senso, la creazione di efficaci gemelli digitali (Digital Twins) dell'infrastruttura rappresenta sicuramente una soluzione vincente, al fine di ricreare un vero, realistico e ottimizzato modello digitale dell'opera, opportunamente arricchito con informazioni funzionali alla valutazione dell'efficienza e dello stato di conservazione delle opere, che favorisca ispezioni virtuali, monitoraggi economici e semplificati e possa supportare il manutentore nelle fasi di manutenzione, riabilitazione e rinnovamento, anche utilizzando dati prodotti dalla sensoristica diffusa che sarà dedicata alle infrastrutture di trasporto [11].

In tale prospettiva, l'applicazione dei principi dell'approccio BIM (Building Information Model), derivati dal comparto dell'edilizia, alla gestione del monitoraggio e della manutenzione delle infrastrutture può sicuramente rappresentare una significativa opportunità di potenziamento dei tradizionali sistemi di gestione della manutenzione, per semplificare le procedure di manipolazione e visualizzazione dei dati e supportare gli enti gestori nelle fasi di scelta e progettazione degli interventi ottimali.

14.2 Cenni su gestione e manutenzione delle infrastrutture stradali

La gestione delle infrastrutture viarie è un processo ciclico che include pianificazione, progettazione, costruzione, controllo e manutenzione. Sebbene tale processo appaia schematico e rigidamente definito, esso è influenzato, oltre che da aspetti tecnici, anche da fattori economici, sociali e politici che, a volte, in passato, sono stati maggiormente determinanti, condizionando negativamente le infrastrutture. Tutte le fasi del processo, tuttavia, non sono separate, ma devono essere integrate per massimizzare la qualità delle opere e della circolazione, la sicurezza del traffico, la durabilità dei diversi componenti ed evitare inutili sprechi di risorse.

In generale, la gestione della manutenzione si può pensare come un insieme di attività tra di loro connesse e interdipendenti, le quali seguono un rigore metodologico ben preciso e standardizzato, finalizzate a ricavare, archiviare, elaborare e gestire dati di rilievo per elaborare successivamente programmi di previsione e/o di intervento lungo le tratte aventi maggiori priorità, ottimizzando le potenziali soluzioni progettuali, secondo gli obiettivi già richiamati.

Tuttavia, come detto, la fase di manutenzione è influenzata dalle scelte precedentemente effettuate. Già dalla fase di pianificazione, infatti, nell'ottica del cosiddetto "progetto integrato", si decide se impostare una progettazione che miri a limitare gli interventi di manutenzione con un alto costo di realizzazione, o se progettare una pavimentazione contenendo l'investimento iniziale, prevedendo tuttavia frequenti interventi di manutenzione ordinaria. Va altresì considerato come solo accurate procedure di progettazione e di costruzione possano poi garantire il soddisfacimento delle previsioni e l'efficacia della pianificazione.

Una volta entrati nelle fasi di esercizio e gestione delle infrastrutture, è chiaro come, data l'estensione del patrimonio infrastrutturale e le difficoltà economiche di molti enti gestori, sia di fondamentale importanza fondare ogni valutazione su una adeguata conoscenza dello "stato di salute" dei vari tronchi stradali e dei diversi componenti, raggiungibile soltanto attraverso continue, frequenti e appropriate azioni di monitoraggio. Ciò può favorire una adeguata definizione di una scala di priorità a livello di rete del patrimonio infrastrutturale, ottimizzando l'utilizzo delle risorse volte al finanziamento delle azioni manutentive, minimizzandone così il consumo. La presenza di una banca dati costantemente aggiornata, infatti, consente all'ente gestore di elaborare dei piani pluriennali efficienti, tenendo conto, a seguito di procedure di ottimizzazione, dei costi di manutenzione di ogni singola strategia lungo il periodo di vita dell'opera, dei costi per le utenze e del costo residuo dell'opera all'anno di fine servizio.

La programmazione degli interventi manutentivi deve permettere di decidere dove, come, quando e quanto costa intervenire. In generale, la scelta della tipologia dell'intervento manutentivo viene agevolata dalla conoscenza delle cosiddette "curve di decadimento" degli indicatori di stato delle pavimentazioni stradali. Tali curve, previa conoscenza di specifici parametri funzionali e strutturali dei diversi componenti ricavati, nel tempo, a seguito di campagne d'indagini a cadenza programmata, mettono in relazione il tempo con le prestazioni, permettendo di eseguire studi previsionali delle caratteristiche dell'opera e pianificare gli interventi di manutenzione (di tipo ordinario o preventivo, straordinario e/o di ricostruzione, a seconda del tempismo degli interventi rispetto all'effettivo decadimento e alle criticità effettivamente riscontrate [12]).

L'obiettivo principale di una corretta pianificazione per le attività di manutenzione è quello di rallentare i processi di invecchiamento e di decadimento dei parametri funzionali di una pavimentazione, allungando così quanto più possibile, attraverso mirati ed efficienti interventi manutentivi, la vita utile dell'opera stessa. È prassi consolidata, inoltre, accompagnare le curve di decadimento con specifiche soglie (di allarme, di intervento ottimale, di sensibilità degli utenti, di sicurezza, ecc.), per supportare il manutentore nell'assegnazione dei livelli di priorità.

Chiaramente le curve di decadimento, come già anticipato, vanno meramente intese come uno strumento che agevoli e semplifichi la scelta dell'intervento manutentivo ed i tempi di esecuzione di quest'ultimo, accompagnando tali decisioni con osservazioni di carattere economico, ambientale, nel tentativo di minimizzare quanto più possibile i costi e massimizzare i benefici.

L'accuratezza delle estrapolazioni dai modelli previsionali è tanto maggiore quanto più numerosi e dettagliati sono i dati storici presenti in archivio; da qui la strategica importanza delle indagini e delle fasi di monitoraggio.

In tale complesso contesto, per supportare gli operatori nella gestione delle già menzionate problematiche, si sono affermati nel tempo sistemi informatizzati di gestione detti più in generale AMS (Asset Management Systems) o RMS (Road Management System), ovvero strumenti complessi, comprendenti vari sottosistemi di ausilio ai tecnici per gestire al meglio il patrimonio infrastrutturale, elaborando al contempo soluzioni ottime in funzione del budget a disposizione. Tra i vari sottosistemi si possono annoverare, ad esempio, il PMS (Pavement Management System) ed il BMS (Bridge Management System) che fanno riferimento, rispettivamente, alla gestione delle pavimentazioni stradali e dei ponti. Essi rappresentano sistemi integrati in grado di elaborare una mole importante di dati, suggerendo strategie nel breve o lungo termine per allocare i fondi disponibili nel migliore dei modi, massimizzando l'efficacia degli interventi proposti.

Attraverso un PMS è, infatti, possibile gestire il processo precedentemente definito, compiendo diverse azioni finalizzate a catalogare le pavimentazioni indagate, rilevare le loro "condizioni di salute" e prevederne l'evoluzione futura, stabilendo il programma delle attività con riguardo a priorità d'intervento, costi e tempi [13] e, più in generale, i numerosi vincoli (ad es. clima, traffico, ecc.) e i diversi benefici da garantire (economici, funzionali, ambientali, ecc.).

In tal senso, le prime soluzioni operative sono state sviluppate e migliorate concretamente a partire dalla fine degli anni '60 principalmente negli Stati Uniti, con l'obiettivo di mettere a disposizione degli enti gestori un ambiente analitico digitale per evidenziare le condizioni della rete stradale, le possibilità di manutenzione e i vincoli di budget. Sebbene i primi strumenti di supporto fossero semplici fogli di calcolo e database per l'analisi dei dati e la pianificazione degli scenari di manutenzione, in seguito le opportunità offerte dalle visualizzazioni grafiche hanno evidenziato i vantaggi della rappresentazione delle caratteristiche della rete su mappa utilizzando soluzioni GIS (Geographic Information System) [14]. Questa soluzione ha garantito la possibilità di mostrare set di dati complessi e informazioni georeferenziate per singoli segmenti stradali su specifici livelli della mappa, insieme a tabelle di dati non geografiche, per una valutazione più efficace delle condizioni della rete e delle possibilità decisionali, diventando lo standard di riferimento per tali applicazioni [15, 16].

I componenti chiave di un PMS, così come individuati dall'AASHTO [17], sono monitoraggio delle pavimentazioni, aggiornamento di una banca dati, utilizzo di schemi per l'analisi delle pavimentazioni, applicazione di criteri decisionali e avvio di procedure per attuare gli interventi ottimali. Ciascun componente gioca naturalmente un ruolo fondamentale nel globale equilibrio gestionale e può risultare significativo per il raggiungimento degli obiettivi dell'analisi.

In merito alle attività di monitoraggio e alla costruzione del database, è doveroso ricordare che sono i dati relativi alle caratteristiche e alle condizioni dei diversi tronchi stradali a costituire il punto di partenza di ogni valutazione, permettendo al manutentore di portare, su più livelli, considerazioni legate all'allocazione del budget disponibile, alla definizione di una scala di priorità, alla scelta degli interventi e alla chiara identificazione di costi e tempi.

L'intero approccio, in generale, può essere strutturato su diversi livelli di indagine/decisione, per semplificare la posizione del problema e permettere un'ottimizzazione progressiva di risorse e risultati. Nell'impostazione classica, sia per le operazioni di rilievo che per i processi decisionali, è possibile muoversi sue due livelli: quello di rete utile a discernere le varie sezioni omogenee in tratte con buone condizioni da quelle che richiedono imminenti azioni di ripristino, a classificare i vari tronchi omogenei e a distribuire il budget coerentemente con le necessità; e quello di progetto che, passando per indagini puntuali per la valutazione delle caratteristiche funzionali, prestazionali e strutturali dell'opera, permette di elaborare un corretto intervento manutentivo, note le cause degli ammaloramenti.

La struttura del database è generalmente fondata su due macrocategorie di dati: i dati di inventario ed i dati sullo stato funzionale e strutturale. Tra i primi rientrano tutte le informazioni storiche relative al segmento di infrastruttura esaminata, come ad es. i dati di costruzione, le sequenze manutentive pregresse, i dati amministrativi, i dati geometrici, quelli ambientali e di traffico, ecc. Sono, pertanto, dati in qualche modo "caratteristici" del tronco selezionato, informazioni che permettono di identificare e classificare (anche in termini funzionali) l'infrastruttura. A questi vanno aggiunti i dati sullo stato funzionale e strutturale della pavimentazione, da valutare periodicamente secondo opportuni indici di qualità o di stato specifici (relativi, cioè, ad una determinata prestazione della pavimentazione, come ad es. la portanza, la regolarità, l'aderenza, ecc.) o sintetici (che permettono di sintetizzare, appunto, il giudizio globale sulle condizioni del tronco esaminato).

Come già anticipato, tali dati sono essenziali perché permettono al manutentore di avere a disposizione una "fotografia" aggiornata dello stato della rete, ma devono altresì costituire il riferimento essenziale per la predisposizione, la calibrazione ed il continuo aggiornamento di modelli di decadimento delle prestazioni (di natura teorica o statistica) che assicurino maggiore tempestività per la programmazione degli interventi futuri, secondo i criteri della manutenzione predittiva (sostanzialmente un'ottimizzata manutenzione preventiva supportata da adeguati modelli matematici che garantisce riduzione dei costi e massimizzazione dei benefici).

La scelta della strategia manutentiva (comprendente le azioni necessarie a mantenere l'indicatore di stato sopra il valore minimo ammissibile durante la vita utile dell'infrastruttura) avviene attraverso criteri di ottimizzazione (perseguibile mediante approcci euristici, probabilistici e/o multi-obiettivo), puntando alla strategia di massima redditività. Si tratta, nello specifico, di definire la scelta degli interventi che interesseranno i vari tratti nel tempo, alla luce dei vincoli al contorno (budget, qualità, affidabilità, ecc.) e delle numerose possibili alternative tecniche (riparazioni, ripristini, overlay, risanamenti parziali, ricostruzione) e di strategia (importanti interventi distanziati nel tempo o più leggeri interventi frequenti). In mancanza di dati adeguati, come spesso avvenuto nei contesti di nostro interesse, la gestione non può fare altro che limitarsi ad una improvvisata programmazione a breve termine, eseguendo interventi prioritari sulle sezioni più degradate per uniformare le condizioni della rete.

14.3 L'evoluzione del monitoraggio in ottica smart road e l'introduzione dei digital twins

La valutazione dello stato e delle condizioni delle pavimentazioni rappresenta, come discusso, un aspetto chiave nella gestione delle infrastrutture e, nello specifico, nelle fasi di pianificazione della manutenzione. Per quanto concerne i metodi di indagine, in prima battuta è bene predisporre sempre un'ispezione visiva accompagnandola con successivi rilievi di tipo strumentale atti ad approfondire meglio la conoscenza dei principali parametri funzionali e strutturali della pavimentazione.

Le ispezioni visive sono utili a identificare la presenza di difetti ed irregolarità sulla superficie della pavimentazione e permettono, attraverso il riferimento a consolidati cataloghi internazionali dei dissesti, di misurare opportunamente le caratteristiche di ciascun dissesto e classificarlo, anche al fine di poter risalire alle relative cause e predisporre interventi migliorativi.

Per semplificare le valutazioni, le risultanze delle indagini visive (oggi altresì semplificate e supportate da sistemi di rilievo ad alto rendimento e da modalità di analisi basate sulla computer vision e l'intelligenza artificiale [18]) possono essere sintetizzate in indicatori globali di qualità, il più famoso dei quali è sicuramente il Pavement Condition Index (PCI) [19].

Andando più nel dettaglio, per mezzo di strumentazioni ad alto rendimento, è inoltre possibile valutare degli indicatori di stato specifici, i quali fanno riferimento a particolari caratteristiche strutturali e/o funzionali delle pavimentazioni, desumibili in seguito all'esecuzione di specifici protocolli di prova regolati da standard internazionali (si considerino ad esempio i famosi International Roughness Index – IRI – per la regolarità, la profondità delle ormaie, l'altezza in sabbia – HS – o la Mean Texture Depth – MTD – per la tessitura, lo structural number – SN – per la portanza o il coefficiente di aderenza trasversale – CAT – per l'aderenza).

Tali rilievi di dettaglio basati su sistemi ad alto rendimento permettono di abbattere costi e impatti delle procedure di monitoraggio (anche sulla base di procedure digitali e automatizzate che riducono impatti e rischi per gli operatori su strada) rispetto agli approcci tradizionali. Tuttavia, l'evoluzione tecnologica e gli avanzamenti della ricerca stanno aprendo ulteriori frontiere di monitoraggio e acquisizione dei dati lungo le infrastrutture stradali. Le smart roads, infatti, valorizzando il principio secondo cui la strada stessa deve avere capacità di "sensing" [20], garantiranno ulteriori canali di rilevamento dati mediante reti di sensori intelligenti, assicurando ulteriori economie dovute alla riduzione della frequenza dei rilievi per i sistemi ad alto rendimento, in una ulteriore visione multilivello. Infatti, diversi sensori sono oggi teoricamente in grado di raccogliere dati e informazioni rilevanti riguardanti il traffico, le condizioni meteorologiche, le condizioni del veicolo e, in parte, della strada, gli eventi imprevedibili, ecc. e di condividerli con tutti i soggetti e gli operatori coinvolti (compresi i conducenti o, più correttamente, i veicoli). Sarà in questo modo possibile definire effettivi gemelli digitali dell'infrastruttura, ovvero copie virtuali delle opere esistenti in continuo e dinamico aggiornamento, capaci di interagire con numerosi flussi di dati in tempo reale e di sfruttare efficacemente eventuali modelli predittivi, limitando le conseguenze negative di scenari eccessivamente critici [11], anche valorizzando i modelli ed i dati disponibili mediante sistemi di realtà virtuale e/o realtà aumentata [21]. Più in generale, infatti, un digital twin utilizza mezzi digitali per creare una rappresentazione virtuale di un'entità fisica, avvalendosi di modelli algoritmici, dati storici e dati in tempo reale per simulare, prevedere, convalidare e controllare l'entità oggetto dell'analisi durante il suo ciclo di vita [22]. Tale approccio, in questo caso contestualizzato alle pavimentazioni stradali, ma analogamente riferibile alle opere d'arte, come ponti, viadotti, tunnel e agli altri componenti dell'infrastruttura, può sicuramente assicurare interessanti e positivi benefici.

In questo scenario, l'idea moderna è quella di considerare e proporre sistemi basati su reti di sensori smart, ad elevata densità, per l'acquisizione di dati e misure riguardanti variabili ed elementi stradali in tempo reale, sfruttando sensori intelligenti "dipendenti dal traffico" o integrati ("embedded").

Nel primo caso, le misurazioni sono eseguite da reti di sensori in movimento, installati sui veicoli o disponibili per i conducenti (ad esempio su smartphone), in grado di raccogliere misure specifiche ridonducibili alle prestazioni della pavimentazione [23–25]. La seconda soluzione, invece, si basa su sensori integrati nei diversi componenti dell'infrastruttura (ad esempio, le barriere o la segnaletica), che prevedono l'uso di tecnologie IoT e di Edge computing per eseguire un monitoraggio in tempo reale, come ad esempio sensori di stress/deformazione, celle di pressione, termocoppie e altri dispositivi [26–28].

In tale prospettiva, ottimizzate le tipologie di dati acquisite e le relative modalità di analisi, una volta definite dai ricercatori specifiche regole di correlazione e valori di allerta, lo "stato di salute" e le condizioni della pavimentazione potranno essere previsti direttamente dai sensori, fornendo anche indicazioni utili per l'esecuzione di test e rilievi specifici o decisioni di sicurezza.

Tuttavia, attualmente, le reti di sensori smart non sono pronte a sostituire completamente le misurazioni dei sistemi di rilievo ad alto rendimento e se lo saranno effettivamente è ancora in discussione nella comunità scientifica. Ad ogni modo, certamente tali approcci possono essere positivamente combinati [29], nonostante non siano ancora disponibili soluzioni consolidate per la loro efficace integrazione nella pianificazione della manutenzione e della riabilitazione delle pavimentazioni stradali [30]. Va sottolineato, inoltre, che un'effettiva implementazione dei sensori diffusi, nonostante i vari sforzi di ricerca, potrebbe essere ostacolata da alcune difficoltà pratiche [31], quali, ad esempio:

- problemi relativi alla sopravvivenza dei sensori nella pavimentazione, a causa di attività di manutenzione, reazioni chimiche e altri problemi tecnici;
- problemi con l'effettiva disponibilità di carica per i sensori (i cavi determinano diverse complicazioni tecnico/pratiche, le batterie dovrebbero essere sostituite frequentemente e la ricarica solare è attualmente costosa e limitata a posizioni marginali, non per i sensori incorporati nelle pavimentazioni);
- necessità di approfondimento, in primo luogo, sui tipi e classi di dati acquisiti e, successivamente, sulla loro relazione con lo stato di salute effettivo dello specifico componente dell'infrastruttura o della pavimentazione;
- necessità di soluzioni e algoritmi più stabili e affidabili per un'efficace integrazione delle misure effettuate dai sensori diffusi nella pianificazione e gestione della manutenzione e della riabilitazione.

In tale contesto in continua evoluzione, proprio nell'ottica di una efficace definizione di gemelli digitali delle infrastrutture verso cui far convergere significativi flussi di informazioni real-time e ad elevata densità spaziale, le soluzioni PMS tradizionali non possono garantire facile adattabilità e utilizzo con set di dati, flussi informativi e metodologie di analisi simili, e il loro aggiornamento per gestire e sfruttare efficacemente i vantaggi della digitalizzazione e dei dati basati sui sensori è strategico e urgente [32]. Da questo punto di vista, il passaggio a soluzioni maggiormente performanti, preferibilmente web-based, connesse e operative in real-time [33], potrebbe favorire una più immediata gestione dei flussi informativi e l'ottimizzazione delle procedure a livello di rete, avendo cura di implementare in tali soluzioni operative consolidati e innovativi modelli di analisi della pavimentazione, di supporto alle decisioni e di ottimizzazione degli interventi. Alle soluzioni di rappresentazione virtuale delle infrastrutture basate su modellazione geografica, in grado comunque di garantire un'immediata geolocalizzazione delle tratte ed una semplificata visualizzazione dei risultati delle analisi, è tuttavia necessario associare più completi e realistici modelli digitali di dettaglio dell'infrastruttura, a completamento della rappresentazione virtuale dell'asset. Tali modelli possono facilitare le fasi di ispezione e monitoraggio virtuale della rete infrastrutturale, fornendo chiare e dettagliate informazioni in un contesto realistico e continuamente aggiornato. Per rispondere a tale esigenza, il BIM può rappresentare effettivamente una metodologia vincente, offrendo i suoi numerosi benefici anche alle fasi di gestione e manutenzione delle infrastrutture di trasporto [34]. I vari sistemi dovrebbero interagire a diversi livelli, condividendo efficacemente dati e informazioni, in un ambiente integrato, costituito da modelli cartografici e digitali a livello di rete e da modelli BIM dettagliati a livello di progetto per la gestione stradale e la pianificazione della manutenzione [35].

Un efficace approccio multilivello potrebbe considerare, ad esempio, i livelli di: 1) pianificazione/allerta; 2) indagini di dettaglio; 3) analisi dei rilievi e progetto degli interventi [29]. Secondo tale schema, le reti di sensori smart – semplici, convenienti e diffusi – possono essere sfruttate per indagini preliminari e controlli continui a livello di rete, con l'obiettivo di produrre elevati flussi di dati in tempo reale e ad elevata densità spaziale, su cui implementare modelli di "*anomaly detection*" basati su machine learning, per una immediata identificazione delle potenziali criticità. I dati acquisiti dai sensori diffusi installati su smartphone o veicoli, infatti, possono essere utilizzati per produrre avvisi e segnalazioni specifiche per evidenziare situazioni anomale e particolari condizioni di criticità dei diversi componenti dell'infrastruttura. I risultati di tali analisi preliminari possono essere utilizzati per le finalità della gestione del traffico e per eventuali valutazioni di sicurezza, in primis, ma saranno anche valorizzati per comprendere preliminarmente lo stato dei segmenti e dei vari componenti dell'infrastruttura e dare priorità a indagini dettagliate sui diversi tronchi stradali, a scala di rete. Queste ultime (principalmente basate sui precedentemente richiamati sistemi di rilievo ad alto rendimento), quindi, saranno pianificate sui tronchi più critici, anche in base ai limiti di budget e alle particolari esigenze emerse, per un'efficace determinazione delle specifiche cause di dissesti e degradi, eventualmente già manifestatisi. Infine, come negli approcci tradizionali, basandosi sulle risultanze delle analisi, sui vincoli di budget e sulle prestazioni correnti, potranno essere implementati opportuni algoritmi di supporto alle decisioni per gli operatori degli enti gestori coinvolti in tale processo.

Questo quadro complessivo, combinato con ulteriori informazioni rilevanti, quali ad esempio quelle relative al traffico e al meteo in tempo reale, può produrre significativi benefici anche per le finalità di un'efficace gestione dei cantieri stradali (sia in termini di risorse, costi e tempi), garantendo conseguentemente importanti benefici per la gestione del traffico, l'efficienza delle attività manutentive e, dunque, sia per gli enti gestori che per gli utenti. Nelle prospettive di una esaustiva comunicazione dei veicoli con l'infrastruttura fisica e con le informazioni contenute nel gemello digitale, inoltre, il complessivo sistema di smart road può altresì agire attivamente per informare (quando effettivamente necessario) gli utenti su critiche e specifiche situazioni di pericolo e/o allerta lette e immagazzinate nel modello informativo smart così definito, incrementando globalmente e in maniera rilevante i livelli di sicurezza dell'infrastruttura.

14.4 Approcci innovativi per la gestione della manutenzione delle Smart Road mediante modelli BIM

Nella visione complessiva di dover concettualizzare modelli digitali più completi dell'infrastruttura che possano costituire effettivi *digital twins* delle opere in grado di coprire il loro intero ciclo di vita e supportare gli enti gestori nelle diverse fasi, l'evoluzione delle infrastrutture e dei moderni sistemi di rilievo ha permesso di comprendere come la modellazione e l'approccio BIM possano rappresentare una adeguata e vincente soluzione anche per l'ambito infrastrutturale per le finalità della gestione della manutenzione.

Infatti, sebbene, in termini generali, l'approccio definito dagli AMS e dai PMS sia corretto e, sostanzialmente, adeguato, le relative soluzioni operative non hanno trovato adeguato riscontro nella pratica gestionale e, inoltre, i sistemi basati soltanto su un approccio di tipo GIS possono avere forti limiti procedurali, soprattutto in termini di impossibilità di eseguire ispezioni virtuali delle opere e di limitate e/o assenti possibilità di interazione con le fasi di progettazione, costruzione e riabilitazione [36]. Infatti, il GIS presenta i dati su una base cartografica, ma manca un modello virtuale completo dell'infrastruttura e dei suoi componenti, comprese le loro interazioni reciproche, che possa effettivamente contribuire a definire l'atteso gemello digitale delle smart roads. D'altra parte, una piena integrazione dei *digital twins* è ancora lontana e rallentata da una estrema frammentazione degli approcci di ricerca e applicativi [11, 37], oltre che dai limiti formali relativi alla strutturazione delle reti di sensori e alla definizione di opportuni protocolli di comunicazione.

Ad ogni modo, i moderni approcci BIM, che già rappresentano soluzioni affidabili in vari campi dell'ingegneria civile [38], ricoprono in tale visione un ruolo significativo e appaiono potenzialmente adatti ad affrontare anche i problemi di gestione della manutenzione stradale [34, 36, 39], risolvendo alcune significative problematiche operative, semplificando la gestione e la visualizzazione virtuale delle opere e offrendo l'opportunità concreta di ampliare le potenzialità ed il campo di azione dei tradizionali PMS.

I modelli BIM, infatti, garantiscono in generale elevati livelli di precisione, qualità dei dettagli, produttività ed efficienza nella gestione e condivisione delle informazioni, producendo un notevole miglioramento in termini di chiarezza della rappresentazione, riduzione del rischio di errore e maggiore risparmio globale di processo [40]. Da un punto di vista operativo, il BIM si basa fondamentalmente su

Figura 14.1 Esempi di modelli BIM: vista d'insieme del modello territoriale con sovrapposte immagini satellitari e particolare di un modello stradale [43]

un ambiente software condiviso, in cui tutti i soggetti coinvolti possono operare e giocare in tempo reale e in parallelo, con evidenti benefici nella condivisione delle scelte tecniche e, in generale, delle informazioni. Questo approccio garantisce effetti positivi in termini di riduzione degli errori e delle imprecisioni e aumento dell'efficienza del gruppo di lavoro [41]. Il cuore del BIM è rappresentato dall'introduzione di specifici "oggetti intelligenti", che forniscono una rappresentazione 3D reale, chiara e interattiva di tutti i singoli elementi di una costruzione [42]. Contengono inoltre diverse caratteristiche che ne definiscono compiutamente tutte le proprietà e gli aspetti funzionali, anche la loro reciproca interazione e quella con il contesto esterno. Potendo contare sulla disponibilità del contenuto informativo, gli strumenti BIM possono supportare gli operatori del processo edilizio/costruttivo nell'organizzazione e nella pianificazione operativa durante tutte le fasi del ciclo di vita della costruzione, compresi i protocolli di gestione e manutenzione.

A titolo d'esempio, in Fig. 14.1, sono riportate alcune viste rappresentative di modelli BIM per le infrastrutture definiti in ambienti pensati per la pianificazione e/o la progettazione preliminare delle opere.

Dall'analisi della letteratura di settore, tuttavia, emerge chiaramente che, se da un lato l'applicazione delle procedure I-BIM per le fasi progettuali ed esecutive abbia raggiunto interessanti risultati [44–47], le ricerche e le sperimentazioni applicative inerenti le procedure di gestione della manutenzione necessitano di importanti approfondimenti [44, 48], sebbene, in virtù della loro genesi e natura, tali strumenti possiedono enormi potenzialità per una rapida interfaccia con i tradizionali strumenti di gestione della manutenzione [34]. A tal riguardo, alcune applicazioni metodologiche [36, 39] hanno già efficacemente concettualizzato procedure ibride che permettono di ottimizzare l'architettura dei modelli gestionali tradizionali all'interno di un ambiente BIM, facilitando la dinamicità, l'interoperabilità, la condivisione e, soprattutto, la gestione e l'analisi degli stessi dati disponibili in modo rapido, snello ed "error-safe".

Più in generale, l'introduzione del concetto BIM in un PMS, o meglio l'evoluzione di questi ultimi strumenti in un'ottica BIM – sempre nel più ampio scenario della definizione di complessi e adattabili digital twins delle infrastrutture-, può basarsi su due aspetti principali, fortemente correlati:

1. la possibilità di acquisire e gestire, graficamente e in modo interattivo, i risultati dei rilievi sullo stato delle pavimentazioni, mediante indici di qualità geometrica, strutturale e funzionale comunemente adottati, semplificando ispezioni virtuali e valutazioni dettagliate sullo stato di salute dei diversi tronchi analizzati;
2. la possibilità di presentare graficamente e in modo facile da modificare in tempo reale, gli interventi riabilitativi selezionati – in base al tipo e alla gravità dei disagi rilevati in ciascuna sezione –, in un unico ambiente condiviso e ottimizzato.

A questo proposito, sfruttando le potenzialità della rappresentazione 3D su cui si basano le procedure BIM e personalizzando opportunamente il modello informativo e le caratteristiche degli oggetti smart, è possibile integrare ulteriori dati e funzionalità derivanti dalle attività di rilievo e monitoraggio, con l'obiettivo di supportare gli operatori nelle fasi di valutazione delle condizioni dell'infrastruttura e di ottimizzazione delle strategie di manutenzione e progettazione degli interventi di riabilitazione. Attraverso la personalizzazione del modello e la definizione di specifici e innovativi oggetti intelligenti, l'operatore è in grado di visualizzare lo stato effettivo della pavimentazione, in modo realistico e accurato, per una maggiore chiarezza rappresentativa, semplificando sensibilmente le fasi di ispezione e studio dell'infrastruttura. In particolare, infatti, tali "smart objects" possono contenere un ottimizzato contenuto informativo, declinato sulle finalità e gli obiettivi della manutenzione, che possa costituire la base per le valutazioni operative e per la pianificazione delle attività di manutenzione da effettuare lungo la rete. Si riporta a titolo di esempio la concettualizzazione di tale modellazione informativa in Fig. 14.2, in cui è rappresentata una visione che associa ad ogni componente del modello BIM un approfondito contenuto informativo di tipo alfa-numerico e grafico, da sottoporre rapidamente all'attenzione dell'operatore che agisce sul modello attraverso semplici operazioni digitali. Queste modalità grafiche e interattive di elaborazione e gestione dei risultati delle attività di indagine svolte sul campo determinano in questo processo caratteristiche di rapidità operativa, elevata semplicità e accessibilità che non possono essere garantite dagli approcci tradizionali [34].

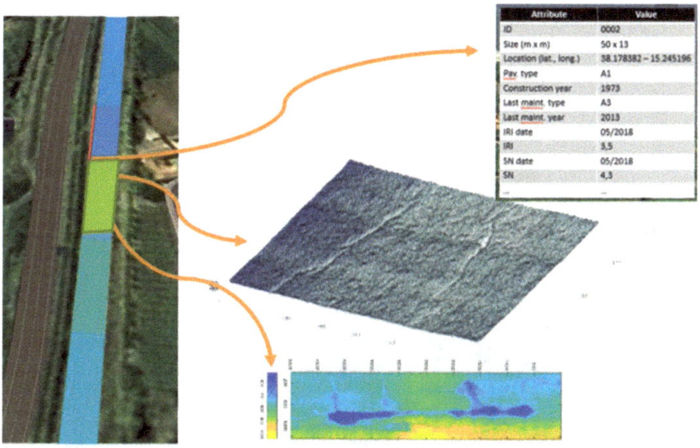

Figura 14.2 Visualizzazione concettuale dell'arricchimento informativo degli attributi dei componenti di un modello BIM per le finalità della manutenzione: possono essere associate informazioni alfanumeriche e/o grafiche relative agli indicatori di stato delle pavimentazioni e alle reali risultanze delle operazioni di monitoraggio

Considerando tale visione operativa, alcuni gruppi di ricerca hanno proposto approcci metodologici e pratici per la verifica della fattibilità e dell'efficacia di tale proposta procedurale, nel tentativo di trasformare i PMS in strumenti più evoluti e adeguati, "user-friendly" e dinamici, che possano garantire un adeguato supporto agli operatori nelle fasi di ispezione virtuale e verifica delle condizioni delle infrastrutture e siano adeguatamente pronti a gestire le fasi di effettiva progettazione degli interventi in unico ambiente condiviso, affidabile e ottimizzato. Ad esempio, in alcune interessanti applicazioni sono stati sviluppati preliminari frameworks operativi che permettono una immediata e chiara rappresentazione in un contesto realistico delle risultanze strumentali in termini di alcuni tra i più comuni indici di qualità funzionale e strutturale delle pavimentazioni stradali, evidenziando chiaramente i tronchi che necessitano di maggiore attenzione, poiché caratterizzati da un peggiore "stato di salute". Alcuni approcci, originariamente, hanno utilizzato ambienti operativi e modelli BIM orientati alle problematiche edilizie, non specificatamente pensati e ottimizzati per le infrastrutture, evidenziando, tuttavia, alcuni benefici legati alla caratterizzazione del contenuto informativo e alla sua valorizzazione in termini gestionali. Si consideri, ad esempio, la rappresentazione proposta in Fig. 14.3, che mostra un modello di pavimentazione sviluppato in un ambiente pensato per le costruzioni e l'edilizia, ma non ottimizzato per le infrastrutture di trasporto, ed il relativo contenuto informativo coerente con le finalità e gli obiettivi della manutenzione.

In maniera ancora più efficace, analoghe proposte hanno riguardato specificatamente soluzioni ottimizzate in ambienti I-BIM (Infrastructure-BIM), ovvero ambienti ideati e predisposti per applicazioni di tipo infrastrutturale, sfruttandone i relativi vantaggi in termini operativi, di visualizzazione, di ottimizzazione dei compo-

Figura 14.3 Esempio di rappresentazione di dati relativi alle prestazioni strutturali dei materiali costituenti le pavimentazioni stradali e visualizzazione delle condizioni complessive di segmenti infrastrutturali in ambiente applicazioni in un ambiente BIM [39]

nenti del modello e di supporto nelle fasi di definizione degli interventi manutentivi, anche a livello di progettazione geometrica di dettaglio.

Considerando, ad esempio, la caratterizzazione strutturale e funzionale delle pavimentazioni, è possibile assicurare vantaggi pratici per la visualizzazione dei dati grezzi ed elaborati nelle varie sezioni di indagine in ambienti realistici, semplificando l'ispezione e l'analisi virtuale dell'infrastruttura in maniera semplice, rapida ed immediata. A tal riguardo, le informazioni ricavate dal monitoraggio (utili per la valutazione della qualità delle pavimentazioni stradali) possono essere valorizzate attraverso l'arricchimento delle proprietà degli smart objects costituenti la pavimentazione stradale (Fig. 14.4) o mediante nuovi specifici "contenitori d'informazione virtuali" concepiti ad hoc per immagazzinare e poi rappresentare tale contenuto informativo (Fig. 14.5). In entrambi i casi, infatti, è comunque possibile utilizzare tali informazioni per caratterizzare opportunamente la resa visiva del modello virtuale, rendendo immediata l'identificazione dei tratti più critici, su cui è necessario concentrare le attenzioni dell'ente gestore, all'interno di ambienti concepiti e ottimizzati per le fasi di pianificazione e progettazione preliminare delle infrastrutture.

Come si evince facilmente, quindi, il primo beneficio dell'implementazione dei risultati delle attività di rilievo in ambiente BIM consiste nella elevata intellegibilità della rappresentazione grafica realistica e georeferenziata dei dati, che permette all'operatore tecnico una valutazione immediata dei tratti di maggiore criticità per ciascun indice di stato, anche incrociando le valutazioni tra diversi indici di stato

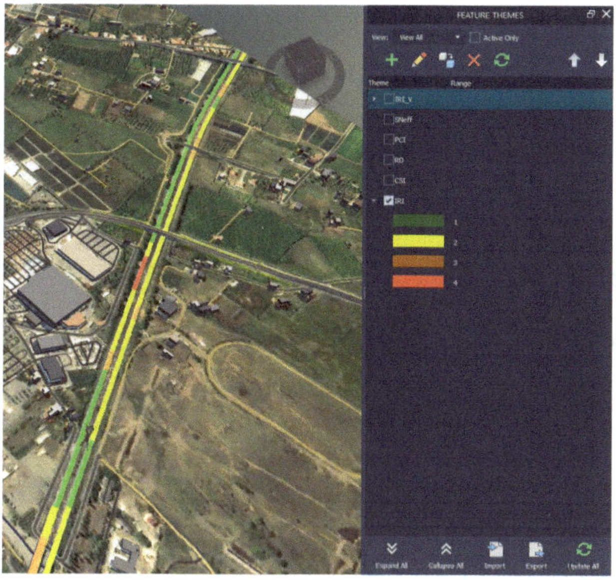

Figura 14.4 Esempio di valorizzazione del contenuto informativo relativo al monitoraggio delle condizioni delle pavimentazioni stradali in ambiente I-BIM: caratterizzazione cromatica per bande di colore degli oggetti costituenti la pavimentazione in termini di regolarità della pavimentazione

Figura 14.5 Esempio di valorizzazione del contenuto informativo relativo al monitoraggio delle condizioni delle pavimentazioni stradali in ambiente I-BIM: caratterizzazione grafica e cromatica di specifici oggetti virtuali in termini di diversi indici di qualità della pavimentazione (rappresentativi, ad esempio, di regolarità, capacità portante, aderenza, ecc.)

Figura 14.6 Esempio di nuvola di punti di una porzione di infrastruttura stradale acquisito per mezzo di una strumentazione Mobile Mapping System: la scala di colori si basa sulla quota altimetrica dei diversi punti

alla medesima progressiva [49]. Tali possibilità, inoltre, possono essere ulteriormente estese migliorando la rappresentazione del modello, passando ad un livello di dettaglio "as-built", implementando, in tale ambiente, rilievi geometrici accurati dell'infrastruttura e del contesto ambientale disponibili in forma di nuvole di punti (Fig. 14.6), utili anche per ricostruire il modello di dettaglio mediante adeguate tecniche di "scan to BIM", su cui si sta in parallelo approfondendo l'attività di ricerca [50–52]. Si consideri, a titolo esemplificativo, la rappresentazione proposta in Fig. 14.7 relativamente all'estrazione di informazioni geometriche da nuvole di punti.

Inoltre, i vari modelli possono anche essere arricchiti da ulteriori informazioni visive, definendo, ad esempio, procedure per l'inserimento di risultati dei rilievi 3D delle superfici stradali direttamente sovrapposti all'oggetto stradale, che garantiscano un riscontro immediato e visuale di degradi, dissesti e criticità principali (Fig. 14.8). A tal riguardo, come ulteriore esempio, considerando nello specifico le risultanze di indagini georadar sulle pavimentazioni stradali, mirate ad evidenziare eventuali criticità non visibili in superficie, è possibile caratterizzare ottimizzati modelli digitali per evidenziare chiaramente i risultati di tale analisi [52], come mostrato in Fig. 14.9. In tale prospettiva complessiva, le possibilità di analisi sono numerose e variegate: si considerino, come ulteriore interessante esempio, le soluzioni operative proposte per la visualizzazione delle condizioni di assetto geometrico della piattaforma, al fine di evidenziare eventuali criticità nella gestione del deflusso idrico in caso di pioggia [51], come evidenziato in Fig. 14.10.

Altrettanto, se non maggiormente rilevanti, sono i vantaggi dell'estensione di tale approccio ad ambienti BIM ottimizzati, invece, per le fasi di progettazione esecutiva e di dettaglio. In particolare, analogamente a quanto già esposto, le informazioni relative alla misura della qualità della pavimentazione potranno essere

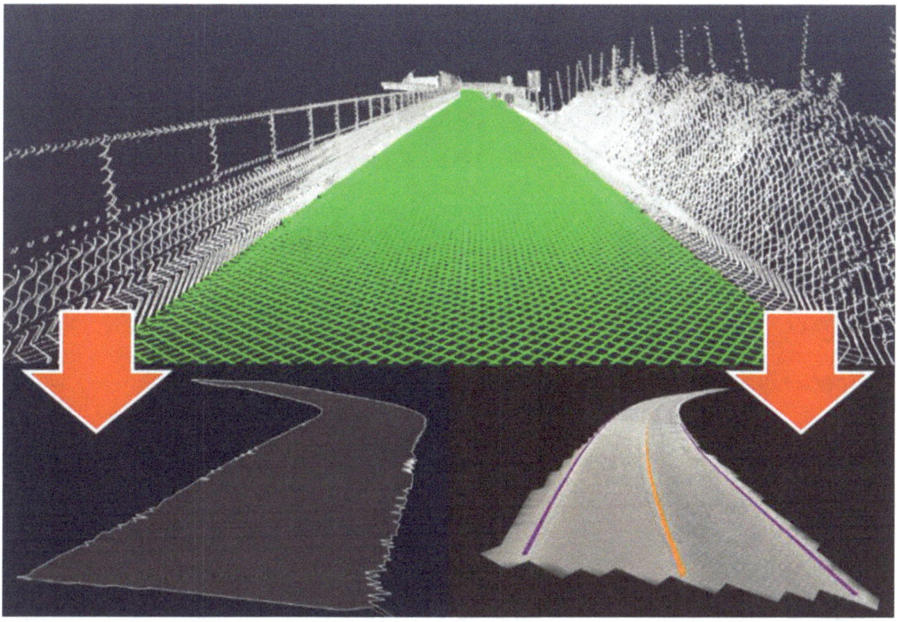

Figura 14.7 Esempio di estrazione di informazioni geometriche di dettaglio dell'infrastruttura dall'analisi di una nuvola di punti [52]

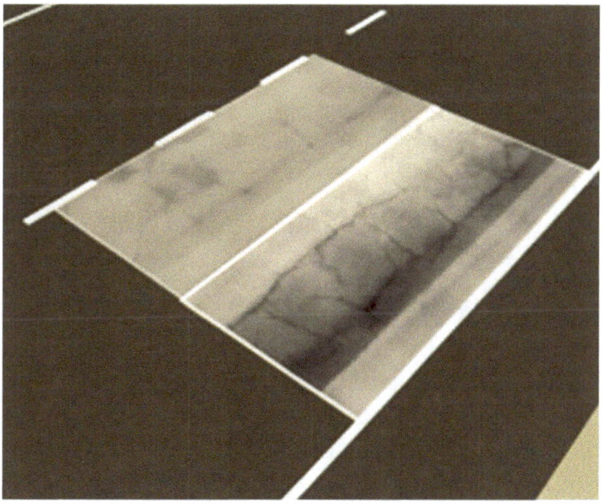

Figura 14.8 Esempio di sovrapposizione di immagini di dettaglio delle superfici della pavimentazione stradale su un modello I-BIM

implementate anche in tali ambienti, assicurando benefici in termini di immediata rappresentazione grafica della soluzione progettuale, facilità nella produzione della necessaria documentazione tecnica e nella quantificazione in tempo reale di costi, tempi ed eventuali ulteriori variabili di riferimento, al fine di consentire al tecnico la necessaria flessibilità operativa finalizzata all'ottimizzazione delle attività di ma-

a b

Figura 14.9 Esempio di rappresentazione in modelli BIM dei risultati di analisi georadar per l'identificazione di dissesti profondi: **a** identificazione superficiale dei degradi; **b** deterioramento visualizzato all'interno del modello digitale della pavimentazione [52]

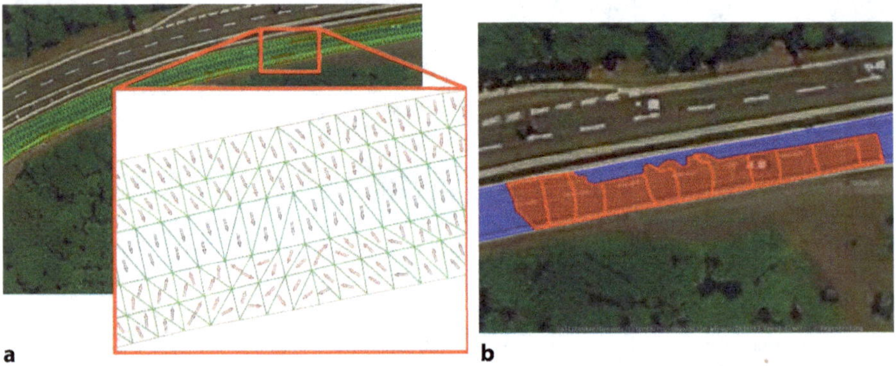

a b

Figura 14.10 Esempio di analisi tridimensionale dell'assetto geometrico della piattaforma stradale in ambiente BIM: **a** analisi delle pendenze della superficie della pavimentazione; **b** analisi delle irregolarità superficiali ostacolanti il deflusso idrico, con indicazione di depressioni superficiali [51]

nutenzione [49]. A titolo di esempio, in Fig. 14.11 è riportata la rappresentazione di un segmento stradale, in cui il modello digitale è arricchito da ulteriori contenitori informativi virtuali utili a "fotografare" lo stato di salute dei diversi tronchi, sulla base dei già richiamati indicatori di qualità delle pavimentazioni. Le medesime informazioni possono altresì essere inserite nell'eventuale documentazione tecnica da produrre per le fasi di valutazione e/o per il progetto degli interventi manutentivi (Fig. 14.12), permettendo una più efficace comprensione delle scelte progettuali.

Inoltre, sfruttando altresì specifici ambienti di programmazione (generalmente inclusi in tali ambienti operativi), è possibile non fermarsi alla mera rappresentazione dei dati sperimentali, ma definire modelli di calcolo semplici o anche molto evoluti che permettono di svolgere specifiche e utili operazioni di supporto alle fasi decisionali, all'interno del medesimo ambiente virtuale. La Fig. 14.13, ad esempio, mostra i risultati dell'implementazione in ambiente I-BIM dei protocolli per la valutazione di performance strutturali della pavimentazione sulla base di misu-

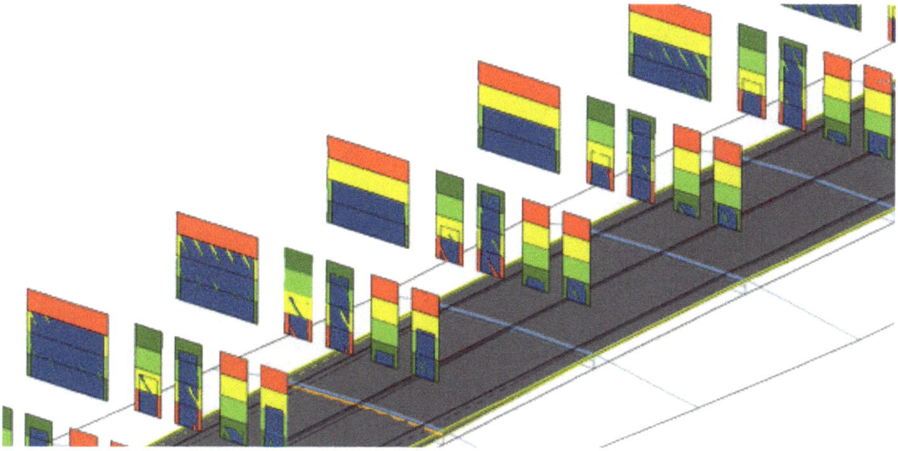

Figura 14.11 Esempio di valorizzazione del contenuto informativo relativo al monitoraggio delle condizioni delle pavimentazioni stradali in ambiente I-BIM dedicato alla progettazione di dettaglio: caratterizzazione grafica e cromatica di specifici oggetti virtuali in termini di diversi indici di qualità della pavimentazione (rappresentativi, ad esempio, di regolarità, capacità portante, aderenza, ecc; [49])

re deflettometriche in situ, fornendo un modo più immediato e produttivo per la visualizzazione di informazioni strutturali tradizionalmente alla base del processo di gestione della manutenzione. Nello specifico, ad esempio, sulla base della definizione di un nuovo modello di sezione trasversale della pavimentazione opportunamente concepito per accogliere oltre alle informazioni geometriche le misure deflettometriche ottenute mediante i rilievi in situ e i risultati delle analisi per la stima dei moduli elastici caratterizzanti la risposta strutturale dei diversi strati, diventa possibile seguire l'evoluzione delle performance strutturali della pavimentazione (valutate nel medesimo ambiente operativo) nel tempo, considerando prove eseguite in differenti istanti temporali.

Tali esempi, in sintesi, mostrano come si possa effettivamente permettere la piena implementazione di tutti i modelli e le procedure già standardizzate e validate nell'ambito dei tradizionali PMS, garantendone però l'utilizzo in ambienti maggiormente performanti, moderni e digitali, facilitando l'attività del manutentore nell'individuazione delle tratte più critiche, mediante ispezioni virtuali fortemente immersive, determinando una fase strategica per la successiva progettazione degli interventi di manutenzione e riabilitazione. Sarà, infatti, possibile arricchire i modelli con attributi e routines legati alla valutazione e alla selezione delle più idonee alternative di intervento (tipologia, materiali impiegati, costi unitari, manodopera e macchinari coinvolti, ecc.), da elaborare nei medesimi ambienti operativi, unendo ad una immediata rappresentazione visiva vantaggi in termini di definizione e quantificazione degli interventi, anche utilizzando evoluti modelli di ottimizzazione delle soluzioni.

Figura 14.12 Esempio di arricchimento della documentazione tecnica relativa al progetto degli interventi manutentivi grazie alla valorizzazione del contenuto informativo relativo al monitoraggio delle condizioni delle pavimentazioni stradali in ambiente I-BIM

Ad ulteriore supporto dell'approccio globale proposto, una volta integrate in ambiente BIM le risultanze dei rilievi ed ogni eventuale modello matematico utile a supportare l'operatore nella scelta delle strategie di intervento alternative, l'implementazione delle attività manutentive nell'ambito dello specifico cantiere potrà essere meglio esaminata facendo riferimento a differenti scenari di analisi e a modellazioni ulteriori dei dati e delle informazioni disponibili. A titolo di esempio, si evidenzia la possibilità di studiare in tempi relativamente brevi la pianificazione del cantiere di manutenzione (ubicazione, estensione, cronoprogramma, ecc.) in un elevato numero di differenti scenari da implementare mediante appositi moduli già disponibili in alcune piattaforme I-BIM per la simulazione del traffico [36], allo scopo di verificare le prestazioni della rete infrastrutturale circostante in termini di rallentamenti, formazione di code, incremento della incidentalità o qualunque altro aspetto tecnico e/o socio-economico di rilevanza (Fig. 14.14). La scelta della so-

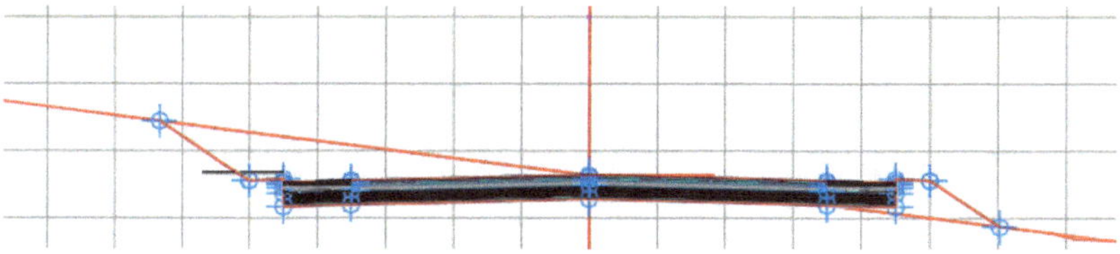

Sezione_4D_Prog (1)		True	
Centrato			
Pav_4D_Prog			
LarghezzaBanchina	1.000m	False	1.000m
LarghezzaCorsia	3.500m	False	3.500m
PendenzaTrasversale	2.50%	False	2.50%
Sp_Base	0.080m	False	0.080m
Sp_Binder	0.050m	False	0.050m
Sp_Fondazione	0.200m	False	0.200m
Sp_Usura	0.030m	False	0.030m
D1	[mm]	True	0.489675,0.326450,0.367257
D2	[mm]	True	0.437582,0.291722,0.328187
D3	[mm]	True	0.358864,0.239243,0.269148
D4	[mm]	True	0.237313,0.158209,0.177985
D5	[mm]	True	0.144703,0.096469,0.108527
D6	[mm]	True	0.121551,0.081034,0.091163
D7	[mm]	True	0.096083,0.064055,0.072062
D8	[mm]	True	0.052093,0.034729,0.039070
Data_Rilievo	date	True	"Gen-23","Feb-23","Mar-23"
E1	[MPa]	True	4860.000000,3240.000000,3645.000000
E2	[MPa]	True	1001.000000,667.333333,750.750000
E3	[MPa]	True	236.000000,157.333333,177.000000
ID_SECTION	ID	True	Section_T2
Temp_aria	[°C]	True	21
Temp_pav	[°C]	True	27
Temp_strato1	[°C]	True	28
Temp_strato2	[°C]	True	25
Temp_strato3	[°C]	True	24

Figura 14.13 Esempio di visualizzazione in ambiente I-BIM dei risultati delle elaborazioni arricchimento della documentazione tecnica relativa al progetto degli interventi manutentivi grazie alla valorizzazione del contenuto informativo relativo al monitoraggio delle condizioni delle pavimentazioni stradali in ambiente I-BIM: **a** modello della sezione della sovrastruttura; **b** parametri della sezione della sovrastruttura con riportati i risultati del rilievo e dell'analisi per successivi test deflettometrici

luzione di intervento maggiormente soddisfacente potrà, pertanto, fondarsi su una maggiore disponibilità di informazioni, analisi e simulazioni, con maggiore livello di approfondimento e minori difficoltà procedurali, secondo un approccio che, pur rispettando le tradizionali procedure dei comuni PMS, ne potenzierà l'efficacia e la produttività, grazie alla flessibilità dello strumento BIM ed alla rapidità nella simulazione degli effetti di differenti alternative di intervento.

Sebbene alcune soluzioni siano ancora embrionali, la ricerca ha evidenziato che, migliorando ed estendendo ulteriormente l'approccio adottato, è possibile immaginare un'efficace transizione delle metodologie PMS in ambienti I-BIM così per-

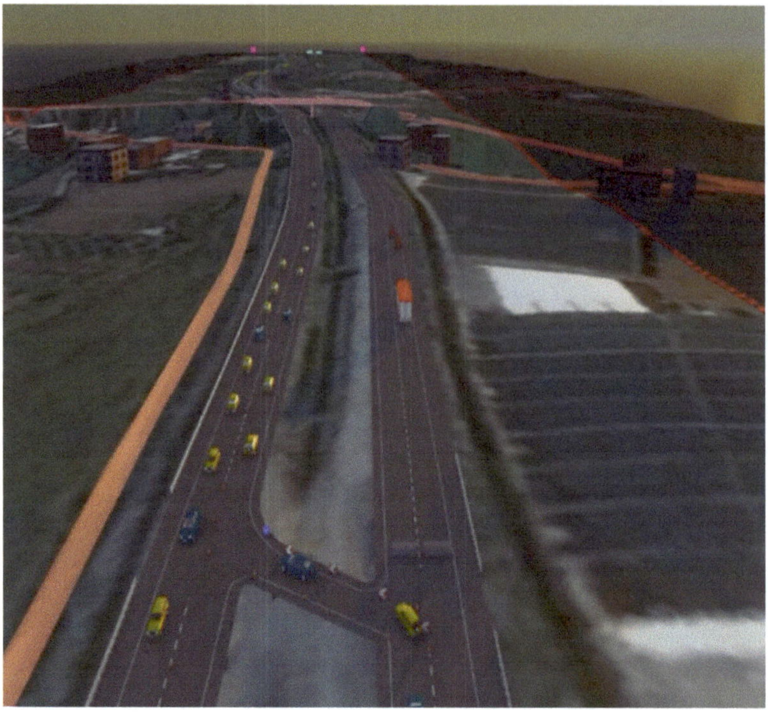

Figura 14.14 Esempio di visualizzazione in ambiente I-BIM dei risultati di simulazioni di traffico in presenza di cantieri stradali per l'esecuzione dei programmati interventi di manutenzione

formanti e realistici. Questo potrebbe chiudere il cerchio nella gestione del ciclo di vita delle infrastrutture, nella cosiddetta visione integrale "dalla culla alla tomba". Anche in questo senso, molto utile e produttiva può essere l'introduzione nei suddetti modelli dei concetti legati alla valutazione della sostenibilità ambientale ed economica degli investimenti nell'ambito dell'intero ciclo di vita dell'asset infrastrutturale. Per supportare ulteriormente gli operatori nella scelta delle soluzioni più efficienti e sostenibili, le soluzioni operative possono essere specificamente personalizzate per tenere conto, ad esempio, delle variabili e degli impatti mediante Analisi del Ciclo di Vita (Life Cycle Assessment – LCA), il ben noto e consolidato strumento per la valutazione dell'impatto ambientale dei prodotti e dei processi ampiamente applicato anche nel contesto infrastrutturale. Potenziando ulteriormente il framework complessivo e la caratterizzazione dei modelli, un ambiente I-BIM operativo può essere sensibilmente arricchito per valutare gli impatti ambientali delle diverse soluzioni manutentive, semplificandone il confronto e permettendo di ridurre, alla fine, il consumo di risorse e carburante insieme alle emissioni critiche, riducendo le complicazioni procedurali per gli operatori. Si consideri, ad esempio, in tal senso, l'approccio operativo proposto in recenti lavori di ricerca [53, 54], con cui è possibile valutare le condizioni dei segmenti dell'infrastruttura e proporre in-

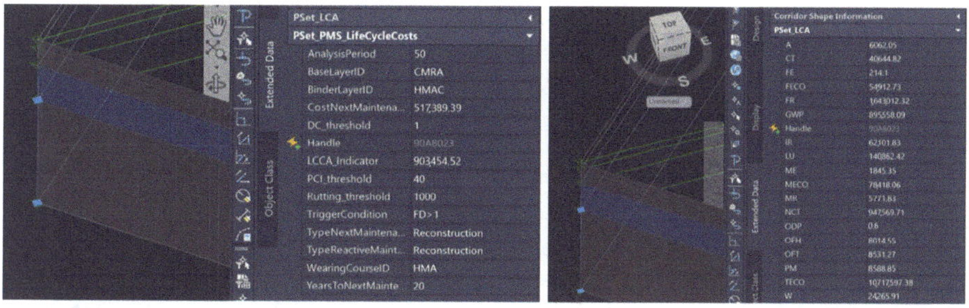

Figura 14.15 Esempio di visualizzazione in ambiente I-BIM del contenuto informativo utile allo sviluppo di analisi di sostenibilità (LCA) o di costo del ciclo di vita (LCCA), al fine di supportare l'operatore nella scelta degli interventi maggiormente convenienti [54]

terventi ottimizzati in relazione alle esigenze tecniche e di sostenibilità ambientale, valutando anche l'impatto delle programmate strategie manutentive sul ciclo di vita dell'infrastruttura mediante un approccio basato su Life Cycle Cost Analysis (LCCA). Un esempio esplicativo del contenuto informativo introdotto nel modello BIM è proposto in Fig. 14.15.

È doveroso, altresì, sottolineare come i diversi benefici di una simile soluzione applicativa, precedentemente evidenziati con un focus specifico sulle pavimentazioni stradali, possano essere estesi agli altri elementi dell'asset stradale, definendo moduli specifici e diversi algoritmi per la gestione di altri oggetti intelligenti, quali ponti, gallerie ed altri elementi stradali (barriere di sicurezza, segnaletica, ecc.), tutti sostanzialmente oggetto di attività di monitoraggio e analisi. Ciò può effettivamente consentire agli amministratori stradali di avere una prospettiva globale per la valutazione delle condizioni dell'intero asset in un ambiente di modellazione realistico basato su un database relazionale personalizzato, così come già ampiamente discusso.

Va, tuttavia, sottolineato come i diversi approcci illustrati sono stati definiti mediante lo sviluppo di originali soluzioni, script e procedure per importare negli ambienti I-BIM i dati di rilievo e poter poi procedere ad una loro elaborazione visiva, numerica e progettuale, non essendo, infatti, allo stato attuale disponibili simili soluzioni finalizzate alla gestione dei dati di monitoraggio e, più in generale, della manutenzione integrate nelle proposte commerciali esistenti. Sarebbe, inoltre, indispensabile anche definire uno standard di riferimento per applicazioni simili nella gestione della manutenzione di strade e pavimentazioni: come per gli altri usi del BIM, le caratteristiche e gli attributi specifici del modello complessivo e dei singoli oggetti devono essere adeguatamente standardizzati, adottando un formato comune e preferibilmente "aperto" (magari una versione modificata e aggiornata di IFC – "Industry Foundation Classes" [55]) per un'efficace interoperabilità. Ciò potrebbe definitivamente semplificare l'uso e l'applicazione pratica di tali procedure, favorendo, inoltre, un possibile sviluppo comune di metodologie e algoritmi di analisi e di supporto alle decisioni.

Figura 14.16 Esempio concettuale di modellazione integrata GIS/BIM per una gestione completa e multilivello dell'asset infrastrutturale [58]

Richiamando quanto precedentemente anticipato, va anche ribadito come l'evoluzione dei PMS basata sul BIM non miri a sostituire le piattaforme GIS, ma ad integrarle in un ecosistema più ampio, migliorando l'affidabilità delle analisi su diverse scale [36, 52]. Sulla base del concetto di "Livello di Definizione" [44, 56] e della valorizzazione del contenuto informativo, il GIS risulta complementare al BIM: sebbene offra meno dettagli, consente analisi su un'area più vasta, rendendo l'integrazione tra i due strumenti una soluzione naturale per l'evoluzione delle piattaforme PMS. Il GIS, infatti, è ideale per analisi su scala di rete, come il monitoraggio delle condizioni generali delle infrastrutture e la definizione delle priorità d'investimento, mentre il BIM, grazie alla gestione diretta di modelli 3D, è più adatto a studi progettuali dettagliati [57]: si consideri ad esempio lo schema concettuale di integrazione tra tali sistemi rappresentato in Fig. 14.16. Per garantire un'integrazione efficace, tuttavia, è fondamentale che entrambi i sistemi possano condividere dati in modo dinamico, facilitando il passaggio tra analisi territoriali e approfondimenti su specifici segmenti infrastrutturali, scongiurando potenziali criticità per le analisi di grandi progetti infrastrutturali. L'integrazione tra GIS e BIM, quindi, non solo valorizza le specificità di entrambi gli strumenti, ma permette anche una gestione più efficiente e consapevole delle infrastrutture, migliorando la pianificazione e l'attuazione degli interventi.

Va chiarito, infine, come questa complessiva evoluzione in ottica BIM sia stata accelerata anche dalle recenti politiche e normative internazionali che impongono una sempre più decisa e progressiva digitalizzazione del settore delle costruzioni [35], soprattutto per i progetti più costosi (come quelli riguardanti le infrastrutture), anche per quanto riguarda le attività di manutenzione e riabilitazione, facendo del

BIM la soluzione di riferimento (Direttiva Europea 2014/24/UE). Anche nel nostro Paese il BIM è identificato come un approccio strategico per la getione degli appalti e dei progetti (si considerino ad esempio il cosidetto "Decreto BIM" [59], il successivo DM 312/2021 [60] ed i specifici riferimenti contenuti nel Decreto "Smart Roads" [61]), determinando quindi le necessità di potenziamento dei modelli e l'estensione dei suddetti benefici a tutte le fasi della vita dell'opera. I diversi aspetti di questa complessiva evoluzione procedurale, descritti in tale approfondimento, garantiranno i vantaggi di gestire un modello 3D realistico dell'infrastruttura contenente tutte le informazioni relative al suo intero ciclo di vita, assicurando effettivamente anche lo scambio continuo di dati tra diversi moduli di fase (come progettazione, manutenzione, progettazione di riabilitazione, ecc.), consentendo con facilità a tutti i soggetti coinvolti di operare in BIM anche per la gestione della manutenzione, garantendo la conformità alle normative europee e nazionali.

Riferimenti bibliografici

1. Report G (1991) Operation and management. XIX World Road Congress AIPCR, Marrakech
2. EC (2019). European Commission Directorate-General for Internal Market, Industry, Entrepreneurship and SMEs Industrial Transformation and Advance Value Chains Clean Technologies and Products Brussels, 19 March 2019 Discussion Paper State of infrastructure maintenance.
3. Gubbi J, Buyya R, Marusic S, Palaniswami M (2013) Internet of things (IoT): a vision, architectural elements, and future directions. Future Gener Comput Syst 29(7):1645–1660
4. ANAS (2019) Smart Road. La strada intelligente che corre con il progresso. Anas S.p.A. (Gruppo FS Italiane), Direttorato Generale, Roma
5. Indra (2019) Transportation trend report 2019. Smart roads
6. https://www.stradeanas.it/it/smartroad. Accessed 20.03.2025
7. MIT 2018. Decreto del Ministero delle Infrastrutture e dei Trasporti del 28 febbraio 2018. Modalità attuative e strumenti operativi della sperimentazione su strada delle soluzioni di Smart Road e di guida connessa e automatica.
8. Sollazzo G, Wang K, Bosurgi G, Li J (2016) Hybrid procedure for automated detection of cracking with 3D pavement data. J Comput Civ Eng 6:30. https://doi.org/10.1061/(ASCE)CP.1943-5487.0000597
9. NCHRP (2019) Automated pavement condition surveys. NCHRP Synthesis 531. Project Number 20-05/Topic 49-15. https://doi.org/10.17226/25513
10. Peraka NSP, Biligiri KP (2020) Pavement asset management systems and technologies: a review. Autom Constr 119:103336. https://doi.org/10.1016/j.autcon.2020.103336
11. Wu D, Zheng W, Cao H, Ling A, Liu J, Zhou D (2025) Digital twin technology in transportation infrastructure: a comprehensive survey of current applications, challenges, and future directions. Appl Sci 15:1911. https://doi.org/10.3390/app15041911
12. Santagata F (2016) costruzione, gestione e manutenzione. Strade: Teoria e tecnica delle costruzioni stradali, vol 2. Pearson
13. Tavakoli A, Lapin MS, Figueroa JL (1992) PMSC: pavement management system for small communities. J Transp Eng 118(2)
14. Haas R, Hudson WR, Cowe Falls L (2015) Pavement asset management. Scrivener Publishing, Wiley, Beverly

15. Zhang H, Keoleian GA, Lepech MD (2013) Network-level pavement asset management system integrated with life-cycle analysis and life-cycle optimization. J Infrastructure Syst 19:99–107
16. Nautiyal A, Sharma S (2021) Condition based maintenance planning of low volume rural roads using GIS. J Clean Prod 312:127649. https://doi.org/10.1016/j.jclepro.2021.127649
17. AASHTO Guidelines for Pavement Managemnt Systems – AASHTO – Washington D.C 1990.
18. Zhang A, Wang CP, Fei Y, Liu Y (2018) Deep learning-based fully automated pavement crack detection on 3D asphalt surfaces with an improved cracknet. J Comput Civ Eng 32:5
19. U.S. Army Corps of Engineers (1982) Pavement maintenance management. Technical Manual TM 5–623. Headquarters Department of the Army, Washington D.C., pp 5–623
20. Pompigna A, Mauro R (2022) Smart roads: a state of the art of highways innovations in the smart age. Eng Sci Technol Int J 25(2022):100986. https://doi.org/10.1016/j.jestch.2021.04.005
21. Moradi M, Assaf GJ (2022) Building an augmented reality experience on top of a smart pavement management system. Buildings 12(11):1915. https://doi.org/10.3390/buildings12111915
22. Jeremiah SR, El Azzaoui A, Xiong NN, Park JH (2024) A comprehensive survey of digital twins: applications, technologies and security challenges. J Syst Archit 151:103120
23. Astarita V, Vaiana R, Iuele T, Caruso MV, Giofrè PV, De Masi F (2014) Automated sensing system for monitoring of road surface quality by mobile devices. Procedia – Soc Behav Sci 111:242–251. https://doi.org/10.1016/j.sbspro.2014.01.057
24. Wu C, Wang Z, Hu S, Lepine J, Na X, Ainalis D, Stettler M (2020) An automated machine-learning approach for road pothole detection using smartphone sensor data. Sensors 20:5564. https://doi.org/10.3390/s20195564
25. Feng D, Feng MQ (2016) Output-only damage detection using vehicle-induced displacement response and mode shape curvature inde7. Struct Control Health Monit 23:8. https://doi.org/10.1002/stc.1829
26. Barriera M, Pouget S, Lebental B, Van Rompu J (2020) In situ pavement monitoring: a review. Infrastructures 5(2):18. https://doi.org/10.3390/infrastructures5020018
27. Liu W, Wang H, Zhou Z, Xing X, Cao D, Jiang Z (2015) Optical fiber-based sensors with flexible encapsulation for pavement behavior monitoring. Struct Control Health Monit 22(2):301–313. https://doi.org/10.1002/stc.1674
28. Zhang J, Wang P, Wang H, Soares L, Pei J, Ge J (2021) Development and verification of integrated photoelectric system for noncontact detection of pavement ponding and freezing. Struct Control Health Monit 28(6):e2719. https://doi.org/10.1002/stc.2719
29. Bosurgi G, Bruneo D, De Vita F, Pellegrino O, Sollazzo G (2021) A web platform for the management of road survey and maintenance information: A preliminary step towards smart road management systems. Struct Control Health Monit 29:3. https://doi.org/10.1002/stc.2905
30. Ceylan H, Dong L, Yang S, Jiao Y, Yavas S, Kim S, Gopalakrishnan K, Taylor P (2016) Development of a wireless MEMS multifunction sensor system and field demonstration of embedded sensors for monitoring concrete pavements. In: Trans Project Reports 219, vol I
31. FHWA (2012) Pavement assessment. Federal Highway Administration Broad Agency Announcement No. DTFH61-12-R-00055. Federal Highway Administration
32. Dong J, Meng W, Liu Y, Ti J (2021) A framework of pavement management system based on IoT and big data. Adv Eng Informatics 47:101226
33. Praticò FG, Bosurgi G, Bruneo D, Cafiso SD, De Vita F, Di Graziano A, Fedele R, Pellegrino O, Sollazzo G (2022) Innovative smart road management systems in the urban context: integrating smart sensors and miniaturized sensing systems. Struct Control Health Monit. https://doi.org/10.1022/stc.3044
34. Bosurgi G, Celauro C, Pellegrino O, Rustica N, Sollazzo G (2020) The BIM (building information modeling)-based approach for road pavement maintenance. Lect Notes Civ Eng 48:480–490. https://doi.org/10.1007/978-3-030-29779-4_47

35. D'Amico F, Calvi A, Schiattarella E, Di Prete M, Veraldi V (2020) BIM and GIS data integration: a novel approach of technical/environmental decision-making process in transport infrastructure design. Transp Res Procedia 45:803–810
36. Bosurgi G, Pellegrino O, Sollazzo G (2021) Pavement condition information modelling in a I-BIM environment. Int J Pavement Eng. https://doi.org/10.1080/10298436.2021.1978442
37. Yan B, Yang F, Qiu S, Wang J, Cai B, Wang S, Zaheer Q, Wang W, Chen Y, Hu W (2023) Digital twin in transportation infrastructure management: a systematic review. Intell Transp Infrastruct. https://doi.org/10.1093/iti/liad024
38. Bryde D, Broquetas M, Volm J (2013) The project benefits of Building Information Modelling (BIM). Int J Proj Manag 31:971–980. https://doi.org/10.1016/j.ijproman.2012.12.001
39. Oreto C, Biancardo SA, Viscione N, Veropalumbo R, Russo F (2021) Road pavement information modelling through maintenance scenario evaluation. J Adv Transp 2021:1–14. https://doi.org/10.1155/2021/8823117
40. Lee A, Marshall-Ponting A, Aouad G, Wu S, Koh I, Fu C, Cooper R, Betts M, Kagioglou M, Fischer M (2003) Developing a vision of nD-enabled construction. Construct IT Report
41. Li J, Hou L, Wang X, Wang J, Guo J, Zhang S, Jiao Y (2014) A project-based quantification of BIM benefits. Int J Adv Robotic Syst 11(8):123
42. Chen S, Lok K, Jeng T (2016) Smart BIM object for design intelligence. In living systems and micro-utopias: towards continuous designing. In: Proceedings of the 21st international conference of the association for computer-aided architectural design research in Asia CAADRIA Hong Kong
43. Bongiorno N, Bosurgi G, Carbone F, Pellegrino O, Sollazzo G (2019) Potentialities of a highway alignment optimization method in an I-BIM environment. Period Polytech Civ Eng 63:2. https://doi.org/10.3311/PPci.12220
44. Chong HY, Lopez R, Wang J, Wang X, Zhao Z (2016) Comparative analysis on the adoption and use of BIM in road infrastructure projects. J Manag Eng 32:5016021. https://doi.org/10.1061/(ASCE)ME.1943-5479.0000460
45. Biancardo SA, Capano A, Guerra de Oliveira S, Tibaut A (2020b) Integration of BIM and procedural modeling tools for road design. Infrastructures 5:37. https://doi.org/10.3390/infrastructures5040037
46. Vignali V, Acerra EM, Lantieri C, Di Vincenzo F, Piacentini G, Pancaldi S (2021) Building information modelling (BIM) application for an existing road infrastructure. Autom Constr 128:103752. https://doi.org/10.1016/j.autcon.2021.103752
47. Pasetto M, Giacomello G (2023) Project management and life-cycle cost evaluation using infrastructure-building information modeling techniques: A railway infrastructure design case study. In: Life-cycle of structures and infrastructure systems. CRC Press, https://doi.org/10.1201/9781003323020-460
48. UNECE (2021) United Nations Economic Commission For Europe, Technical Report. Building Information Modelling (BIM) for road infrastructure: TEM requirements and recommendations. https://unece.org/sites/default/files/2021-05/2017495_E_pdf_web.pdf. Accessed 20.03.2025
49. Bosurgi G, Pellegrino O, Ruggeri A, Rustica N, Sollazzo G (2024) Customized approaches for introducing road maintenance management in I-BIM environments. Sustainability 16(15):6530. https://doi.org/10.3390/su16156530
50. https://www.buildingsmartitalia.org/utenti/pubblicazioni/digital-twin/?. Accessed 27.03.2025
51. D'Amico F, Bianchini Ciampoli L, Di Benedetto A, Bertolini L, Napolitano A (2022) Integrating non-destructive surveys into a preliminary BIM-oriented digital model for possible future application in road pavements management. Infrastructures 7(1):10. https://doi.org/10.3390/infrastructures7010010
52. Bertolini L, D'Amico F, Napolitano A, Bianchini Ciampoli L, Gagliardi V, Driezmos Manalo JR (2023) A BIM-based approach for pavement monitoring integrating data from non-destructive testing methods (NDTs). Infrastructures 8(5):81. https://doi.org/10.3390/infrastructures8050081

53. Oreto C, Biancardo SA, Veropalumbo R, Viscione N, Russo F, Dell'Acqua G (2022) BIM-LCCA integration for road pavement maintenance. Transp Res Rec J Transp Res Board 2676:6. https://doi.org/10.1177/03611981221074368
54. Oreto C, Biancardo SA, Abbondati F, Veropalumbo R (2023) Leveraging infrastructure BIM for life-cycle-based sustainable road pavement management. materials 16(3):1047. https://doi.org/10.3390/ma16031047
55. https://www.buildingsmartitalia.org/standard/standard-bs/industry-foundation-classes-ifc/. Accessed 27.03.2025
56. Dell'Acqua G (2018) Bim per infrastrutture – il building information modeling per le grandi opere lineari. EPC Editore
57. Garramone et al (2020) BIM and GIS integration for infrastructure asset management: a bibliometric analysis. ISPRS Annals of the photogrammetry, remote sensing and spatial information sciences, IV-4/ W1-2020. In: 3rd BIM/GIS integration workshop and 15th 3D geoinfo conference London, 7–11 September 2020
58. https://www.stradeeautostrade.it/tecnologie-e-sistemi/possibili-implementazioni-del-approccio-bim-nelle-fasi-di-gestione-e-manutenzione-delle-infrastrutture-di-trasporto/. Accessed 31.03.2025
59. MIT (2017) Ministero delle Infrastrutture e dei Trasporti, DM 560/2017: Modalità e i tempi di progressiva introduzione dei metodi e degli strumenti elettronici di modellazione per l'edilizia e le infrastrutture
60. MIT (2021) Ministero delle Infrastrutture e dei Trasporti, D.M. 312/2021: nuovo Decreto BIM
61. MIT (2018) Ministero delle Infrastrutture e dei Trasporti, DM 70/2018: Modalità attuative e strumenti operativi della sperimentazione su strada delle soluzioni di Smart Road e di guida connessa e automatica
62. Cepa JJ, Pavón RM, Alberti MG, Caramés P (2023) Towards BIM-GIS integration for road intelligent management system. J Civ Eng Manag 29(7):621–638. https://doi.org/10.3846/jcem.2023.19514

FSC
www.fsc.org
MIX
Papier | Fördert gute Waldnutzung
FSC® C083411

Kolibri 360 GmbH
Ferdinand-Jühlke-Straße 7
99095 Erfurt, Deutschland
produktsicherheit@kolibri360.de